机械原理课程设计指导书

（第 2 版）

主　编　王　强

副主编　张东生　孙书民

重庆大学出版社

内 容 简 介

本书是机械原理课程的配套教材,以培养学生的机械运动系统方案设计和分析能力为目标。全书共分 7 章,其内容包括:概述、机械运动方案设计的内容和步骤、机械传动系统方案设计、计算机辅助机构分析及设计、机械系统仿真基础、课程设计案例、课程设计题选。

本书结构体系完备,突出对计算机辅助设计的应用,重视理论与实际相结合。本书不仅将机械原理课程各知识点衔接起来,巩固和提高学习者的理论水平,同时还能培养学生运用先进设计方法的能力来完成课程设计,培养学生解决实际问题的能力,使学生真正做到理论联系实际。

本书可作为高等工科院校的各类机械类专业本科教学用书,也可供从事机械工程的技术人员、科研人员、有关专业教师和高年级学生参考。

图书在版编目(CIP)数据

机械原理课程设计指导书/王强主编.—重庆:
重庆大学出版社,2019.1(2022.7 重印)
机械设计制造及其自动化专业本科系列教材
ISBN 978-7-5624-7082-3

Ⅰ.①机… Ⅱ.①王… Ⅲ.①机构学—课程设计—高等学校—教材 Ⅳ.①TH111-41

中国版本图书馆 CIP 数据核字(2012)第 309056 号

机械原理课程设计指导书
(第 2 版)

主 编 王 强
副主编 张东生 孙书民
策划编辑:彭 宁 何 梅

责任编辑:文 鹏 版式设计:彭 宁 何 梅
责任校对:任卓惠 责任印制:张 策
*
重庆大学出版社出版发行
出版人:饶帮华
社址:重庆市沙坪坝区大学城西路 21 号
邮编:401331
电话:(023)88617190 88617185(中小学)
传真:(023)88617186 88617166
网址:http://www.cqup.com.cn
邮箱:fxk@ cqup.com.cn(营销中心)
全国新华书店经销
重庆俊蒲印务有限公司印刷
*
开本:787mm×1092mm 1/16 印张:15.75 字数:393 千
2019 年 1 月第 2 版 2022 年 7 月第 6 次印刷
印数:10 501—12 500
ISBN 978-7-5624-7082-3 定价:45.00 元(含 1 光盘)

前 言

机械工业加工水平是一国经济发展水平的标志。机械工业为国民经济各部门提供装备,它的发展水平直接影响到国民经济各部门技术水平和经济效益的提高。没有现代化的机械工业就不可能有现代化的工业、农业、国防和科学技术。如今,机械产品的国际竞争日益激烈,要求机械产品不断创新,工作质量不断提高,功能不断改进。机械设计人员必须具有深厚的机械设计理论并了解市场的需求,才能设计出满足市场要求的机械产品。

本书是机械原理课程的配套教材,以培养学生的机械运动系统方案设计和分析能力为目标。全书共分 7 章,其内容包括:概述,主要介绍机械原理课程设计的基本内容与方法;机械运动方案设计的内容和步骤,主要介绍运动方案设计中的运动规律设计、机构的型综合与尺度综合、机械系统的协调设计、机构运动和动力分析、系统方案评价;机械传动系统方案设计,主要介绍传动系统方面的知识以及原动机的选择;计算机辅助机构分析及设计,主要介绍连杆机构、齿轮机构、凸轮机构的计算机辅助分析及设计;机械系统仿真基础,主要介绍机械系统仿真的一般步骤,并以 PRO/E、ADAMS 和 MAT-LAB 这三款常用软件的仿真模块为基础,详细介绍了连杆机构、凸轮机构和齿轮机构的仿真分析过程;课程设计案例,主要以目前高校常用的课程设计题目为案例,介绍机械原理课程设计的过程、方法;课程设计题选,主要介绍常见机械原理课程设计题目。读者可根据学校本身条件及课程学时安排从中机动选择。

本书主要有以下几个方面的特点:

①结构体系完备。本书依据教育部相关教学指导委员会制定的最新专业规范和机械基础课程最新的教学基本要求,同时吸取不同层次学校教师的意见,进行内容的编排与优化,与机械原理课程各知识点之间相互衔接,能满足各类高等院校学生的培养目标要求。

1

②突出对计算机辅助设计的应用。本书加强了对计算机辅助设计在机构设计与分析中的应用的介绍，并附包括计算机源代码和 Pro/E 三维建模的光盘，以培养学生运用先进设计方法的能力。

③理论与实际相结合，注重案例介绍。在达到掌握基本理论、基本知识、基本技能的教学要求前提下，本书注重案例介绍，以培养学生解决实际问题的能力。

参加编写的有西华大学王强、孙书民、陈华、安俊英、梁剑，陕西理工学院张东生、何勇，重庆科技学院吕中亮。全书由王强统稿。本书在编写的过程中参阅了一些同类论著，在此特向其作者表示衷心的感谢，同时也对本书给予大力支持和热情关注的相关学者、老师及编辑表示由衷的谢意！

由于水平有限，错误与不足之处在所难免，恳请同仁和广大读者批评指正。

编　者

2012 年 11 月

目录

第 **1** 章
概　述

1.1　机械原理课程设计的目的、任务和意义

机械原理课程设计是使学生较全面系统地掌握及深化机械原理课程的基本原理和方法的重要实践性环节,是培养学生进行机械运动方案设计、机械创新设计以及应用计算机对工程实际中各种机构进行分析和设计的一门课程。其目的如下:

①通过课程设计,使学生能综合运用机械原理课程中的理论知识,理论联系实际地去分析和解决与本课程有关的工程实际问题,进一步加深和巩固理论知识。

②使学生初步了解机械设计的全过程,使其对于机械的组成结构、运动学以及动力学分析与设计能建立完整的概念。

③使学生得到根据功能需要拟定机械运动方案的训练,并具有初步的机械选型及确定传动方案的能力,进而培养学生开发和创新机械产品的能力。

④通过编写说明书,培养学生表达思想、独立思考与分析问题以及查阅技术资料的能力。

⑤通过机械原理课程设计的整个环节,培养学生综合运用所学知识独立解决有关课程实际工程问题的能力。

机械原理课程设计的基本任务是:按照一个简单机械系统的功能要求,使学生综合运用所学知识,拟定机械系统的运动方案,并对其中的某些机构进行分析和设计。具体可以分为以下几个部分:

①根据机械的功能要求,合理地进行机构的选型、创新与组合。

②构思出各种可能的运动方案,并通过方案评价、优化筛选等步骤,选择最佳方案。

③对最佳的运动方案,应用计算机辅助分析和设计方法进行机构尺寸综合和运动分析。

④由运动方案和尺寸综合结果绘制机械系统的运动简图及运动循环图。

⑤对必要机构进行机械动力学分析与设计。

当今世界正经历着一场新的技术革命,新概念、新理论、新方法、新工艺不断出现,作为向各行各业提供装备的机械工业也得到了迅猛的发展。机械产品种类日益增多,如各种仪器仪表、农业机械、轻工机械、重型矿山机械、工程机械、金属加工机床、石油化工机械、交通运输机

械以及家用电器、儿童玩具、办公自动化设备等,而且各种现代化机械设备实现生产和操作过程的自动化程度越来越高。然而,机械产品设计的首要任务是进行机械运动方案的设计和构思、各种传动机构和执行机构的选用和创新设计。这就要求设计者综合应用各类典型机构的结构组成、运动原理、工作特点及其设计方法等知识,根据使用要求和功能分析,巧妙地选择工艺动作过程,选用或创新机构形式并巧妙地组合成机械系统运动方案,从而设计出结构简单、制造方便、性能优良、工作可靠、适用性强的机械系统。

21世纪是全球化的知识经济时代,产品竞争将越来越激烈,人类将更多地依靠知识创新、技术创新及相关应用。没有创新能力的国家不仅将失去在国际市场上的竞争力,也将失去知识经济带来的机遇。产品的生命是质量,质量源于创新设计,设计中的创新需要高度和丰富的创造性思维。没有创造性的构思,就没有产品的创新,没有创新的产品就不具有市场竞争性和生命力。而机械产品创新设计成功的关键是机械系统的运动方案设计。因此,通过机械原理课程设计加强对机械类学生机构选型、机械系统运动方案设计和创新设计能力的培养具有重要意义。

1.2　机械设计的一般过程

设计是人类改造自然的基本活动之一,它是复杂的思维过程,其过程蕴含着创新和发明。机械设计是根据用户的使用要求对专用机械的工作原理、结构、运动方式、力和能量的传递方式,以及各个零件的材料和形状尺寸、润滑方法等进行构思、分析和计算,并将其转化为具体的描述以作为制造依据的工作过程。

机械产品的设计按照创新程度的不同分为以下三类:

①开发性设计:在工作原理、结构等完全未知的情况下,应用成熟的科学技术,设计全新的新机械。这种设计的创新性很强,过程最复杂,在机械所实现的功能、机械的工作原理、机械的主体结构这三者中,至少应该有一项是首创的。

②适应性设计:在原理、方案基本保持不变的前提下,对产品进行局部的修改或设计一个新部件,使机械产品在质量上有所提升,更能满足使用要求。

③变异设计:在工作原理和功能结构都保持不变的前提下,变更现有产品的结构配置和尺寸,使之性能提高(如功率、转矩、传动比等),更满足用户的需求。

机械产品的设计过程一般分为4个阶段:产品计划阶段、方案设计阶段、技术设计阶段和改进设计阶段。通常,广泛实施和应用的流程可归纳为如图1.1所示的流程图。

(1)产品计划阶段

产品计划阶段包括进行市场调查、需求分析、市场预测、可行性分析,编制设计任务书,确定设计参数及制约条件,最后给出详细的设计任务书或要求表,作为设计、评价和决策的依据。

此阶段须对产品开发的重大问题进行技术、经济、社会等方面的详细分析,对开发可行性进行详尽的研究,提出可行性报告,其主要内容包括:

①根据市场调研,预测市场需求;

②根据有关产品的国内外水平和发展趋势,分析产品开发的必要性;

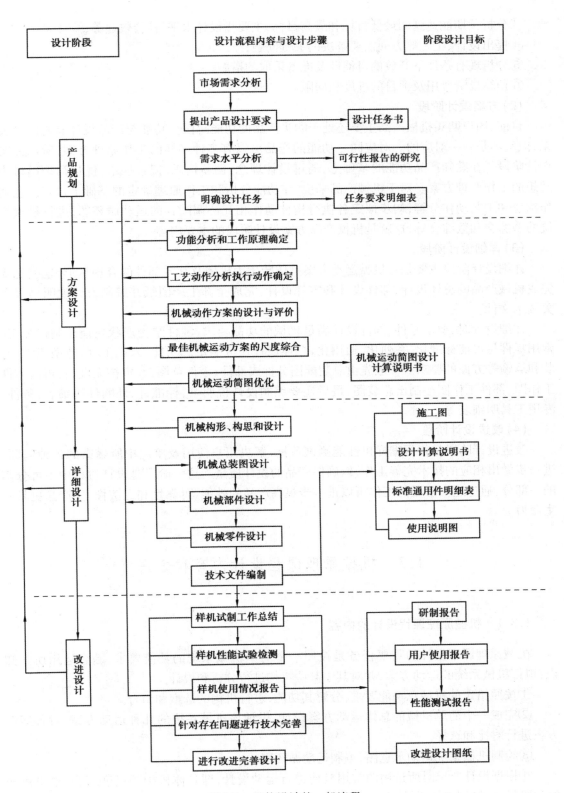

图 1.1　机构设计的一般流程

③分析预期能达到的最低目标和最高目标,主要指设计水平、社会效益等;

④提出设计、工艺等方面需要解决的关键问题;

⑤分析现有条件下开放的可能性及准备采取的措施;

⑥预算投资费用及项目的进度和期限。

(2)方案设计阶段

目前,用户购买机械产品主要还处于购买产品的功能阶段。功能与产品设计有着因果关系,但又不是一一对应的。对应同一功能的产品可以有多种多样的工作原理方案,所以方案设计阶段是在熟知产品功能的基础上,通过设计理念、创新构思、搜索探求,优化筛选出最为理想的工作原理方案。对于机械产品来说,在功能分析和工作原理确定的基础上进行工艺动作构思和工艺动作分解,初步拟定各执行构件动作相互协调配合的运动循环图,进行机械系统的型综合和数综合等,这就是机械产品方案设计阶段的主要内容。

(3)详细设计阶段

详细设计阶段主要是将机械运动方案具体转化为机械及其零部件的合理构形,也就是要完成机械产品的总体设计、部件设计和零件设计,完成全部生产图纸并编制设计说明书等有关技术文件。

详细设计时,要求零件、部件设计满足机械的功能要求;零件结构形状要便于制造加工;常用零件尽可能标准化、系列化、通用化;总体设计还应满足总功能、人机工程、造型美学、包装和运输等方面的要求。一般先由总装配图分拆成部件、零件草图,经审核无误后,再由零件工作图、部件工作图绘制出总装图,最后还要编制设计说明书,标准件、外购件明细表,备件、专用工具明细表等。

(4)改进设计阶段

改进设计阶段是指根据样机性能测试数据,解决用户使用及鉴定中所暴露的各种问题,进一步做出相应的技术完善工作,以确保产品的设计质量。这一阶段是设计过程中不可分割的一部分,通过这一阶段的工作可以进一步提高产品的效能、可靠性和经济性,使产品更具有生命力。

1.3 机械原理课程设计内容和方法

1.3.1 机械原理课程设计的内容

机械原理课程设计的重要任务是按照一个简单机械系统的功能要求,综合运用所学知识,拟订机械系统的运动方案,并对其中某些机构进行分析和设计。

①按照给定的机械总功能要求,分解其功能,进行机构的选型和组合。

②完成一个简单机械的总体运动方案设计,设计该机械系统的几种运动方案,对各运动方案进行对比和选择。

③绘制机械系统运动示意图,编制运动循环图。

④根据设计要求对所选用的常用机构进行运动设计,即具体机构的尺度综合,求出机构的主要尺寸,绘制机构设计图。

⑤对上述机构进行运动分析,绘制运动线图,或进一步进行动力学分析与飞轮转动惯量的确定,绘制机械系统动力分析图。

⑥编写设计说明书,列出计算公式及程序,绘制有关的图纸,对所设计的机械总体运动方案进行二维(三维)动画设计,验证设计的合理性。

1.3.2 机械原理课程设计的方法

机械原理课程设计的主要方法有图解法、解析法、实验法。

①图解法是利用已知的条件和某些几何关系,通过几何作图求得结果。这种方法具有几何概念清晰、形象、直观、定性简单,以及便于检查结果等优点,其缺点是作图烦琐、精度不高,但它是学习者掌握简单机械原理课程的基本概念、基本原理最有效的方法,是进行解析设计的基础。

②解析法是通过建立数学模型,编制框图和程序并借助于计算机求出其结果。该方法的计算精度高、速度快、能解决较复杂的问题,因此在实际设计中得到了越来越广泛的应用。

③实验法是通过建立模型、计算机动态演示与仿真、CAD/CAM等,使设计的机械产品、零件得以实现。这种方法不仅可验证设计的结果,还可培养学生的创新意识和实践动手能力。

以上3种方法各有特点,工程实际中要求机械设计人员应熟悉掌握各种设计方法。在机械原理课程设计中,应根据具体设计内容,在满足机械设计精度要求的前提下选择简单而实用的方法。

1.4 机械原理课程设计说明书的编写

课程设计说明书是技术说明书中的一种。每个学生毕业后都要接触实际的技术工作,都要会写技术报告、可行性论证报告和产品说明书等文件。因此,学生在校期间应受到这方面的训练,掌握这一必需的基本技能。

(1)机械原理课程设计的内容

①设计题目(包括设计条件和要求);

②原动机的选择,传动机构与执行机构的选择与比较;

③机械系统运动方案的拟订、比较与选择;

④所选机构的运动、动力分析与设计;

⑤绘制机械系统的运动循环图;

⑥绘制运动方案布置图及机械运动简图;

⑦完成设计所用方法及其原理的简要说明;

⑧列出必要的计算公式及所调用的子程序名;

⑨写出自编的主程序、子程序及编程框图;打印出自编的全部程序,对程序中的符号、变量作出说明,并列出数学模型中的符号与程序中符号的对照表;

⑩用表格列出计算结果,用计算机或人工画出主要的曲线图;

⑪列出主要参考资料并编号。

(2)编写说明书的注意事项

①说明书字迹端正、文字通顺、步骤清楚、叙述简明;

②说明书中的公式和数据应说明来源,参考资料应编号;

③说明书中应附加必要的插图(如运动简图)和表格(如方案评价表),写出简短的结论(如一些计算结果或原动机选择结果);

④说明书中必须附有相应的图纸和计算程序;图纸数量要达到规定的要求;作图准确,布图合理、图面整洁、符合机械制图标准。

第**2**章
机械运动方案设计的内容和步骤

机械运动方案设计是机械设计的基础,也是富有创造性的环节。其主要内容包括功能原理设计、运动规律设计、执行机构的型综合、运动系统的协调设计、机构的尺度综合、运动分析和动力分析、系统方案评价等。

2.1　功能原理设计

机械产品的设计目的是为了实现某种预期的功能要求。功能原理设计是根据机械预期的功能要求,构思和选择合适的机械功能原理(工作原理)以实现这一功能要求,并力求在较好地实现机械功能要求的前提下,构思和选择简单的功能原理。功能原理设计是机械执行系统设计的第一步,也是十分重要的一步。

实现某种预期的功能要求,可以采用多种不同的工作原理,同种工作原理又可以采用不同的工艺动作,从而使执行系统的运动方案也必然不同,进而影响机械产品的工作质量、技术水平和成本等。因此,机械的功能原理设计又是一项极其重要的工作。

例如,要求设计一个齿轮加工设备,其预期实现的功能是在轮坯上加工出轮齿。为了实现这一功能要求,既可以选择仿形原理,也可以采用展成原理。若选择仿形原理,则工艺动作除了有切削运动、进给运动外,还需要准备分度运动;若采用展成原理,则工艺动作除了有切削运动和进给运动外,还需要刀具与轮坯的展成运动等。这说明,实现同一功能要求,可以选择不同的工作原理;选择的工作原理不同,其执行机构的运动方案也完全不同,所设计的机械在工作性能、工作品质和适用场合等方面就会有很大的差异。

功能原理设计的主要工作内容是构思能实现功能目标的新的解法原理。其工作步骤必须先深入分析产品的功能,明确产品要实现的总功能;细分总功能,得到需要设计的机械功能;对每个功能进行分析设计。在设计的过程中要先从确定的功能做起,然后才能进行创新构思,设计出具有创新的机械产品。

2.2　运动规律设计

实现同一种工作原理,可以采用不同的运动规律。所谓运动规律设计,是指为实现某种工作原理而决定选择何种运动规律。这一工作通常是在对工作原理所提出的工艺动作进行分解的基础上来完成的。

2.2.1　工艺动作分解和运动方案确定

实现一个复杂的工艺工程,往往需要多种工艺动作,而任何复杂的动作总是由一些最基本的运动合成的。实现同一种功能可以采用不用的工作原理,不同工作原理的工艺动作是不同的,例如物料包装可以采用三大工作原理,不同工作原理对应不同的工艺动作,如表2.1所示。

表 2.1　物料包装的不同工作原理和工艺动作

工作原理	工艺动作	特　点
人工包装	将物品包在包装纸中间,将纸分别向左右两侧和上下两侧折过来,叠在一起	
包装折角	机械模仿人工包装,首先将纸压上折痕,然后将物品准确无误地放在纸中间,再经传送带两边的压板从不同方向两次将纸折叠,并进行粘贴	结构较复杂,工作效率低
夹陷包装(填充包装)	采用夹馅式包装原理,将物品夹在包装纸中间,卷在滚筒上的包装材料靠纸带成型器成型(通过成型器对折纸),然后定量填充、热封、切断	结构简单,工作效率大大提高

即使采用同一种工作原理,也可以构思出不同的工艺动作,设计不同的运动规律,相应的机构运动方案也不同。例如,要求设计一台加工内孔的机床,所依据的是刀具与工件间相对运动的原理。根据这一工作原理,加工内孔的工艺动作可以有几种不同的分解方法,比如一种方法是让工件作连续等速转动,刀具作纵向等速移动和径向进给运动。根据工艺动作的这种分解方法,就得到如图2.1(a)所示的车床方案。第二种分解方法是让工件固定不动,使刀具既绕被加工孔的中心线转动,又作纵向进给运动和径向调整运动。根据这种分解方法就形成了如图2.1(b)所示的镗床方案。第三种分解方法是让工件固定不动,采用不同尺寸的专用刀具——钻头和铰刀等,使刀具作等速转动并作纵向送进运动。这种分解方法就形成了如图2.1(c)所示的钻床方案。第四种方法是让工件和刀具均不转动,而只让刀具作直线运动。这种分解方法就形成了如图2.1(d)所示的拉床方案。

在上面加工内孔的机床例子中,车、镗、钻、拉等方案各具特点和用途。当加工小的圆柱形工件时,选用车床镗内孔的方案比较简单。当加工尺寸很大且外形复杂的工件时(如加工箱体上的主轴孔),由于将工件装在机床主轴上转动很不方便,因此可以采用镗床方案。钻床方案取消了刀具的径向调整运动,虽简化了工艺动作,但却使得刀具复杂化,且加工大的内孔

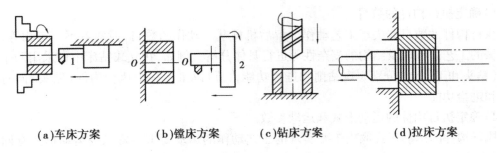

|(a)车床方案|(b)镗床方案|(c)钻床方案|(d)拉床方案|

图 2.1　加工内孔的工艺动作分解方法

有困难。拉床方案动作最为简单,生产率也高,但所需拉力大,刀具价格昂贵且不易自制,拉削大零件和长孔时有困难,在拉孔前还需要在工件上预先制出拉孔和工件端面。所以在进行运动规律设计和运动方案选择时,应综合考虑机械的工作性能、生产率、应用场合、经济性等各方面的因素,根据实际情况对各种运动规律和运动方案加以认真分析和比较,从中选择出最佳方案。

　　从上述例子的分析中可以看出:同一个工艺动作可以分解成各种简单运动,工艺动作分解的方法不同,所得到的运动规律和运动方案也大不相同,它们在很大程度上决定了机械工作的特点、性能、生产率、适用场合和复杂程度。

　　工艺动作或运动规律的设计应考虑以下问题:

(1)运动规律尽量简单,才能保证设计的机构方案简单、实用、可靠

　　例如,要求为某滚珠轴承厂设计一台筛选不同直径的轴承钢珠的设备。如图 2.2 所示,钢珠靠自重沿两条斜放的不等距棒条滚动,尺寸较小的钢珠会先行漏下,较大的钢珠稍后漏下,进而成功地对钢珠进行尺寸分级。

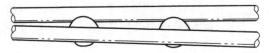

图 2.2　轴承钢珠的尺寸分选示意图

　　该方案构思巧妙,只需设计一个输送钢珠的动作即可,避免了设计各种钢珠的测量动作。某些水果分级机也利用同样的方式对水果进行高效的机械分级。

(2)将复杂的运动规律进行分解

　　任何复杂的运动都可以分解为一些简单运动,如转动、摆动、直线移动,或连续运动、间歇运动、步进运动等。对于一个较复杂的工艺过程或运动规律,为了使设计的机构简单紧凑、便于加工并易于获得高精度,通常需要将运动规律分解成这些比较简单的基本运动规律。

　　前面的例子已经说明,对较复杂的工艺动作或运动规律进行分解时,要综合考虑机械运动实现的可能性、机械的复杂程度以及机械的工作性能,力求从各种运动规律中选出简单实用的运动规律。

(3)根据分解后的工艺动作确定执行构件的数目、运动形式和运动参数

　　工艺动作或运动规律分解后,要确定执行构件的数目、运动形式、运动方位及运动参数等,从而为机械执行系统的运动方案设计奠定基础。

1)确定执行构件的数目

执行构件的数目取决于工艺动作分解后机械基本动作的数目,但两者不一定相等,要针对机械的工艺过程以及结构的复杂性等进行具体分析。例如,在立式钻床中可采用两个执行构件(钻头和工作台)分别实现钻削和进给功能,也可以采用一个执行构件(钻头)同时实现钻削和进给功能。

2)确定执行构件的运动形式和运动参数

执行构件的运动形式取决于要实现的工艺动作的运动要求。常见的运动形式有回转运动、直线运动、曲线运动及复合运动等。常见运动形式的运动参数如表 2.2 所示。

表 2.2 常见运动形式的运动参数

运动形式		运动参数
回转运动	连续转动	每分钟的转数
	间歇转动	每分钟的转动次数、转角大小及动停比等
	往复摆动	每分钟的摆动次数、摆角大小及行程速比系数等
直线运动	往复直线运动	每分钟的行程数、行程大小及行程速比系数等
	有停歇的往复直线运动	行程大小、工作速度以及一个运动循环内停歇的次数、位置及时间等
	有停歇的单向直线运动	位移和停歇时间等
曲线运动	沿固定不变的曲线运动	轨迹点坐标:x、y、z 的变化规律,如搅拌机执行构件上某点的运动
	沿可变的曲线运动	这时的曲线运动往往是由两个或三个方向的移动组成,如起重机吊钩的空间曲线运动,其运动参数需由各方向移动的配合关系确定
复合运动:由以上几种单一运动组合而成		运动参数根据各单一运动形式及其协调配合关系而定。如台式钻床的钻头作连续转动(切削运动)的同时又作直线运动(进给运动)

2.2.2 运动规律设计的创新性

运动规律设计也是一个创造性过程,需要设计者既要熟练掌握和灵活应用基本设计理论、设计方法和专业实际知识,同时还要充分发挥创造性思维和创新潜能,构思设计出结构简单、性能优良、生产率高、具有竞争力的新产品。

比如通过对自然系统生物特性、结构的分析和类比模拟,可得出创造性方案。如图 2.3 所示的搓元宵机,其运动规律也是模仿人手搓元宵的动作而设计的。整个装置是由旋转圆盘 1、连杆 2 和 3、转动构件 4 和机架 5 所组成的空间五杆机构。运动由旋转圆盘 1 输入,通过装

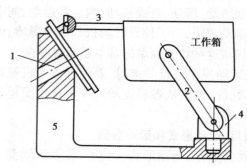

图 2.3 搓元宵机机构

1—旋转圆盘;2、3—连杆;4—转动构件;5—机架

在圆盘外圈上的球形铰链带动连杆 3、2 和转动构件 4 运动,从而使与连杆 3 固结的工作箱作空间振摆运动,工作箱内的元宵馅在稍许湿润的元宵粉中经多方向滚动即可制成元宵。这是一个构思巧妙、结构简单的设计。

2.3　执行机构的型综合

根据工艺动作分解,确定了执行机构运动规律后,就要根据各基本动作或功能的要求,选择合适的机构形式来实现这些动作或运动规律。这一工作称为执行机构的形式设计,又称为机构的型综合。执行机构型综合的优劣性直接影响到方案的先进性、适用性和可靠性,并最终决定机械结构的繁简程度、工作质量、使用效果,它是机械系统方案设计中举足轻重的一环,也是一项极具创造性的工作。

2.3.1　机构型综合应满足的要求

(1)满足执行构件的工艺动作和运动要求

设计执行机构形式时,首先要考虑的问题是满足执行构件所需的工艺动作和运动要求,包括运动形式、运动规律或运动轨迹方面的要求。通常,满足执行构件所需的工艺动作和运动要求的机构形式不止一种,因此,要对机构形式进行比较、取舍,保留性能好的,淘汰不理想的。

(2)力求机构结构简单

机构结构简单主要体现为运动链要短,构件和运动副数目要少,机构尺寸要适度,在整体布局上占用空间小、布局紧凑。因为运动链的加长势必加大累计误差,降低传动的精度、机械效率、工作可靠性及系统的刚度。另外,增加构件显然会增加机械的质量,增加成本,且运动副的增加会带来更多的摩擦损耗。所以,在进行机构形式设计时,有时宁可采用具有较小设计误差但结构简单的近似机构,而不采用理论上没有误差但结构复杂的机构。

(3)选择合适的运动副

运动副在机械传递运动和动力的过程中起着重要的作用,它直接影响到机械的结构形式、传动效率、寿命和灵敏度。

采用高副的优点是比较容易实现复杂的运动规律和运动轨迹,一般来说可以减少构件数和运动副,缩短运动链;缺点是高副元素形状复杂,制造困难,另外高副为点接触,易磨损。在有些情况下,虽然采用高副机构缩短了运动链,但有可能增大了机构尺寸,增加机械质量。

在低副机构中,转动副制造简单,容易达到配合精度,且效率高,而移动副制造困难,不易保证配合精度,容易发生楔紧和自锁现象,效率低时有时会产生爬行,故一般只适宜于作直线运动或将转动变为移动的场合。

(4)选择适当原动机形式,以简化结构和改善运动质量

执行机构的形式设计不仅与执行构件(即输出构件)的运动形式有关,而且与原动件(即输入构件)的运动形式有关,而原动件的运动形式则与所选的原动机类型有关。常用的原动机有电动机、液压缸和气缸等。

目前,各种机械大多采用电动机作为原动机,如固定设备经常选用电动机作为动力源。电动机一般输出连续转动,与执行机构的连接较简单,效率较高。而在有液、气压动力源时,可以选用液压缸或气缸作为动力源,为执行机构提供直线往复移动或摆动,和电动机相比,它的速度可以调节,还可以减振,省去了转换运动机构及减速机构。例如,在有多个执行机构的矿山冶金机械及自动生产线上经常采用气动和液压装置。

(5)力求具有良好的动力特性

动力特性良好主要体现在考虑机构的动平衡,降低动载荷,减小振动;执行构件的速度、加速度变化应符合要求,若用凸轮机构,应尽量避免刚性冲击;尽量采用压力角最小和增力系数比较大的机构,这样可以减少主动件上的力矩或力,提高效率,减小机构尺寸。

不同形式的机构,动力特性是不同的。在进行执行机构形式设计时,要结合具体问题,尽量使机构具有良好的动力特性。

此外,应尽量避免采用虚约束,因为虚约束要求较高的加工和装配精度,否则将会产生较大的附加内应力,甚至产生楔紧现象而使运动发生困难。若为了改善受力状况或增加机构刚度而引入虚约束时,则必须注意结构、尺寸等方面设计的合理性。

(6)具有较高的机械效益和机械效率

机械效益是衡量机构省力程度的一个重要标志。机构的传动角越大,压力角越小,机械效益越高。选择时,可采用大传动角的机构,以减小输入轴上的转矩。尽量少采用移动副(这类运动副易发生楔紧或自锁现象)。

机械效率反映了机械对机械能的有效利用程度。机械效率取决于组成机械的各个机构的效率,而机械中各运动链所传递的功率往往相差较大。在设计中应通过合适的机构形式,使传递功率最大的主运动链具有较高的机械效率,而对于传递功率较小的辅助运动链(如进给运动链和分度运动链等),其机械效率的考虑可放在次要地位,而主要考虑简化机构、减小外廓尺寸等方面。

(7)保证使用机械时的安全性

设计执行机构时,必须注意机械的使用安全问题,防止发生机械损坏或人身伤害的情况。

2.3.2 机构的选型

按照执行构件所需的运动特性与动作功能分解、组合原理进行机构选型是常用的方法。所谓机构的选型,是利用发散思维的方法,将现有各种机构按照动作功能或运动特性进行分类,然后根据设计对象中执行构件所需要的运动特性或动作进行搜索、选择、比较、评价,选出合适形式的执行机构。

实现各种运动要求的现有机构可以从机构手册、图册或资料上查阅获得。为了便于设计人员的选用或得到某种启示来创造新机构,本书列出一部分按照执行机构的运动方式进行分类的机构形式及应用实例(表2.3)和按照执行机构的功能进行分类的机构(表2.4),以及常用机构的主要性能与特点(表2.5)。

表 2.3　按运动方式对机构进行分类

执行机构运动方式及功能	机构类型	典型应用实例
匀速转动	(1) 连杆机构 平行四边形机构 转动导杆机构 双转块机构 双万向联轴器 (2) 齿轮机构 平面齿轮机构 空间齿轮机构 轮系 (3) 摩擦轮机构 圆柱摩擦轮 圆锥摩擦轮机构 带内滚轮的摩擦轮机构 带中间滚轮的摩擦轮机构 (4) 带传动机构 (5) 链传动机构 (6) 挠性件传动机构	火车车轮联动机构、生产线中的操纵机构 双缸旋转泵 十字槽联轴节 用于传递两平行轴间的运动 用于传递非平行轴之间的运动 铣床的万能分度头、机床进给机构、减速器 一般用于低速、轻载的场合 可实现中心距较大的两轴间的传动 适用于低速重载及恶劣的工作环境 适用于平行轴传动中的无级调速
非匀速转动	(1) 连杆机构 双曲柄机构 转动导杆机构 曲柄滑块机构 单万向节联轴节 (2) 非圆齿轮机构 椭圆齿轮机构 卵形齿轮机构 偏心圆形齿轮机构 非圆瞬心线机构 (3) 组合机构 挠性件连杆机构 齿轮连杆机构	惯性振动筛 回转式柱塞泵、叶片泵、切纸机、旋转式发动机 冲床 应用于机床、汽车、冶金设备等各种机械中 卧式压力机中的急回机构 仪器仪表中 毛纺精梳机的圆梳传动机构 自动机和仪表仪器中 轻工机械中驱动送料的滚轮 用于需要实现复杂运动规律的自动机中

续表

执行机构运动 方式及功能	机构类型	典型应用实例
往复移动	(1)连杆机构 曲柄滑块机构 转动导杆机构 正弦机构 正切机构 (2)凸轮机构 (3)齿轮齿条机构 (4)楔块机构 (5)斜盘机构 (5)螺旋机构 (6)挠性件机构 (7)气、液动机构	手动冲孔钳、简易搓丝机、车门启闭机构 抽水机、缝纫机针头机构 往复式水泵、缝纫机、振动台 锻锤机、穿孔机、配气机构 压力机械、夹紧装置、推压、缓冲装置 压缩机、发动机、柱塞泵 压力机、车床进给装置 用于远距离往复移动 升降机
往复摆动	(1)连杆机构 曲柄摇杆机构 双摇杆机构 摇杆滑块机构 摆动导杆机构 摇块机构 梯形机构 (2)凸轮机构 (3)组合机构 凸轮连杆机构 齿轮连杆机构 凸轮齿轮连杆机构	 破碎机 转向操纵机构、加紧机构 车门启闭机构 具有急回性质,用于牛头刨机构 液压摆缸,用于自动装卸 汽车转向机构 凸轮剪刀机构 齐纸机构、打字机构、剪刀机构 机械手抓取机构、电风扇摇头机构 穿孔机构
间歇运动	①棘轮机构 齿轮棘轮机构 链轮棘轮机构 连杆棘轮机构 ②槽轮机构 齿轮槽轮机构 ③凸轮机构 蜗杆凸轮机构 端面螺旋机构 连杆齿轮凸轮机构 ④不完全齿轮齿条机构 凸轮齿轮机构 连杆齿轮机构	 切削机床的分度机构 传送装置 棉毛车的卷取装置 转位机构、电影放映机 同轴间传递间歇运动 交错轴间的间歇运动 分度机构 分度、转位 步进传动机构

表 2.4　按执行机构的功能进行分类

换向机构	(1)周期性换向机构 　带轮机构 　齿轮杠杆机构	(2)非周期性换向机构 　棘轮机构 　定轴轮系 　行星轮系 　双摩擦轮机构
行程放大机构	(1)齿轮放大摆角机构 (2)双联齿轮放大行程机构 (3)多杆放大机构 (4)铰链平行四边形放大行程机构	(5)双摆杆摆角放大机构 (6)双凸轮放大行程机构 (7)多曲线凸轮放大行程机构 (8)圆柱凸轮放大行程机构
行程可调机构	(1)利用螺旋调节行程的机构 (2)利用偏心调节行程的机构 (3)利用导杆位置调节行程的机构	(4)利用变支点调节行程的机构 (5)利用齿轮机构调节行程的机构
差动机构	(1)差动连杆机构 (2)差动齿轮机构 (3)差动螺旋机构	(4)差动滑轮机构 (5)组合机构
急回机构	(1)连杆机构 　曲柄摇杆机构 　偏置式曲柄滑块机构 　双曲柄机构 　导杆机构	(2)凸轮机构 (3)力急回机构 　重力急回机构 　弹力急回机构 (4)组合机构
实现预期 轨迹的机构	(1)实现直线轨迹的机构 　构件沿直线平移的机构 　实现特殊点直线轨迹的机构 　曲柄滑块机构	(2)实现曲线轨迹的机构 　构件沿曲线轨迹的平移机构 　实现点的曲线轨迹的机构 (3)机械加工非圆工件的机构
预期位置和 动作的机构	(1)实现预期位置的机构 　连杆机构 　凸轮机构 　行星齿轮机构	(2)实现预定动作的机构 　连杆机构 　双凸轮机构

表 2.5　常用机构的主要性能与特点

机构类型	主要性能特点	能实现的运动变换
平面连杆机构	结构简单,制造方便,运动副为低副,能承受较大载荷;但平衡困难,不宜用于高速,在实现从动杆多种运动规律的灵活性方面不及凸轮机构	转动↔转动 转动↔摆动 转动↔移动 转动→平面运动
凸轮机构	结构简单,可实现从动杆各种形式的运动规律,运动副为高副,又靠力或形封闭运动副,故不适用于重载,常在自动机或控制系统中应用	转动↔移动 转动↔摆动

续表

机构类型	主要性能特点	能实现的运动变换
齿轮机构	承载能力和速度范围大,传动比恒定,运动精度高,效率高,但运动形式变换不多。非圆齿轮机构能实现变传动比传动。不完全齿轮机构能传递间歇运动	转动↔转动 转动↔移动
轮系	轮系能获得大的传动比或多级传动比。差动轮系可将运动合成与分解	
螺旋机构	结构简单,工作平稳,精度高,反行程有自锁性能,可用于微调和微位移,但效率低,螺纹易磨损。如采用滚珠螺旋,可提高效率	转动↔移动
槽轮机构	常用于分度转位机构,用锁紧盘定位,但定位精度不高,分度转角取决于槽轮的槽数,槽数通常为 4～12,槽数少时,角加速度变化较大,冲击现象较严重,不适用于高速	转动→间歇转动
棘轮机构	结构简单,可用作单向或双向传动,分度转角可以调节,但工作时冲击噪声大,只适用于低速轻载的情况,常用于分度转位装置及防止逆转装置中,但要附加定位装置	摆动→间歇转动
组合机构	可由凸轮、连杆、齿轮等机构组合而成,能实现多种形式的运动规律,且具有各机构的综合优点,但结构较复杂,设计较困难。常在要求实现复杂动作的场合应用	灵活性较大

2.4 运动系统的协调设计

执行机构系统中的各执行机构必须按一定的次序协调动作,相互配合,这样才能完成机械预定的功能和生产过程,这方面的工作称为执行机构系统的协调设计。机构系统的协调设计是执行机构系统方案设计的重要内容之一。

2.4.1 运动系统的协调设计

一个复杂的机械通常由多个执行机构组合而成。各执行机构不仅要完成各自的执行动作,还必须以一定的次序循环动作,相互配合,以完成机器预期的功能要求。否则将破坏机械的整个工作过程,不仅无法实现预期工作要求,甚至会损坏机件和产品,造成生产和人身事故。

各执行机构之间的协调设计应满足以下几个方面的要求:

(1)各执行机构在时间上的协调配合

各执行机构的动作过程和先后顺序必须符合工艺过程所提出的要求,同时还要保证各执行机构动作在时间上的同步性要求,使各执行机构的运动循环时间间隔相同或按工艺要求成一定的倍数关系,从而使各执行构件不仅在时间上能保证确定的顺序,而且能够周而复始地循环协调工作。

(2)各执行机构在速度上的协调配合

有些机械要求执行构件运动之间必须保持严格的速比关系。例如,范成法加工齿轮时,刀具和工件的范成运动必须保持某一恒定传动比;车床车制螺纹时,主轴的转速和刀架的走刀速度也必须保持严格的恒定速比关系;插齿机中齿坯和插齿刀的两个旋转运动之间必须保持一定的传动比,只有这样才能完成插齿功能。

对于有运动配合要求的执行构件,往往采用一个原动机,通过运动链将运动分配到各执行构件上去,借助机械传动系统实现运动的协调配合。但在一些现代机械中,也采用多个原动机分别驱动,借助控制系统实现运动的协调配合。

(3)各执行机构在空间上的协调配合

为了使执行系统能够完成预期的工作任务,还应考虑它们在空间位置上的协调一致。对于有位置制约的执行系统,必须进行各执行机构在空间位置上的协调设计,以保证在运动过程中各执行机构之间以及机构与周围环境之间不发生干涉。

(4)各执行构件之间动作的协调配合

有些机械要求各个执行构件在动作时间的顺序和运动位置的安排上必须协调配合。例如,单缸四冲程内燃机的进气阀、排气阀与活塞的动作先后次序有严格要求;牛头刨床的刨刀和工作台的动作必须协调配合,在切削时间段工作台应静止不动,当刨刀空回时才可以进行工作台的进给运动。

2.4.2 机械运动循环图的设计

(1)机器的运动分类

机器的运动分类如表2.6所示。

表 2.6 机器的运动分类

类　别	特　点	举　例
第一类	机器的工作往往无固定的周期性运动循环,随着机器工作地点、条件的不同运动随时改变	起重机械、建筑机械以及其他工程机械
第二类	机器的各执行机构的运动呈周期性地重复变化,每经过一定的时间间隔,它的位移、速度和加速度便重复一次	自动包装机械、自动机床、轻工机械等

(2)机械的运动循环

机械的运动循环是指机械完成其功能所需的总时间,通常以 T 表示。机械的运动循环往往与各执行机构的运动循环相一致,因为执行机构的生产节奏就是整台机器的运动节奏。执行机构中执行构件的运动循环至少包括一个工作行程和一个空回行程,有时有的执行构件还有一个或若干个停歇阶段。因此,执行机构的运动循环 T 可以表示为:

$$T = t_{工作} + t_{空程} + t_{停歇}$$

式中 $t_{工作}$——执行机构工作行程时间;

$t_{空程}$——执行机构空回行程时间;

$t_{停歇}$——执行机构停歇时间。

(3)机械运动循环图的概念

根据生产工艺的不同,机械的运动循环可分为两大类。一类是机械中各执行机构的运动规律呈非周期性,即由于工作条件的不同而随时改变,具有相当大的随机性,例如起重机、建筑机械和某些工程机械等。另一类是机械中各执行机构的运动呈周期性循环,各执行构件的位移、速度和加速度等运动参数周期性地重复,即经过一定的时间间隔后,其运动参数就重复一次,实现一次循环,生产中大多数机械都属于这种固定运动循环的机械。

对于具有固定运动循环的机械,用来描述各执行构件运动间相互协调配合关系的图称为机械的运动循环图。当采用机械方式集中控制时,通常各执行机构的原动件通过分配轴相连接起来,各执行机构原动件在分配轴上的安装方位,或者控制各执行机构原动件的凸轮在分配轴上的安装方位,均是根据机械运动循环图来决定的。所以,机械的运动循环图是机器设计、安装和调试的依据。常用的机械运动循环图有三种表示形式,如表2.7所示。

表2.7 机械运动循环图的形式、绘制方法和特点

形　式	绘制方法	特　点
直线式 (图2.4)	将机械在一个运动循环中各执行构件各运动区段的起止时间(或转角)和先后顺序按比例绘制在直线坐标轴上	绘制方法简单;能清楚地表示出一个运动循环内各执行构件运动的相互顺序和时间(或转角)关系;直观性较差;不能显示各执行构件的运动规律
圆周式 (图2.5)	将机械在一个运动循环中各执行构件各运动区段的起止时间(或转角)和先后顺序按比例绘制在圆形坐标上	能比较直观地看出各执行机构原动件在分配轴上所处的相位,便于各机构的设计、安装和调试;当执行机构数目较多时,由于同心圆环太多,不便于观察;无法显示各执行构件的运动规律
直角坐标式 (图2.6)	用横坐标轴表示各执行构件各运动区段的起止时间(或转角)和先后顺序,以纵坐标轴表示各执行构件相应的角位移或线位移,为简明起见,各区段之间均用直线连接	实际上它就是各执行构件的位移线图,不仅能清楚地表示出各执行构件动作的先后顺序,而且能表示出各执行构件在各区段的运动规律,有利于指导各执行机构的几何尺寸设计

分配轴转角	0° 30° 60° 90° 120° 150° 180° 210° 240° 270° 300° 330° 360° 195°		
印头机构	印头印字		印头退回
油辊机构	油辊退回沾油墨		油辊给铅字刷油墨
油盘机构	油盘静止	油盘转动	油盘静止

图2.4 平压印刷机运动循环图(直线式)

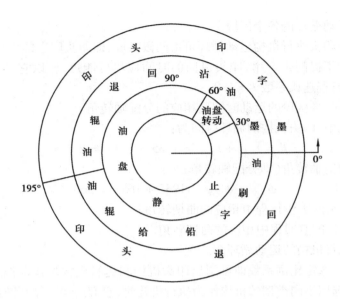

图2.5 平压印刷机运动循环图(同心圆式)

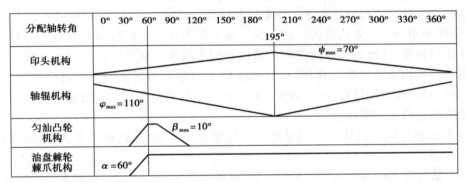

图2.6 平压印刷机运动循环图(直角坐标式)

图中 ψ_{max}、φ_{max}、β_{max} 和 α 分别表示图中各机构执行构件的最大摆动角度

(4)机械运动循环图的设计步骤与方法

在设计机械的运动循环图(又称工作循环图)时,通常机械应实现的功能是已知的,它的理论生产率也已确定,机器的传动方式以及执行机构的结构均已初步拟定。下面以图2.7所示的自动打印机为例,说明机械运动循环图的设计步骤。

①确定执行机构的运动循环时间 T。

对于平压印刷机,选曲柄摇杆机构作为印

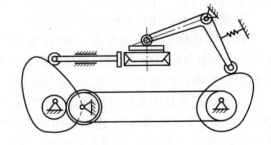

图2.7 自动打印机运动简图

头执行机构,执行构件摇杆就是印头,它往复摆动一次即为一个运动循环,其所需时间由平压印刷机的生产率来确定。因为简易平压印刷机的生产率 $Q = 24\ Pc/\text{min}$(其中 Pc 表示张数),即曲柄轴每转一周(360°),印头往复摆动一次完成执行机构的一个工作循环。为满足生产率,曲柄轴每分钟转数为 $n_{曲} = 24\ \text{r/min}$,其运动循环时间 $T = 60/n_{曲} = 2.5\ \text{s}$。

19

②确定组成运动循环的各个区段。

平压印刷机的印头执行机构运动循环可由两段组成,即印头印字的工作行程及印头退回时的空回行程。为了提高生产率,印头退回的时间应尽可能短,所以它必须具有急回特性。根据工艺要求,其行程速比系数 $K=1.8$。

③确定执行构件各区段的运动时间及相应的分配轴转角。

在平压印刷机中,印头机构的循环时间为:

$$T = t_{工作} + t_{空程} = 1.35 + 1.15 = 2.5 \text{ s}$$

与此相应的曲柄轴转角(即分配轴转角)为:

$$\phi_{工作} + \phi_{空程} = 195° + 165° = 360°$$

式中 $\phi_{工作}$——印头的工作行程中相应的曲柄转角;

$\phi_{空程}$——印头的空回程中相应的曲柄转角。

④初步绘制执行机构的运动循环图。

根据以上计算,选定比例系数即可画出印头机构和送料机构的运动循环图(见图2.4)。值得指出的是,当选用不同类型的机构作为执行机构时,它们的运动循环图也随之不同。

⑤完成执行机构的运动循环图的修正。

初步确定的执行机构往往由于整体布局和结构方面的原因,或者因为加工工艺方面的原因,在实际使用中要作必要的修改。例如为了满足压力角、传动角、曲柄存在等条件,构件的尺寸必须进行调整;又比如当零部件加工装配有困难或考虑到零部件之间的间隙等因素时,也必须对执行机构进行修改。这样,执行机构所实现的运动规律与原先设计的就不完全相同,因此要以经过改进的结构设计、强度设计或刚度设计最后确定的构件结构与尺寸为依据,精确地描绘出它的运动循环图。

⑥分别画出各执行机构的运动循环图。按照以上步骤,分别画出各执行机构的运动循环图。

⑦各个执行机构的运动循环图绘制以后,必须按其工艺动作的顺序将它们恰当地组合在一起,绘制整台机器的运动循环图。这时应考虑到各执行机构在时间和空间上的协调性,即不仅在时间上各执行机构要按一定的顺序进行,这称为运动循环的时间同步化;而且在空间上各执行机构在工作过程中不产生空间位置的相互干涉,这称为运动循环的空间同步化。

下面以平头打印机为例子进行说明:

以打印机构的起点为基准,把打印头和送料推头的运动循环图按同一时间(或分配轴的转角)比例组合起来画出总图,这就是自动打印机的机械工作循环图。但是当把这两个执行机构的运动循环图组合起来时,可能出现有以下两种极端情况。

一种情况是打印头从开始打印,到打到工件上并在上面停留一段时间再退回到原处等待送料,完成一个运动循环后,送料机构才开始送料、退回、停歇。这样组成的机械运动循环,即为机械的最大运动循环,如图2.8所示。显然,这样两个执行机构,一个工作完成后另外一个才开始工作,不会产生任何干涉,但是这种运动循环图是极不经济的,机械的运动循环时间很长,而且其中许多时间是空等,生产效率极低。

另一种情况是当送料机构刚把产品送到打印工位时,打印头正好压在产品上,如图2.9所示,点1和点2在时间上重合,即可使机械获得最小的运动循环。

这种循环图在时间和顺序上能基本满足设计要求,但这仅仅是一种临界状态,实际上点1

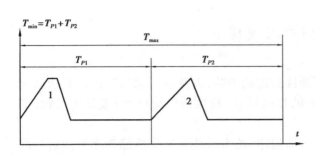

图 2.8 自动打印机的最大工作循环

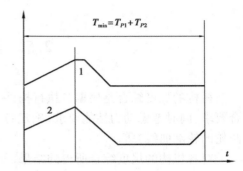

图 2.9 自动打印机的最小工作循环

和点 2 不可能精确重合。因为实际的执行机构由于尺寸有误差、运动副之间存在间隙等原因,不可避免地存在着运动规律误差。其结果势必影响产品的加工质量和机械的正常工作。例如,当打印头打到工件时,工件还未到位,正在移动,于是印在工件上的图像就会模糊不清,影响打印质量。

为了确保打印机能正常工作,应使点 2 超前点 1 一个 Δt 时间,即相应的分配轴转角也应根据实际情况超前 $\Delta \varphi$,通常可取 $\Delta \varphi = 5° \sim 10°$,经修改后就可得到比较合理的机械工作循环了,如图 2.10 所示。这样的工作循环图既满足机械生产率的要求,又符合产品加工过程的实际情况,并且能保证机械正常可靠地运转。

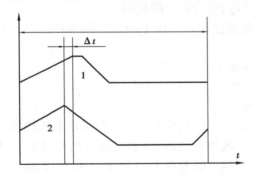

图 2.10 自动打印机合理的工作循环

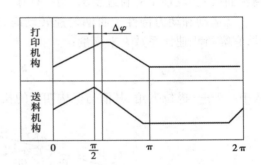

图 2.11 自动打印机时间同步化的工作循环图

因为自动打印机的送料机构首先将产品送至打印工位,然后打印机构才对产品进行打印工艺,故它们之间只有时间上的顺序关系,而没有空间上的相互干涉,所以前面阐述的只是机械运动循环图的时间同步化设计。图 2.11 就是经过时间同步化设计后的机械工作循环图。

除了进行运动循环图的时间同步化设计外,有时机械因为其各执行构件会产生空间干涉,所以还必须进行运动循环图的空间同步化设计。

空间同步优化设计的具体步骤如下:

①首先绘制出机构的运动循环图;

②绘制出构件的位移线图;

③绘制出执行机构的运动简图,并绘制出构件断点的运动轨迹,从而确定干涉点的相对位置;

④进行空间同步优化设计;

⑤绘出整台机器空间同步化运动循环图。

2.5 机构的尺度综合

机构的尺度综合是根据各执行构件、原动件的运动参数,以及各运动构件运动的协调配合要求,同时考虑动力性能要求,确定各机构的几何尺寸(机构的运动尺寸)或几何形状(如凸轮的轮廓曲线)等。

对各机构的尺度综合所得的结果,要从运动规律、动力条件和工作性能等多方面进行综合评价、修正,确定合适的机构运动尺寸,然后绘制出机构运动简图,表达各构件的运动尺寸和几何形状。

本小节重点介绍连杆机构、凸轮机构、齿轮机构等三种常见机构。

2.5.1 连杆机构的尺度综合

(1) 常用四杆机构的用途、运动和动力特性

1) 曲柄摇杆机构

①用途。曲柄摇杆机构一般用于:改变运动形式,由曲柄的整周转动变为摇杆的往复摆动,反之亦然;曲柄匀角速转动,输出具有急回特性的摇杆摆动;依据连杆上各点不同形状的高次曲线,实现预定的轨迹要求;当摇杆作为原动件时,机构死点的利用。

②运动和动力特性。曲柄匀速转动时,摇杆变速摆动。工作中经常应用摇杆的急回特性,它靠行程速比系数 k 来衡量:

$$k = \frac{180° + \theta}{180° - \theta} \tag{2.1}$$

式中 θ——极位夹角,其值与机构四杆的长度有关。

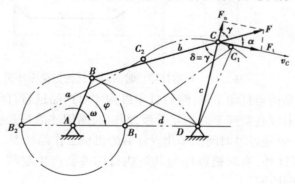

图 2.12

在机构设计时,不仅要求机构能实现预期的运动,而且还要使传递的动力尽可能发挥有效作用。图 2.12 所示的曲柄摇杆机构中,曲柄为原动件,摇杆 CD 为从动件。设计中必须保证在 CD 杆的摆动过程中,机构的最小传动角 γ_{min} 不小于许用值(一般为 40°或 50°)。其最小传动角出现的位置可用如下方法求得:当 $\angle BCD \leq 90°$ 时,$\gamma = \angle BCD$;当 $\angle BCD > 90°$ 时,$\gamma = 180° - \angle BCD$。因此,最小传动角将出现在如下两个位置之一:

a. 曲柄 AB 转到与机架 AD 重叠共线位置 AB_1 时,$\angle BCD$ 最小,其值为:

$$\angle B_1 C_1 D = \arccos \frac{b^2 + c^2 - (d - a)^2}{2bc} \tag{2.2}$$

b. 曲柄 AB 转到与机架 AD 拉直共线位置 AB_2 时,$\angle BCD$ 最大,其值为:

$$\angle B_2C_2D = \arccos\frac{b^2 + c^2 - (d + a)^2}{2bc} \tag{2.3}$$

若 $\angle B_2C_2D$ 为锐角,则 $\gamma_{min} = \angle B_1C_1D$;若 $\angle B_2C_2D$ 为钝角,则 γ_{min} 为 $\angle B_1C_1D$ 与 $180° - \angle B_2C_2D$ 中的小者。

当摇杆为原动件时,应注意机构中存在连杆与曲柄拉直和重叠共线的两个止点位置。

2)双曲柄机构

①用途。如图 2.13 所示,当主动曲柄 AB 做匀速转动时,从动曲柄 CD 作变速转动,这样的输出可以获得较大的加速度。

②运动和动力特性。当主动曲柄转动一周时,从动曲柄也转动一周,所以其平均传动比 $n_3/n_1 = 1$;可是两个曲柄的瞬时传动比 $i_{31} = \omega_3/\omega_1 \neq$ 常数。任一曲柄为原动件时,这种机构均无死点,其最小传动角的求法与曲

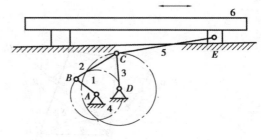

图 2.13

柄摇杆机构相同。在双曲柄机构中有一特例为平行四边形机构,其主要特点是连杆作平动 ($\omega = 0$),两曲柄的瞬时传动比 $i_{31} = \omega_3/\omega_1 =$ 常数。在一周回转运动中,四根杆有两个共线位置,必须利用构件的惯性、安装飞轮或增加辅助构件等方法保证机构具有确定的运动方向。

3)双摇杆机构

①用途。由于两个摇杆只能作摆动,所以双摇杆机构常用作操纵机构(如车辆前轮的转向机构)或与其他机构联用。具体应用中,可以变现摆角放大及连杆获得翻转 360°、180°、90°等。

②运动和动力特性。对于最短杆与最长杆的长度之和小于另外两杆长度之和且将最短杆对面的构件固定为机架的双摇杆机构,如图 2.15(a)所示,其中转动副 B 和 C 为周转副,连杆 BC 可以翻转 360°。

对于最短杆与最长杆的长度之和大于另外两杆长度之和的双摇杆机构,其四个转动副 A、B、C、D 都为摆转副。图 2.15(b)、(c)、(d)分别表示最长杆为摇杆、机架、连杆时机构的运动范围。

在图 2.14 中,当 AB 为原动件时,机构的止点位置出现在 AB_1 和 AB_2;当 CD 为原动件时,机构的止点位置为 C_1D 和 C_1D。

4)曲柄滑块机构

①用途。该机构可将曲柄的圆周运动变为滑块的往复移动或将滑块的移动变为曲柄的转动。对于偏置的曲柄滑块机构,曲柄做匀速转动时,滑块有急回作用。

②运动和动力特性。如图 2.15 所示,对心曲柄滑块机构的滑块行程 $s = 2a$,而偏置曲柄滑块机构的滑块行程为:

$$s = \sqrt{(a + b)^2 - e^2} - \sqrt{(b - a)^2 - e^2} > 2a \tag{2.4}$$

偏置曲柄滑块机构的急回特性用行程速比系数 K 表示,仍用式(2.1)计算。如图 2.16 所示,极位夹角 θ 可由式(2.5)计算:

$$\theta = \arccos\frac{e}{a + b} - \arccos\frac{e}{b - a} \tag{2.5}$$

当 a 或 e 增加时,θ 角增大,急回作用增强;当 b 增加时,θ 角减小。对心曲柄滑块机构的最小传动角 $\gamma_{\min} = \arccos(a/b)$(图 2.15 位置 Ⅲ),$\gamma_{\max} = 90°$。偏置曲柄滑块机构的最小传动角 $\gamma_{\min} = \arccos[(a+e)/b]$(图 2.16 位置 Ⅴ)。当 $e < a$ 时,$\gamma_{\max} = 90°$(图 2.16 位置 Ⅲ 和 Ⅳ);当 $e > a$ 时,$\gamma_{\min} = \arccos[(e-a)/b]$。

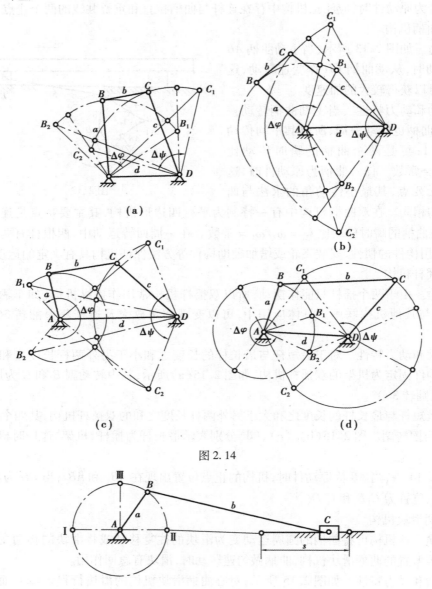

图 2.14

图 2.15

当曲柄为主动时,机构无死点位置;当滑块为主动时,机构有两个死点位置 Ⅰ 和 Ⅱ。

5)摆动导杆机构

①用途。曲柄匀角速度转动时,可得到一定摆角的摇杆摆动,且摇杆具有急回特性,也可将摇杆的摆动变为曲柄的转动。

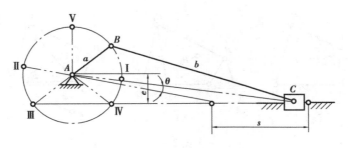

图 2.16

② 运动和动力特性。在图 2.16 中,摇杆 3 的摆角 $\Delta\psi = 2\arcsin(a/b)$,行程速比系数仍为 $k = (180° + \theta)/180° - \theta$,其中 $\theta = \Delta\psi$。当曲柄处于 AB_1 和 AB_2 位置时,$\omega_3 = 0$;当曲柄处于 AB' 时,$\omega_3 = \omega_1 a/(b + a)$,为构件 3 在工作行程中的最大角速度;当曲柄处于 AB' 时,$\omega_3 = \omega_1 a/(b - a)$,为构件 3 在空回程中的最大角速度。

曲柄为原动件时,机构的传动角始终为 90°,具有良好的传力性能。导杆为原动件时,机构有两个止点位置,也就是导杆的两个极位——图 2.16 中的 CB_1 和 CB_2。

(2)作图法设计四杆机构

对于四杆机构来说,当其铰链中心位置确定后,各杆的长度也就确定了。用作图法进行设计,就是利用各铰链之前相对运动的几何关系,通过作图确定各铰链的位置,从而定出各杆长度。图解法的优点是直观、简单、快捷,其设计精度也能满足工作要求,并能为解析法精确求解和优化提供初始值。

下面简单介绍其中的两种情况。

1)按连杆预定的位置设计四杆机构

这时又有两种不同情况。

① 已知活动铰链中心的位置。如图 2.17 所示,设连杆上两活动铰链中心 B,C 的位置已经确定,要求在机构运动过程中连杆能依次占据 B_1C_1,B_2C_2,B_3C_3 三个位置。设计的任务是要确定两固定铰链中心 A,D 的位置。由于在铰链四杆机构中,活动铰链 B,C 的轨迹为圆弧,故 A,D 应分别为其圆心。因此,可分别作 $\overline{B_1B_2}$ 和 $\overline{B_2B_3}$ 的垂直平分线 b_{12},b_{23},其交点即为固定铰链 A 的位置;同理,可求得固定铰链 D 的位置,连接 AB_1,C_1D,即得所求四杆机构。

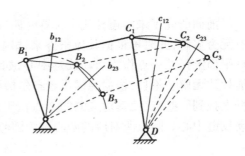

图 2.17

② 已知固定铰链中心的位置。如图 2.18 所示,改取四杆机构的连杆为机架,则原机构中的固定铰链 A,D 变为活动铰链,如图 2.19(a)所示;而活动铰链 B,C 将变为固定铰链,如图 2.19(b)所示。这样,就将已知固定铰链中心的位置设计四杆机构的问题转化为了前述问题。而为了求出新连杆 AD 相对于新机架 BC 运动时活动铰链 A,D 的第二个位置,可如图 2.19(b)所示,将原动机的第二个位置的构型 AB_2C_2D 视为刚体进行移动,使 B_2C_2 与 B_1C_1 相重合,从而求得活动铰链 A,D 中心在倒置机构中的第二位置 $A'D'$。

如图 2.19 所示,设已知固定铰链中心 A,D 的位置,以及机构在运动过程中其连杆上的标

25

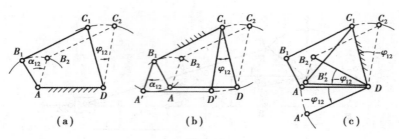

图 2.18

线 EF 分别占据的三个位置 E_1F_1，E_2F_2，E_3F_3。现要求确定两活动铰链中心 B，C 的位置。

设计时，以 E_1F_1（或 E_2F_2，E_3F_3）为倒置机构中新机架的位置，将四边形 AE_2F_2D 分别视为刚体进行位移，使 E_2F_2，E_3F_3 均与 E_1F_1 重合。即作四边形 $A'E_1F_1D'\cong$ 四边形 AE_2F_2D，四边形 $A''E_1F_1D''\cong$ 四边形 AE_3F_3D，由此即可求得 A，D 点的第二、第三位置 A'，D' 及 A''，D''。由 A，A'，A'' 三点所确定的圆弧的圆心即为活动铰链 B 的中心位置 B_1；同样，D，D'，D'' 三点确定活动铰链 C 的中心位置 C_1。AB_1C_1D 即为所求的四杆机构。

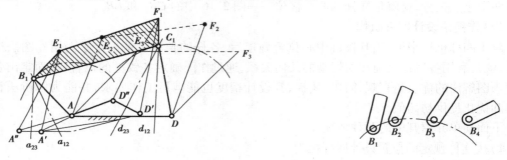

图 2.19   图 2.20

前面研究了未定连杆三个位置时四杆机构的设计问题。如果只给定连杆的两个位置，将有无穷多解，此时可根据其他条件来选定一个解。而若要求连杆占据四个位置，此时若在连杆平面上任选一点作为活动铰链中心，如图 2.20 所示，则因四个点位并不总在同圆周上，可能导致无解。不过，根据德国学者布尔梅斯特尔（Burmster）研究的结果表明，这时总可以在连杆上找到一些点，使其对应的四个点位于同一圆周上，这样的点称为圆点。圆点就可选作活动铰链中心。圆点所对应的圆心称为圆心点，这就是固定铰链中心所在位置，可有无穷多解。

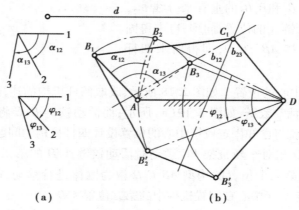

（a）   （b）

图 2.21

2)按两连杆预定的对应角位移设计四杆机构

这主要有三种情况：

①按二对对应角位移设计。如图 2.21(a)所示,设已知四杆机构机架长度为 d,要求原动件和从动件顺时针方向依次相应转过对应角度 $\alpha_{12},\varphi_{12},\alpha_{13},\varphi_{13}$。试设计此四杆机构。

在解决这类问题时可用机构倒置的方法。如图 2.18(c)所示,若改取连架杆 CD 为机架,则连架杆 AB 变位连杆,而为了求出倒置机构中活动铰链 A,B 的位置,可将原机构第二位置的构型 AB_2C_2D 视为刚体,绕点 D 反转 $-\varphi_{12}$ 使 C_2D 与 C_1D 重合而求得。所以,这种方法又称为反转法或反转机构法。

根据上述理论,如图 2.21(b)所示,先根据给定的机架长度 d 定出铰链 A,D 的位置,再适当选取原动件 AB 的长度,并任取其第一位置 AB_1,然后再根据其转角 α_{12},α_{13} 定出其第二、三位置 AB_2,AB_3。为了求得铰链 C 的位置,连接 B_2D 与 B_3D,并根据反转法原理,将其分别绕 D 点反转 $-\varphi_{12}$ 及 $-\varphi_{13}$,从而得到点 B_2',B_3',则 B_1,B_2',B_3' 三点确定的圆弧的圆心即为所求铰链 C 的位置 C_1,而 AB_1C_1D 即为所求的四杆机构。由于 AB 杆的长度和初始位置可以任选,故有无穷多解。

②按三对对应角位移设计。当已知两连架杆三对对应角位移时,采用上述反转法可能因铰链 B 的四个点位 B_1,B_2',B_3',B_4' 不在同一圆周上而无解。但利用点位归并(缩减)法(method of point position reduction)可使此问题获得解决。

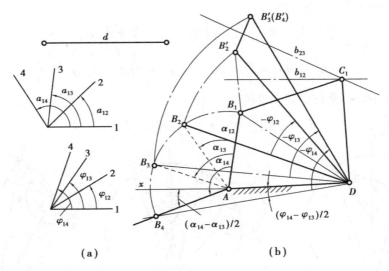

图 2.22

如图 2.22(a)所示为已知条件,设计时选定固定铰链中心 A,D 之后,分别以 A,D 为顶点(图 2.23(b)),按逆时针方向分别作 $\angle xAB_4 = (\alpha_{14} - \alpha_{13})/2$ 和 $\angle xDB_4 = (\varphi_{14} - \varphi_{13})/2$,$AB_4$ 与 DB_4 的交点为 B_4。再以 AB_4 为原动件的长度,根据设计条件定出 AB 的其他三个位置 AB_1,AB_2,AB_3。参照上述反转法作图,求得点位 B_2',B_3',B_4'。不难证明,B_3' 点 B_4' 点将重合,亦即将 B_1',B_2',B_3',B_4' 四个点位缩减 $B_1',B_2',B_3'(B_4')$ 三个点位,其所确定的圆弧的圆心即为待求的活动铰链 C_1 的位置,AB_1C_1D 即为所求的四杆机构。

③按多对对应角位移设计。当给定的两连杆对应的角位移多于三对时,运用上述几何作图法已无法求解。这时可借助于样板,利用作图法与试凑法结合起来进行设计。

3)按行程速比系数和许用压力角设计平面连杆机构

①按行程速比系数和许用压力角设计曲柄摇杆机构。设给定行程速比系数为 K、摇杆的最大摆角为 ψ、摇杆的长为 c 和许用压力角为 $[\alpha]$。首先由式(2.1)求出极位夹角 θ。以 c 和 ψ 作等腰三角形 C_1DC_1,以 C_1C_2 为弦作圆周角为 θ 的圆,则该圆即为曲柄回转中心 A 所在的圆 η,如图 2.23 所示,该圆的圆心在摇杆最大摆角 θ 的角等分线上。再由给定的许用压力角 $[\alpha]$ 分几种情况确定固定铰链 A 在 η 圆上的位置,最后求出曲柄、连杆和机架的长 a、b 和 d。

如图 2.23 所示,在 $\triangle AC_1C_2$ 中,$l_{c_1c_2}=2c\sin(\psi/2)$,$l_{AC_1}=b-a$,$l_{AC_2}=a+b$,应用正弦定理

$$\frac{l_{AC_1}}{\sin\angle C_1C_2A}=\frac{l_{AC_2}}{\sin\angle AC_1C_2}=\frac{l_{c_1c_2}}{\sin\theta}=\frac{2c\sin(\psi/2)}{\sin\theta}$$

所以有:

$$a=\frac{c\sin(\psi/2)}{\sin\theta}(\sin\angle AC_1C_2-\sin\angle C_1C_2A)$$

$$b=\frac{c\sin(\psi/2)}{\sin\theta}(\sin\angle AC_1C_2+\sin\angle C_1C_2A) \qquad (2.6)$$

可见,若能求出 θ 与 ψ 便可求出曲柄和连杆长 a、b,然后在 $\triangle AC_1D$ 和 $\triangle AC_2D$ 中应用余弦定理求出机架长 d。下面分三种情况讨论。

a. 当 $\theta=\psi$ 时,如图 2.23(a)所示,两极限位置连杆和摇杆的夹角 δ_1 和 δ_2 均为 AD 所对圆周角,所以 $\delta_1=\delta_2=90°-[\alpha]$,故

$$\angle C_1C_2A=90°-\frac{\psi}{2}-(90°-[\alpha])=\left([\alpha]-\frac{\psi}{2}\right)$$

$$\angle AC_1C_2=90°-\frac{\psi}{2}+90°-[\alpha]=180°-\left([\alpha]+\frac{\psi}{2}\right)$$

在 $\triangle AC_2D$ 中应用余弦定理求得机架长度:

$$d=\sqrt{(a+b)^2+c^2-2c(a+b)\sin[\alpha]} \qquad (2.7)$$

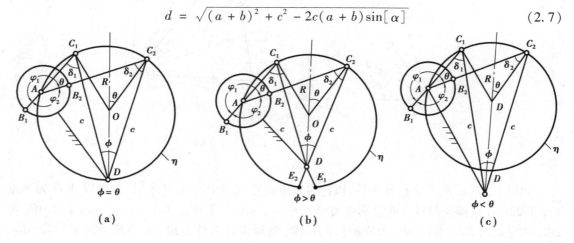

图 2.23　曲柄摇杆机构各参数间集合关系

b. 当 $\theta<\psi$ 时,如图 2.24(b)所示,延长 C_1D 和 C_2D 与圆 η 分别交于点 E_1 和 E_2,因 δ_2 所对应的弧小于 δ_1 所对应的弧,所以 $\delta_2<\delta_1$。从满足许用压力角要求的角度,应按 $\delta_2=90°-[\alpha]$ 综合曲柄摇杆机构,则有:

$$\angle C_1 C_2 A = 90° - \frac{\psi}{2} - (90° - [\alpha]) = \left([\alpha] - \frac{\psi}{2}\right)$$

$$\angle A C_1 C_2 = 180° - \theta - \angle C_1 C_2 A = 180° - \left(\theta + [\alpha] - \frac{\psi}{2}\right)$$

在 △AC_2D 中应用余弦定理求得机架长度：

$$d = \sqrt{(a+b)^2 + c^2 - 2c(a+b)\sin[\alpha]} \tag{2.8}$$

c. 当 $\theta > \psi$ 时，如图 2.24(c) 所示，可见 $\delta_1 < \delta_2$，从满足许用压力角要求的角度，应按 $\delta_1 = 90° - [\alpha]$ 综合曲柄摇杆机构，则有：

$$\angle A C_1 C_2 = 90° - \frac{\psi}{2} + 90° - [\alpha] = 180° - \left([\alpha] + \frac{\psi}{2}\right)$$

$$\angle C_1 C_2 A = 180° - \theta - \angle A C_1 C_2 = [\alpha] + \frac{\psi}{2} - \theta$$

在 △AC_1D 中应用余弦定理求得机架长度为：

$$d = \sqrt{(b-a)^2 + c^2 - 2c(b-a)\sin[\alpha]} \tag{2.9}$$

用该方法综合曲柄摇杆机构时，在工作行程角 φ_1 范围内的压力角总是小于许用压力角 $[\alpha]$。因为当曲柄与机架重叠共线时，$\delta = 90° - [\alpha] = \delta_{min}$，故在空回行程 φ_2 角范围内，压力角将稍大于 $[\alpha]$，但因空行程受力较小，其对机构性能影响不大。

②按行程速比系数和许用压力角设计曲柄滑块机构。设给定行程速比系数为 K、滑块的行程为 H 和许用压力角为 $[\alpha]$，综合曲柄滑块机构。

如图 2.24 所示为偏置曲柄滑块机构，最大压力角发生在曲柄与导路垂直且与导路不相交的位置。设曲柄长度、连杆长度和偏距分别为 a, b 和 e。令 $\alpha_{max} = [\alpha]$，则由图中集合关系可得：

$$\sin[\alpha] = (a+e)/b \tag{2.10}$$

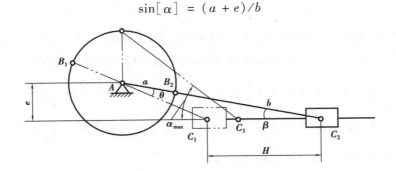

图 2.24 偏置曲柄滑块机构各参数几何关系

在 △AC_1C_2 中应用正弦定理：

$$\frac{H}{\sin\theta} = \frac{b-a}{\sin\beta}$$

注意到 $\sin\beta = e/(a+b)$，于是有：

$$He = \sin\theta(b^2 - a^2) \tag{2.11}$$

在 △AC_1C_2 中应用余弦定理可得：

$$H^2 = (a+b)^2 + (b-a)^2 - 2(b^2 - a^2)\cos\theta \tag{2.12}$$

联立求解式(2.10)、式(2.11)、式(2.12)，即可求得 a、b 和 e。

（3）按给定的最小传动角设计四杆机构

1）传动角及其计算

如图 2.25（a）所示，四杆机构的传动角是指当原动件运动时，通过连杆作用到从动摇杆上力 F 和沿摇杆方向的分力 F_n 所夹的锐角 γ，其大小是衡量机构传动特性的重要参数。对于传递动力较大的四杆机构，通常应按保证最小传动角不小于某一许用值进行综合，即 $\gamma_{min} \geqslant [\gamma]$，通常取 $[\gamma] = 40°$。

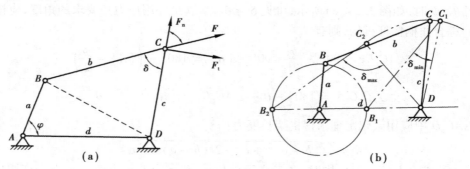

图 2.25　铰链四杆机构传动角与结构参数的关系

由图 2.25（a）可见，当连杆和摇杆的夹角 δ 为锐角时，$\gamma = \delta$；若 δ 为钝角时，$\gamma = 180° - \delta$。δ 角随机构的位置的改变而变化，传动角 γ 也随机构的位置的改变而变化。机构在任意位置时有以下两关系式：

$$\overline{BD}^2 = a^2 + d^2 - 2ad\cos\varphi$$
$$\overline{BD}^2 = b^2 + c^2 - 2bc\cos\delta$$

联立可得：

$$\cos\delta = \frac{b^2 + c^2 - a^2 - d^2 + 2ad\cos\varphi}{2bc} \tag{2.13}$$

由图 2.25（b）和式（2.13）可知，当 $\varphi = 180°$ 时，$\overline{BD} = \overline{BD}_{max} = d + a$，$\delta = \delta_{max}$；当 $\varphi = 0°$ 时，$\overline{BD} = \overline{BD}_{min} = d - a$，$\delta = \delta_{min}$。由上分析可知，机构只有在这两个位置时出现最小传动角 γ_{min}，即

$$\gamma_{min} = \begin{cases} \delta_{min}（当\ \varphi = 0°\ 时） & \delta_{min} = \arccos\dfrac{b^2 + c^2 - (d-a)^2}{2bc} \\ 180° - \delta_{max}（当\ \varphi = 180°\ 时） & \delta_{max} = \arccos\dfrac{b^2 + c^2 - (a+d)^2}{2bc} \end{cases} \tag{2.14}$$

2）按给定的最小传动角设计铰链四杆机构

式（2.14）包含了两个方程，但有 6 个未知参数。所以，按给定最小传动角综合铰链四杆机构，一般是预先给定 δ_{max}、δ_{min} 和四个杆中两杆的长，求其余两杆的长。现假设给定 δ_{max}，δ_{min} 和 c，d，求曲柄 a 和连杆 b。

由式（2.14）有：

$$\left.\begin{array}{l} b^2 + c^2 - 2bc\cos\delta_{max} - a^2 - 2ad - d^2 = 0 \\ b^2 + c^2 - 2bc\cos\delta_{min} - a^2 + 2ad - d^2 = 0 \end{array}\right\} \tag{2.15}$$

两式相减得：

$$a = \frac{bc}{2d}(\cos\delta_{min} - \cos\delta_{max}) \tag{2.16}$$

将式(2.16)代入式(2.15)中的第一式,整理可得:

$$Ab^2 + Bb + C = 0 \qquad (2.17)$$

式中:

$$\left.\begin{aligned}
A &= 1 - \frac{c^2}{4d^2}(\cos\delta_{\min} - \cos\delta_{\max})^2 \\
B &= -c(\cos\delta_{\max} + \cos\delta_{\min}) \\
c &= c^2 - d^2
\end{aligned}\right\} \qquad (2.18)$$

解之得:

$$b = \frac{-B \pm \sqrt{B^2 - 4AC}}{2A} \qquad (2.19)$$

将式(2.19)代入式(2.16),即可求出曲柄长度 a。

2.5.2　图解法设计凸轮机构

凸轮机构是一种高副机构,由利用特殊轮廓曲线工作的凸轮和与之接触的从动件及机架组成。从动件运动规律的选择或设计涉及许多问题,除了需要满足机械的具体工作要求外,还应使凸轮机构具有良好的动力特性,同时又要考虑所设计的凸轮廓线便于加工等因素,而这些又往往是互相制约的。因此,在选择或设计从动件运动规律时,必须根据使用场合、工作条件等综合考虑,确定选择或设计运动规律的主要依据。

在选择或设计从动件运动规律时,不仅要考虑从动件位移曲线的形状,还要考虑其速度、加速度甚至跃度曲线的特征。特别是对于高速凸轮,这一点尤为重要。

(1)用作图法设计盘形凸轮曲线

设计凸轮轮廓曲线的前提条件是已经选定了凸轮机构的类型,并决定了凸轮的基圆半径等基本尺寸。

1)反转法的设计步骤

①作出推杆在反转运动中依次占据的位置(如图 2.26 中推杆依次占据的位置为 OO',$O1$,$O2$,$O3$,…);

②根据选定的推杆的运动规律,求出推杆在预期运动中依次占据的各位置(如图 2.26 中尖端依次占据的位置 O',$1'$,$2'$,$3'$,…);

③求出推杆尖端在上述两运动合成的复合运动中依次占据的各位置(如图 2.26 中推杆尖端依次占据的位置 O'',$1''$,$2''$,$3''$,…),并作出其高副元素所形成的曲线簇;

④作推杆高副元素所形成的曲线簇的包络线,即所求的凸轮轮廓线。

2)各种常用盘形凸轮廓线的设计特点

①图 2.27 是对心直动尖顶推杆盘形凸轮机构的凸

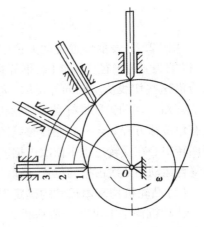

图 2.26

轮轮廓曲线设计过程示意图。设计之前需先取适当的比例尺,并作出凸轮的基圆。在对凸轮的转动角等分时,每一分度值通常为 1°~15°。因为这种机构推杆的高副元素曲线簇是一系列的点,所以将这些点直接连成一条光滑的曲线,就形成凸轮轮廓曲线。

②对于对心直动滚子推杆盘形凸轮机构,可先按上述方法定出滚子中心在推杆复合中依次占据的位置,然后再以这些点为圆心、以滚子半径 r_r 为半径,作出一系列的圆,再作此高副曲线簇的包络线,即为凸轮的轮廓曲线。

③图2.28是对心直动平底推杆盘形凸轮机构的凸轮轮廓曲线设计过程示意图。设计时将推杆导路的中心线与推杆平底的交点视为尖顶推杆的尖点,按上述步骤定出推杆尖端作复合运动时依次占据的位置,然后再过这些点作一系列代表推杆平底的直线,这些直线簇的包络线即为凸轮的轮廓曲线。

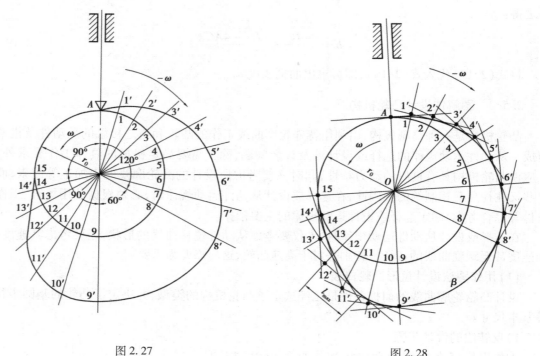

图2.27　　　　　　　　　　　　　　图2.28

④图2.29表示偏置直动尖顶推杆盘形凸轮机构的设计过程。设计中,以凸轮轴心为圆心、以偏距 e 为半径作偏距圆,推杆在反转运动中依次占据的位置都是偏距圆的切线,推杆位移应沿这些切线从基圆向外量取,这是与对心直动推杆不同的地方,其余的作图过程相同。

⑤对于摆动尖顶推杆盘形凸轮机构,其推杆的运动规律要用推杆的角位移来表示,设计时应有角位移方程 $\varphi = \varphi(\delta)$ 角位移线图。图2.30表示这种凸轮轮廓线的设计过程。通过确定摆杆回转中心在反转过程中依次占据的位置,再以这些点为圆心,由摆动推杆的长度决定其尖顶在复合运动中依次占据的位置,最后将这些点连成光滑的曲线,就形成要求的凸轮曲线。

(2)凸轮机构基本尺寸的确定

凸轮机构基本尺寸包括基圆半径、滚子半径、平底尺寸、偏距、摆杆长度等。大部分尺寸可根据机构的受力状况、传动性能及类型进行选定,且容易调整。但下面几种尺寸的确定必须涉及其他参数,这里介绍怎样用图解法来求解。

1)凸轮基圆半径

对于一定形式的凸轮机构,在推杆的运动规律选定后,该凸轮机构的压力角与凸轮基圆半径的大小直接相关。

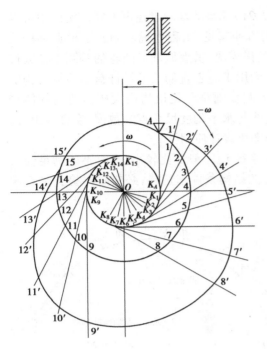

图 2.29

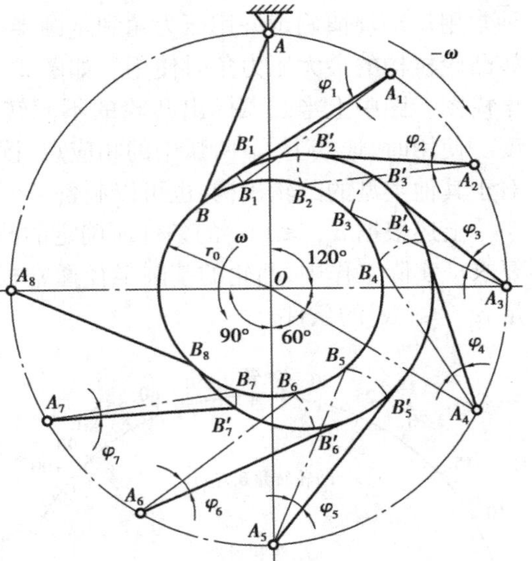

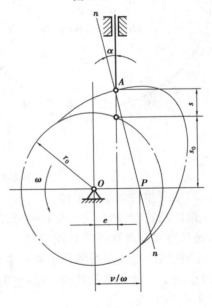

图 2.30

如图 2.31 所示为偏置尖端直动推杆盘形凸轮机构在推程中的任一位置,可推导出基圆半径与机构压力角之间的关系式为:

$$r_0 = \sqrt{\left[\dfrac{\dfrac{\nu}{\omega} \pm e}{\tan \alpha} - s\right]^2 + e^2} \qquad (2.20)$$

式中, $\nu/\omega = \mathrm{d}s/\mathrm{d}\delta = OP$;" $\pm$ "号表示推杆轨道偏置的不同方向。

由式(2.14)可知,推杆运动规律选定后,基圆半径越小,则机构的压力角将越大。另外,偏距 e 的方向选择得当时,可使压力角减小;反之,则会使压力角增大。

从传力观点来看,压力角越小越好,但这样会使基圆半径增大,从而使凸轮机构尺寸加大,所以压力角过大和过小都不好。生产中是通过把凸轮机构的最大压力角限制在许用压力角 $[\alpha]$ 内来保证可靠传动的。

图 2.31

对于直动推杆盘形凸轮机构,若要求 $\alpha \leqslant [\alpha]$,则由式(2.20)可得:

$$r_0 \geqslant \sqrt{\left[\dfrac{\dfrac{\nu}{\omega} \pm e}{\tan \alpha} - s\right]^2 + e^2} \qquad (2.21)$$

由于凸轮轮廓线上各点的 ν/ω、s 值不同,式(2.21)算得的基圆半径也不同。实用中可以用图解法求出最小基圆半径 $r_{0\min}$,但比较烦琐。为方便起见,工程上现已制备了根据推杆几种常用运动规律确定许用压力角和基圆半径关系的诺模图,供近似确定凸轮的基圆半径或校核凸轮机构的最大压力角时使用。如图 2.32 所示为用于对心直动滚子推杆盘形凸轮机构的诺模图。图中上半圆弧标出凸轮的不同转角,下半圆弧则是凸轮机构最大压力角的数值刻度。使用时,连接上、下两弧中的相应点,读出该连线与水平刻度尺交点的数值,换算求出 r_0。对于其他类型的凸轮机构,也可以制备类似的诺模图供设计使用。

上述根据 $\alpha_{\max}\leqslant[\alpha]$ 的条件所确定的凸轮基圆半径 r_0 一般都比较小,有时不能满足受力要求。实际工作中,凸轮的基圆半径通常根据具体的结构条件来选择,必要时再检查是否满足 $\alpha_{\max}\leqslant[\alpha]$ 的条件。

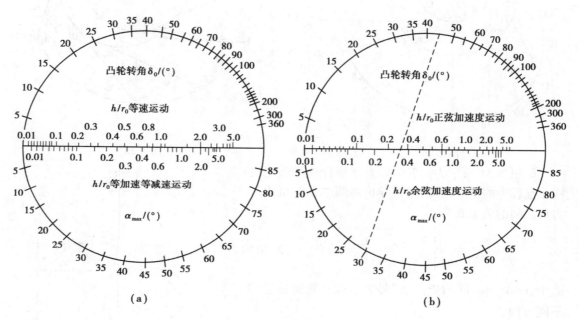

图 2.32 盘形凸轮机构的诺模图

2)滚子推杆的滚子半径

设计凸轮廓线时,应避免在实际轮廓曲线上出现"尖点"和"交叉"失真。用作图法设计时,还是容易发现这些失真现象的。

凸轮实际轮廓曲线的最小曲率半径一般不应小于 1~5 mm。若不能满足此要求,就应适当减小滚子半径或增大基圆半径;有时则必须修改推杆的运动规律,以取消实际轮廓曲线上的"尖点"和"交叉"。

另一方面,滚子的尺寸还受其强度、结构等的限制,因此也不能做得太小,常取滚子半径 $r_r=(0.1\sim0.15)r_0$,r_0 为凸轮基圆半径。

3)平底推杆平底尺寸

当用作图法将凸轮轮廓线作出后,即可定出推杆平底中心至推杆平底与凸轮廓线的接触点间的最大距离 $l_{\max}$,而推杆平底长度 l 应取为:

$$l=2l_{\max}+(5\sim7)\text{mm} \tag{2.22}$$

2.5.3　齿轮机构的尺度综合

齿轮机构是现代机械中最重要的传动机构,应用范围广泛。齿轮机构的尺度综合是必不可少的,这里主要叙述变位圆柱齿轮传动的尺度设计。

(1)非限定中心距的设计

1)已知参数

已知参数包括两轮的齿数 z_1、z_2,模数 m_n,压力角 α_n,齿顶高系数 h_{an}^* 及螺旋角 β。

2)几何设计步骤

①选择传动类型。按一对齿轮变位系数之和 $x_{t1} + x_{t2}$ 的值大于零、等于零和小于零的不同情况,变位齿轮传动分别称为正传动、零传动和负传动。

正传动具有强度高、磨损小且机构尺寸紧凑等优点,应该优先选用。当 $z_1 + z_2 < 2z_{min}$ 时,为防止齿轮发生根切,则必须选用正传动。

对于希望采用标准中心距的直齿圆柱齿轮传动,只要满足 $z_1 + z_2 \geqslant 2z_{min}$ 的条件,常采用等移距变位传动。若希望有良好的互换性,z_1、z_2 又均大于 $2z_{min}$,则优先选用标准齿轮传动。负传动具有强度低、磨损严重、尺寸大等缺点,除中心距有特殊要求外,一般避免采用。

②确定齿轮的变位系数。

③按无侧隙啮合方程式计算端面啮合角 α_t':

$$inv\alpha_t' = \frac{2(x_{t1} + x_{t2})}{z_1 + z_2}\tan\alpha_t + inv\alpha_t \qquad (2.23)$$

④计算齿轮的参数和尺寸。计算公式如表 2.8 所示。

表 2.8　斜齿轮的参数和尺寸计算公式

参数和尺寸	计算公式
模数 m_t	$m_t = m_n / \cos\beta$
压力角 α_t	$\alpha_t = \arctan(\tan\alpha_n / \cos\beta)$
齿高系数 h_{at}^*	$h_{at}^* = h_{an}^* \cos\beta$
顶隙系数 c_t^*	$c_t^* = c_n^* \cos\beta$
变位系数 x_t	$x_t = x_n \cos\beta$
分度圆直径 d	$d = m_t z$
基圆直径 d_b	$d_b = d \cos\alpha_t$
传动中心距	$a' = a\dfrac{\cos\alpha_t}{\cos\alpha_t'}, a = \dfrac{1}{2}(d_1 + d_2)$
齿顶圆直径 d_a	$d_a = d + 2(h_{at}^* + x - \sigma_t)m_t$
齿根圆直径 d_f	$d_f = d - 2(h_{at}^* + c_t^* - x_t)m_t$
节圆直径 d'	$d' = d\dfrac{\cos\alpha_t}{\cos\alpha_t'}$
分度圆齿距 p_t	$p_t = \pi m_t$

续表

参数和尺寸	计算公式
分度圆弧齿厚	$s = \left(\dfrac{\pi}{2} + 2x_t \tan \alpha_t \right) m_t$
公法线跨测齿数	$K = \dfrac{1}{\pi} \left(z_v' \alpha_n + \dfrac{2x_n}{\tan \alpha_n} \right) + 1.0$(舍小数取整) 式中 $z_v' = \dfrac{inv\alpha_t}{inv\alpha_n} z$(假想齿数)
公法线长度	$W = m_n \cos \alpha_n [\pi(K - 0.5) + zinv\alpha_t] + 2x_n m_n \sin \alpha_n$

⑤验算齿轮传动的限制条件。

(2)限定中心距的设计

1)已知参数

已知参数包括两轮的齿数 z_1、z_2,模数 m_n,压力角 α_n,齿顶高系数 h_{an}^* 传动实际中心距 a' 及螺旋角 β。

2)几何设计步骤

①按给定实际中心距 a' 计算啮合角:

$$\cos \alpha_t' = \frac{a}{a'} \cos \alpha_t \qquad (2.24)$$

②计算两轮变位系数和,并作适当分配。

$$x_{t1} + x_{t2} = \frac{z_1 + z_2}{2 \tan \alpha_t} (inv\alpha_t' - inv\alpha_t) \qquad (2.25)$$

变位系数分配应按照传动的要求进行,如等滑动系数、等弯曲强度要求等。在一般情况下,小齿轮的变位系数应大于大齿轮的变位系数。

③由表 2.6 所列公式计算两轮的几何尺寸。

④验算齿轮传动的限制条件。

(3)给定传动比而又限定中心距的设计

1)已知参数

已知参数包括传动比 i,模数 m_n,压力角 α_n,齿顶高系数 h_{an}^* 传动实际中心距 a' 及螺旋角 β。

2)几何设计步骤

①按给定的传动比 i 确定两轮的齿数。近似利用直齿轮的计算公式:

$$z_1 \approx \frac{2a'}{m_n(i + 1)} \qquad (2.26)$$

$$z_2 = iz_1 \qquad (2.27)$$

将 z_1、z_2 圆整。圆整时,应取齿数比 $u = z_2/z_1$ 与给定传动比 i 误差较小的一对齿数方案。

②此后的步骤与限定中心距的设计步骤相同。

2.6　机构运动和动力分析

机构的运动分析是按给定机构的尺寸、原动件的位置和运动规律,求解机构中其余构件上特定点的位移、速度和加速度,以及各构件的对应位置、角位移、角速度和角加速度。机构的运动分析是进行机构力分析的基础,通过运动分析可以确定机器的轮廓,判定机构的运动特性是否符合设计要求。

机构的动态静力分析则是在运动分析的基础上,考虑惯性力和惯性力矩等因素,求解各运动副中的反力及需加在机构上的平衡力或平衡力矩。力分析还能够确定机器工作时所需的驱动功率,并为构件的承载能力计算和选择轴承等提供基本数据。机器运动时,机构中各个构件都要受到力的作用,分析并确定这些力的大小和性质,可以对机器的工作性能作出评价和鉴定。设计新机器时,这些力是零件、构件、部件等强度计算和结构设计的重要依据。

机构运动分析和力分析的方法有图解法和解析法。图解法形象直观,对机构的某一位置分析比较方便,精度不高。当需要对机构的一系列位置进行分析时需要用解析法,解析法计算精度较高,能够给出各运动参数、力参数与构件尺寸间的精确关系,便于直观确定机构参数,但建立数学关系式较为烦琐。

关于机构运动与力分析的解析法可分为两类。一类针对具体机构推导出所需要的计算公式,然后编制程序进行运算。如教材中介绍的封闭矢量多边形法、复数矢量法、矩阵法,均是先建立机构位置的矢量方程式,进一步将其对时间求导,即可得到相应的速度和加速度方程式。方法的思路和步骤基本相似,只是所用的数学工具不同,这种方法对于些常用简单机构的运动分析是十分方便的。另一类是连杆机构运动分析时更常用的方法,它按杆组编制子程序,使用时可根据机构的组成形式编制相应的主程序调用,形成一个完整的机构运动分析系统。这种方法具有广泛的通用性,特别适用于多杆机构的运动分析。

本节简要介绍矢量多边形法对四杆机构运动分析与杆组法进行机构动态静力分析。

2.6.1　平面机构的运动分析

(1)铰链四杆机构

在如图 2.33 所示的平面四杆机构 $ABCD$ 中,各杆长度分别为:$AB = l_1$,$BC = l_2$,$CD = l_3$,$DA = l_4$。设构件 AB(输入构件)、BC(连杆)和 CD(输出构件)与 X 轴线方向的夹角分别为 α、β、γ,构件 AD 为机架。本节应用矢量分析法建立构件长度与角度之间的关系,推导位移、速度、加速度的表达式。

1)位移分析

选取如图 2.33 所示的直角坐标系,X 轴与机架 AD 重合,将四杆机构看成是一个封闭矢量多边形,各矢量沿 X 轴和 Y 轴的分量和分别为零。

沿 X 轴的矢量和为:

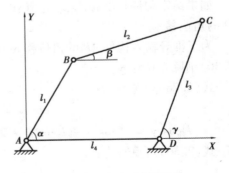

图 2.33　平面四连杆机构

$$l_1\cos\alpha + l_2\cos\beta = l_3\cos\gamma + l_4 \tag{2.28}$$

$$l_2^2\cos\beta = c^2\cos^2\gamma + l_4^2 + 2l_3l_4\cos\gamma + l_1^2\cos^2\alpha - 2l_1l_3\cos\gamma\cos\alpha - 2l_1l_4\cos\alpha \tag{2.29}$$

沿 Y 轴的矢量和为:

$$l_1\sin\alpha + l_2\sin\beta = l_3\sin\gamma \tag{2.30}$$

$$b^2\sin^2\beta = c^2\sin^2\varphi + a^2\sin^2\theta - 2ac\sin\varphi\sin\theta$$

$$l_2^2\sin^2\beta = l_3^2\sin^2\gamma + l_1^2\sin^2\alpha - 2l_1l_3\sin\alpha\sin\gamma \tag{2.31}$$

将式(2.29)与式(2.31)两边分别相加,得:

$$l_2^2 = l_1^2 + l_3^2 + l_4^2 - 2l_1l_3(\cos\alpha\cos\gamma + \sin\alpha\sin\gamma) - 2l_1l_4\cos\alpha + 2l_3l_4\cos\gamma \tag{2.32}$$

即

$$\cos\gamma\cos\alpha + \sin\gamma\sin\alpha = \frac{l_1^2 - l_2^2 + l_3^2 + l_4^2}{2l_1l_3} + \frac{l_4}{l_1}\cos\gamma - \frac{l_4}{l_3}\cos\alpha \tag{2.33}$$

令

$$k_1 = \frac{l_4}{l_1}, k_2 = \frac{l_4}{l_3}, k_3 = \frac{l_1^2 - l_2^2 + l_3^2 + l_4^2}{2l_1l_3}$$

则

$$\cos\gamma\cos\alpha + \sin\gamma\sin\alpha = k_1\cos\gamma - k_2\cos\alpha + k_3 \tag{2.34}$$

式(2.34)称为 Freudenstein 方程。对于给定 α 的值,式(2.34)中确定 γ 值是非常困难的,因此需要简化该方程。

将 $\sin\gamma = \dfrac{2\tan(\gamma/2)}{1 + \tan^2(\gamma/2)}$ 和 $\cos\gamma = \dfrac{1 - \tan^2(\gamma/2)}{1 + \tan^2(\gamma/2)}$ 代入式(2.34)中,整理可得:

$$A\tan^2(\gamma/2) + B\tan(\gamma/2) + C = 0 \tag{2.35}$$

式中

$$\begin{cases} A = (1 - k_2)\cos\alpha + k_3 - k_1 \\ B = -2\sin\alpha \\ C = k_1 + k_3 - (1 + k_2)\cos\alpha \end{cases} \tag{2.36}$$

式(2.35)是 $\tan(\gamma/2)$ 的一元二次方程,它有两个根,即

$$\tan(\gamma/2) = \frac{-B \pm \sqrt{B^2 - 4AC}}{2A}$$

$$\gamma = 2\tan^{-1}\left[\frac{-B \pm \sqrt{B^2 - 4AC}}{2A}\right] \tag{2.37}$$

如果给定构件长度 l_1、l_2、l_3、l_4 和输入构件 AB 的角位移 α,则由式(2.37)便可得输出构件 CD 的角位移 γ。

为了推导输入构件 AB 的角位移 α 和连杆 BC 的角位移 β 之间的关系,由式(2.28)和式(2.30)消除角位移 γ。

式(2.28)可重写为:

$$l_3\cos\gamma = l_1\cos\alpha + l_2\cos\beta - l_4 \tag{2.38}$$

$$l_3^2\cos^2\gamma = l_1^2\cos^2\alpha + l_2^2\cos^2\beta + 2l_1l_2\cos\alpha\cos\beta + l_4^2 - 2l_1l_4\cos\alpha - 2l_2l_4\cos\beta \tag{2.39}$$

式(2.30)可重写为:

$$l_3\sin\gamma = l_1\sin\alpha + l_2\sin\beta \tag{2.40}$$

$$l_3^2\sin^2\gamma = l_1^2\sin^2\alpha + l_2^2\sin^2\beta + 2l_1l_2\sin\alpha\sin\beta \tag{2.41}$$

将式(2.39)和式(2.40)两边相加,得:

$$l_3^2 = l_1^2 + l_2^2 + l_4^2 + 2l_1l_2(\cos\alpha\cos\beta + \sin\alpha\sin\gamma) - 2l_1l_4\cos\alpha - 2l_4l_2\cos\beta$$

$$\cos \alpha \cos \beta + \sin \alpha \sin \gamma = \frac{l_3^2 - l_1^2 - l_2^2 - l_4^2}{2l_1 l_2} + \frac{l_2}{l_4}\cos \alpha + \frac{l_4}{l_1}\cos \beta \qquad (2.42)$$

令
$$k_1 = \frac{l_4}{l_1}, k_4 = \frac{l_4}{l_2}, k_5 = \frac{l_3^2 - l_1^2 - l_2^2 - l_4^2}{2l_1 l_2}$$

则式(2.41)可重写为:

$$\cos \alpha \cos \beta + \sin \alpha \sin \gamma = k_1 \cos \beta + k_4 \cos \alpha + k_5 \qquad (2.43)$$

将 $\sin \beta = \dfrac{2 \tan(\beta/2)}{1 + \tan^2(\beta/2)}$ 和 $\cos = \dfrac{1 - \tan^2(\beta/2)}{1 + \tan^2(\beta/2)}$ 代入式(2.43),整理得:

$$D \tan^2(\beta/2) + E \tan(\beta/2) + F = 0 \qquad (2.44)$$

式中
$$\begin{cases} D = (k_4 + 1)\cos \alpha + k_5 - k_1 \\ E = -2 \sin \alpha \\ F = (k_4 - 1)\cos \alpha + k_5 + k_1 \end{cases}$$

式(2.43)是 $\tan(\beta/2)$ 的一元二次方程,它有两个根,即

$$\tan(\beta/2) = \frac{-E \pm \sqrt{E^2 - 4DF}}{2D}$$

$$\beta = 2 \tan^{-1}\left[\frac{-E \pm \sqrt{E^2 - 4DF}}{2D}\right] \qquad (2.45)$$

从式(2.45)中可得连杆 BC 的角位移 β。

需要注意的是:确定角 γ 后,角 β 的值可直接由式(2.28)和式(2.30)得到。

2)速度分析

设 $\omega_1 = \mathrm{d}\alpha/\mathrm{d}t$ 是构件 AB 的角速度;$\omega_2 = \mathrm{d}\beta/\mathrm{d}t$ 是构件 BC 的角速度;$\omega_3 = \mathrm{d}\gamma/\mathrm{d}t$ 是构件 CD 的角速度。将式(2.28)对时间求导数,得:

$$-l_1 \sin \alpha \frac{\mathrm{d}\alpha}{\mathrm{d}t} - l_2 \sin \beta \frac{\mathrm{d}\beta}{\mathrm{d}t} + l_3 \sin \gamma \frac{\mathrm{d}\gamma}{\mathrm{d}t} = 0$$

$$-l_1 \omega_1 \sin \alpha - l_2 \omega_2 \sin \beta + l_3 \omega_3 \sin \gamma = 0 \qquad (2.46)$$

将式(2.30)对时间求导数,得:

$$l_1 \cos \alpha \frac{\mathrm{d}\alpha}{\mathrm{d}t} + l_2 \cos \beta \frac{\mathrm{d}\beta}{\mathrm{d}t} = l_3 \cos \gamma \frac{\mathrm{d}\gamma}{\mathrm{d}t}$$

$$l_1 \omega_1 \cos \alpha + l_2 \omega_2 \cos \beta - l_3 \omega_3 \cos \gamma = 0 \qquad (2.47)$$

式(2.46)两边分别乘以 $\cos \beta$,式(2.47)两边分别乘以 $\sin \beta$,得:

$$-l_1 \omega_1 \sin \alpha \cos \beta - l_2 \omega_2 \sin \beta \cos \beta + l_3 \omega_3 \sin \gamma \cos \beta = 0 \qquad (2.48)$$

$$l_1 \omega_1 \cos \alpha \sin \beta + l_2 \omega_2 \cos \beta \sin \beta - l_3 \omega_3 \sin \gamma \sin \beta = 0 \qquad (2.49)$$

式(2.48)和式(2.49)相加,得:

$$l_1 \omega_1 \sin(\beta - \alpha) + l_3 \omega_3 \sin(\gamma - \beta) = 0$$

$$\omega_3 = \frac{-l_1 \omega_1 \sin(\beta - \alpha)}{l_3 \sin(\gamma - \beta)} \qquad (2.50)$$

同理,将式(2.46)两边分别乘以 $\cos \gamma$,式(2.47)两边分别乘以 $\sin \gamma$,得:

$$-l_1 \omega_1 \sin \alpha \cos \gamma - l_2 \omega_2 \sin \beta \cos \gamma + l_3 \omega_3 \sin \gamma \cos \gamma = 0 \qquad (2.51)$$

$$l_1 \omega_1 \cos \alpha \sin \gamma + l_2 \omega_2 \cos \beta \sin \gamma - l_3 \omega_3 \cos \gamma \sin \gamma = 0 \qquad (2.52)$$

将式(2.51)和式(2.52)相加,得:

$$l_1\omega_1\sin(\gamma-\alpha)+l_2\omega_2\sin(\gamma-\beta)=0$$

$$\omega_2=\frac{-l_1\omega_1\sin(\gamma-\alpha)}{l_2\sin(\gamma-\beta)} \tag{2.53}$$

已知 $l_1,l_2,l_3,\alpha,\gamma,\beta$ 和 ω_1，可从式(2.50)和式(2.53)中求得 ω_3 和 ω_2。

3)加速度分析

设 $\varepsilon_1=\mathrm{d}\omega_1/\mathrm{d}t$ 是构件 AB 的角速度，$\varepsilon_2=\mathrm{d}\omega_2/\mathrm{d}t$ 是构件 BC 的角速度，$\varepsilon_3=\mathrm{d}\omega_3/\mathrm{d}t$ 是构件 CD 的角速度。将式(2.46)对时间求导数，得：

$$-l_1\left[\omega_1\cos\alpha\frac{\mathrm{d}\alpha}{\mathrm{d}t}+\sin\alpha\frac{\mathrm{d}\omega_1}{\mathrm{d}t}\right]-l_2\left[\omega_2\cos\beta\frac{\mathrm{d}\beta}{\mathrm{d}t}+\sin\beta\frac{\mathrm{d}\omega_2}{\mathrm{d}t}\right]+l_3\left[\omega_3\cos\gamma\frac{\mathrm{d}\gamma}{\mathrm{d}t}+\sin\gamma\frac{\mathrm{d}\omega_3}{\mathrm{d}t}\right]=0$$

$$-l_1\omega_1^2\cos\alpha-l_1\varepsilon_1\sin\alpha-l_2\omega_2^2\cos\beta-l_2\varepsilon_2\sin\beta+l_3\omega_3^2\cos\gamma+l_3\varepsilon_3\sin\gamma=0 \tag{2.54}$$

将式(2.47)对时间求导数，得：

$$-l_1\left[\omega_1\sin\alpha-\cos\alpha\frac{\mathrm{d}\omega_1}{\mathrm{d}t}\right]-l_2\left[\omega_2\sin\beta\frac{\mathrm{d}\beta}{\mathrm{d}t}-\cos\beta\frac{\mathrm{d}\omega_2}{\mathrm{d}t}\right]+l_3\left[\omega_3\sin\gamma\frac{\mathrm{d}\gamma}{\mathrm{d}t}-\cos\gamma\frac{\mathrm{d}\omega_3}{\mathrm{d}t}\right]=0$$

$$-l_1\omega_1^2\sin\alpha+l_1\varepsilon_1\cos\alpha-l_2\omega_2^2\sin\beta+l_2\varepsilon_2\cos\beta+l_3\omega_3^2\sin\gamma-l_3\varepsilon_3\cos\gamma=0 \tag{2.55}$$

将式(2.54)两边分别乘以 $\cos\gamma$，式(2.55)两边分别乘以 $\sin\gamma$，得：

$$-l_1\omega_1^2\cos\alpha\cos\gamma-l_1\varepsilon_1\sin\alpha\cos\gamma-l_2\omega_2^2\cos\beta\cos\gamma-l_2\varepsilon_2\sin\beta\cos\gamma+$$
$$l_3\omega_3^2\cos^2\gamma+l_3\varepsilon_3\sin\gamma\cos\gamma=0 \tag{2.56}$$

$$-l_1\omega_1^2\sin\alpha\sin\gamma+l_1\varepsilon_1\cos\alpha\sin\gamma-l_2\omega_2^2\sin\beta\sin\gamma+l_2\varepsilon_2\cos\beta\sin\gamma+$$
$$l_3\omega_3^2\cos^2\gamma-l_3\varepsilon_3\cos\gamma\sin\gamma=0 \tag{2.57}$$

将式(2.56)和式(2.57)相加，得：

$$-l_1\omega_1^2(\cos\gamma\cos\alpha+\sin\gamma\sin\alpha)+l_1\varepsilon_1(\sin\gamma\cos\alpha-\cos\gamma\sin\alpha)$$
$$-l_2\omega_2^2(\cos\gamma\cos\beta+\sin\gamma\sin\beta)+l_2\varepsilon_2(\sin\gamma\cos\beta-\cos\gamma\sin\beta)+l_3\omega_3^2=0$$

$$-l_1\omega_1^2\cos(\gamma-\alpha)+l_1\varepsilon_1\sin(\gamma-\alpha)-l_2\omega_2^2\cos(\gamma-\beta)+l_2\varepsilon_2\sin(\gamma-\beta)+l_3\omega_3^2=0$$

$$\varepsilon_2=\frac{-l_1\varepsilon_1\sin(\gamma-\alpha)+l_1\omega_1^2\cos(\gamma-\alpha)+l_2\omega_2^2\sin(\gamma-\beta)-l_3\omega_3^2}{l_2\sin(\gamma-\beta)} \tag{2.58}$$

同理，将式(2.53)两边分别乘以 $\cos\beta$，式(2.54)两边分别乘以 $\sin\beta$，得：

$$-l_1\omega_1^2\cos\alpha\cos\beta-l_1\varepsilon_1\sin\alpha\cos\beta-l_2\omega_2^2\cos\beta-l_2\varepsilon_2\sin\beta\cos\beta+$$
$$l_3\omega_3^2\cos\gamma\cos\beta+l_3\varepsilon_3\sin\gamma\cos\beta=0 \tag{2.59}$$

$$-l_1\omega_1^2\sin\alpha\sin\beta+l_1\varepsilon_1\cos\alpha\sin\beta-l_2\omega_2^2\sin^2\beta+l_2\varepsilon_2\cos\beta\sin\beta+$$
$$l_3\omega_3^2\sin\gamma\sin\beta-l_3\varepsilon_3\cos\gamma\sin\beta=0 \tag{2.60}$$

将式(2.59)式(2.60)相加，得：

$$-l_1\omega_1^2\cos(\beta-\alpha)+l_1\varepsilon_1\sin(\beta-\alpha)-l_2\omega_2^2+l_3\omega_3^2\cos(\gamma-\beta)+l_3\varepsilon_3\sin(\gamma-\beta)=0$$

$$\varepsilon_3=\frac{-l_1\varepsilon_1\sin(\beta-\alpha)+l_1\omega_1^2\cos(\beta-\alpha)+l_2\omega_2^2-l_3\omega_3^2\cos(\gamma-\beta)}{l_3\sin(\gamma-\beta)}=0 \tag{2.61}$$

根据式(2.58)和式(2.61)可确定构件 BC 和 CD 的角加速度 ε_2 和 ε_3。

（2）导杆机构

在如图 2.34 所示的导杆机构中,已知杆长 l_1、l_4,偏距 e 曲柄的转角 θ_1 和等角速度 ω_1,要求确定滑块在导杆上滑动的相对位置 s_r、相对速度 v_r、相对加速度 a_r、导杆的转角 θ_3、角速度 ω_3 和角加速度 α_3。

1）位置分析

如图 2.34 所示,选取坐标系,并将各构件表示为杆矢量,可列出下列矢量方程式:

$$l_4 = l_1 = e + s_r$$

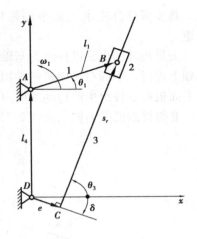

图 2.34

将其分别向 x 轴和 y 轴投影,得:

$$\left. \begin{array}{l} l_1 \cos \theta_1 = e \cos \delta + s_r \cos \theta_3 \\ l_4 + l_1 \sin \theta_1 = e \sin \delta + s_r \sin \theta_3 \end{array} \right\} \quad (2.62)$$

由于 $\delta = \theta_3 - 90°$,故式（2.62）改写为:

$$\left. \begin{array}{l} l_1 \cos \theta_1 = e \sin \theta_3 + s_r \cos \theta_3 \\ l_4 + l_1 \sin \theta_1 = -e \cos \theta_3 + s_r \sin \theta_3 \end{array} \right\} \quad (2.63)$$

为求出滑块在导杆上滑动的相对位置,将式（2.63）中的两式平方相加,得:

$$l_1^2 + l_4^2 + 2 l_1 l_4 \sin \theta_3 = e^2 + s_r^2 \quad (2.64)$$

即可得:

$$s_r = \sqrt{l_1^2 + l_4^2 - e^2 + 2 l_1 l_4 \sin \theta_1} \quad (2.65)$$

确定导杆的转角 θ_3,先将式（2.63）中的两式分别乘以 $\cos \theta_3$ 和 $\sin \theta_3$ 后,再相加得:

$$(l_4 + l_1 \sin \theta_1) \sin \theta_3 + l_1 \cos \theta_1 \cos \theta_3 = s_r \quad (2.66)$$

这是关于 θ_3 的三角函数方程,按照前面的求解方法得:

$$\theta_3 = 2 \arctan \frac{l_4 + l_1 \sin \theta_1 + Me}{l_1 \cos \theta_1 + s_r} \quad (2.67)$$

当 B、C、D 为顺时针排列时,$M = \pm 1$;当 B、C、D 为逆时针排列时,$M = -1$。

2）速度分析

分别将式（2.64）和式（2.65）对时间求导数,得滑块相对导杆的速度和角速度分别为:

$$v_r = \frac{l_1 l_4 \omega_1 \cos \theta_1}{s_r} \quad (2.68)$$

$$\omega_3 = -\frac{v_r + l_1 \omega_1 \sin(\theta_1 - \theta_3)}{e} \quad (2.69)$$

3）加速度分析

将式（2.64）和式（2.66）对时间求两次导数,得:

$$a_r = -\frac{l_1 l_4 \omega_1^2 \sin \theta_1 + v_r^2}{s_r} \quad (2.70)$$

$$a_3 = -\frac{a_r + l_1 \omega_1 (\omega_1 - \omega_3) \cos(\theta_1 - \theta_3)}{e} \quad (2.71)$$

2.6.2　平面机构的力分析

下面采用矢量矩阵法以杆组为基础,对平面机构常用的四种 II 级杆组进行动态静力分析。其步骤是首先求组成平面机构各杆组中的运动副反力,然后求未知的平衡力或平衡力矩。

矢量矩阵法也是以杆组为基础的。与机构的运动分析相似,机构的力分析也可以在杆组基础上进行。下面对平面机构常用的四种Ⅱ级杆组进行动态静力分析。其步骤是首先求组成平面机构各杆组中的运动副反力,然后求未知的平衡力或平衡力矩。

Ⅱ级杆组的受力图如由图2.35所示。

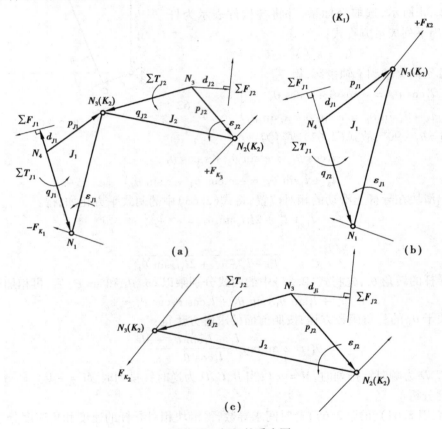

图 2.35　杆组的受力图

J_1、J_2—构件的代号(即件号);N_1、N_2、N_3—三个运动副的位置点号;N_4、N_5—两个构件的质心;$\sum F_J$—作用在构件 J 上已知外力的合力;d_J—质心至力 $\sum F_j$ 的垂直距离;$\sum T_J$—作用在构件 J 上已知外力矩的合力偶矩;ε_J—构件 J 的角加速度;a—质心的加速度;m_J—构件 J 的质量;I_J—构件 J 的转动惯量;K_1、K_2、K_3—杆件组中三个运动副的内力点号;p_J、q_J—构件质心位置至构件上两运动副的长度矢量

运动副反力的符号规定为:在某一构件与下一构件相连接的运动副处,其反力符号为"+";而与前一构件相连接处,运动副的反力符号为"-"。角加速度及力矩均以逆时针方向为正。

图2.35中各种符号的说明适用于本节其他杆组的符号表示,以后不再说明。按照图2.35(b),写出构件 J_1 的力和力矩平衡方程:

$$\begin{cases} -F_{K_1} + F_{K_2} = m_{J_1} a_{N_4} - \sum F_{J_1} \\ P_{J_1} \times F_{K_2} - q_{J_1} \times F_{K_1} = I_{J_1} \varepsilon_{J_1} - d_{J_1} \times \sum F_{J_1} - \sum T_{J_1} \end{cases} \tag{2.72}$$

同样,写出构件 J_2 的力和力矩平衡方程:

$$\begin{cases} -F_{K_2} + F_{K_3} = m_{J_2} a_{N_5} - \sum F_{J_2} \\ P_{J_2} \times F_{K_3} - q_{J_2} \times F_{K_2} = I_{J_2} \varepsilon_{J_2} - d_{J_2} \times \sum F_{J_2} - \sum T_{J_2} \end{cases} \tag{2.73}$$

将上面的方程写成 x、y 坐标的分量表达式,可得到下列一组方程:

$$\begin{cases} -F_{K_{1x}} + F_{K_{2x}} = m_{J_1} a_{N_{4x}} - \sum F_{J_{1x}} \\ -F_{K_{1y}} + F_{K_{2y}} = m_{J_1} a_{N_{4y}} - \sum F_{J_{1y}} \\ -q_{J_{1x}} F_{K_{1y}} + q_{J_{1y}} F_{K_{1x}} + p_{J_{1x}} F_{K_{1y}} - p_{J_{1y}} F_{K_{2x}} = I_{J_1} \varepsilon_{J1} - \sum T_{J_1} - d_{J_1} \times \sum F_{J_1} \\ -F_{k_{2x}} + F_{k_{3x}} = m_{j_2} a_{N_{5x}} - \sum F_{j_{2x}} \\ -F_{K_{2y}} + F_{K_{3y}} = m_{J_2} a_{N_{5y}} - \sum F_{j_{2y}} \\ -q_{J_{2x}} F_{K_{2y}} + q_{J_{2y}} F_{K_{2x}} + p_{J_{2x}} F_{K_{3y}} - p_{J_{2y}} F_{K_{3x}} = I_{J_2} \varepsilon_{J_2} - \sum T_{J_2} - d_{J_2} \times \sum F_{J_2} \end{cases} \tag{2.74}$$

上述方程组共含有 $F_{K_{1x}}$,$F_{K_{1y}} F_{K_{2x}}$,$F_{K_{2y}}$,$F_{K_{3x}}$,$F_{K_{3y}}$ 6 个未知量,故一般可求得唯一解,写成矩阵形式:

$$AX = B$$

其中:

$$A = \begin{bmatrix} -1 & 0 & 1 & 0 & 0 & 0 \\ 0 & -1 & 0 & 1 & 0 & 0 \\ q_{J_{1y}} & -q_{J_{1x}} & -p_{J_{1y}} & p_{J_{1x}} & 0 & 0 \\ 0 & 0 & -1 & 0 & 1 & 0 \\ 0 & 0 & 0 & -1 & 0 & 1 \\ 0 & 0 & q_{J_{2y}} & -q_{J_{2x}} & -p_{J_{2y}} & p_{J_{2x}} \end{bmatrix} \tag{2.75}$$

$$X = \begin{bmatrix} F_{K_{1x}} & F_{K_{1y}} & F_{K_{2x}} & F_{K_{2y}} & F_{K_{3x}} & F_{K_{3y}} \end{bmatrix}^{-1} \tag{2.76}$$

$$B = \begin{bmatrix} m_{J_1} a_{N_{4x}} - \sum F_{J_{1x}} \\ m_{J_1} a_{N_{4y}} - \sum F_{J_{1y}} \\ I_{J_1} \varepsilon_{J_1} a_{N_{4y}} - \sum T_{J_1} - d_{J_1} \times \sum F_{J_1} \\ m_{J_2} a_{N_{5x}} - \sum F_{J_{2x}} \\ m_{J_2} a_{N_{5x}} - \sum F_{J_{2x}} \\ I_{J_2} \varepsilon_{J_2} a_{N_{4y}} - \sum T_{J_2} - d_{J_2} \times \sum F_{J_2} \end{bmatrix} \tag{2.77}$$

2.7　系统方案评价

由于机械功能可采取不同的工作原理,同一工作原理又可有许多不同的运动方案,因此需要对所拟定的机械执行系统方案从运动性能、工作性能、动力性能、制造工艺、材料选择以及经济性能等方面进行综合评价,以便从中选出较佳的方案,这需要相关课程的知识和一定的实践经验。

2.7.1　运动方案的评价指标

机械原理课程设计可以初步训练学生评选方案的能力,限于课程内容,偏重于机构运动性能、工作性能和动力性能方面的比较。表 2.9 列出了各项评价指标及具体项目。

表 2.9 所列的各项评价指标以及具体项目,是根据机构系统设计的主要性能要求设定的。对于不同的设计任务,应根据实际情况而设定不同的评价指标和具体项目,并依实际情况而增减。评价指标和具体项目的重要程度也依机构的使用场合而各有不同。例如,对于重型机械,应对其承载能力给予足够的重视;而对于加速度较大的机械,应特别重视其振动和噪声等问题。

针对具体设计任务,科学地选取评价指标,确定具体的评价项目,这是一项十分细致和复杂的工作,也是设计人员必须要面临的重要问题。只有这样,才能比较全面地评价机械执行系统的运动方案,提高设计的质量和效率。

表 2.9　运动方案的评价指标

评价指标	具体项目	简要说明
A. 运动性能	①运动规律、运动轨迹	如当执行构件的运动规律较复杂时,采用连杆机构较难精确实现,可考虑采用凸轮机构或连杆—凸轮组合机构等高副机构
	②运动精度	如低副机构中尽量少采用移动副,移动副不易保证较高的制造精度,容易出现运动不平顺现象 又如在刚度、强度许可的情况下,应少用或尽量不用虚约束。虚约束往往要满足一定的几何条件,对机构的加工和装配精度要求提高,还可能出现机构运动不灵活甚至卡死的现象
	③运转速度	
B. 动力性能	①传力特性	如应使机构的传动角较大,在行星轮系中为了改善受力特性,常采用多个行星轮等虚约束构件均匀布置的设计方案
	②承载能力	如社区简易健身器械采用连杆机构,而不是高副机构,就考虑了低副承载能力高的因素,这样比较安全

续表

评价指标	具体项目	简要说明
B. 动力性能	③冲击、振动、噪声	关乎机械的工作可靠性和使用寿命,关乎人机工程学; 如凸轮机构从动件的运动规律应尽量避免刚性冲击和柔性冲击; 又如在高速运转的机械中,作往复移动和平面复合运动的构件以及偏心回转构件的惯性力和惯性力矩较大,因此应尽量考虑机构的对称性,以减小机械运转过程中的动载荷、振动和噪声; 又如蛙式打夯机虽然在设计中巧妙地利用不平衡的惯性力实现震实路面的功能,但操作者要承受很大的冲击、振动和噪声,所以也可以说是对操作者很残酷的设计
	④耐磨性	
C. 工作性能	①效率高低	
	②使用范围	如可在机构中设计可调节环节,例如某些杆长可调、初始位置可调等,使执行构件的行程和速度等运动参数在一定范围内可调,以扩大机构的使用范围。设计可调节环节不会使机械的结构更复杂,同时可方便机械的安装和调试,因此也能提高经济性
D. 经济性	①加工难易	如由于低副易加工,并能保证尺寸精度和承载能力较强,可优先采用低副机构;若转动副采用滚动轴承,更易达到高精度、高效率的要求。当实现较复杂运动规律时(如带有停歇运动的轨迹),低副机构设计虽然较困难,但仍可采用低副机构近似满足功能要求
	②维护方便性	
	③能耗大小	如尽可能选择传动角较大的机构,尤其是对于传力较大的机械,在执行构件为往复摆动的连杆机构中,摆动导杆机构比较理想,其压力角始终为零;又如对于执行构件行程不大而短时克服工作阻力较大的机械(如冲压机械中的主传动机构),可采用瞬时有较大机械增益的机构,这样电动机的功率不需要很大
E. 结构紧凑性	①运动空间	机构系统应简单,构件和运动副应尽量少,这样可以减轻质量,减小运动空间,减少累计误差和摩擦损耗。因此,有时宁可采用结构简单的近似机构,也不采用理论上没有误差但结构复杂的机构。例如采用四杆近似直线机构,而不用八杆精确直线机构。 又如对于有多个执行构件的复杂机械,将传统的单机集中驱动改为多机分别驱动、集中控制,虽然增加了原动机数目和对电控部分的要求,但机械部分却大大简化
	②质量	
	③结构复杂性	

　　需要指出的是,要想得到较佳的设计方案,必须通过创造性构思产生多个待选方案,再以科学的评价和决策进行优选,而不是主观地确定一个设计方案,通过校核来求证其可行性。通过科学评价与决策来确定较满意的方案,是机械系统方案设计阶段的一个重要任务。机械系统设计方案的优劣,通常应从技术、经济和安全可靠三方面予以评价。由于在方案设计阶段还不可能具体地涉及机械的结构和强度设计等细节,因此上述评价指标主要考虑技术方面

的因素,例如机构的结构越紧凑越好、越简单越好等,即功能和工作性能方面的指标占了较大比例,属于定性评价的范畴。即使是一些定量的数据,如机构运动分析和动力分析的结果数值,很多情况下反映的也是定量比较的定性结果。

2.7.2 典型机构的评价

连杆机构、凸轮机构和齿轮机构三种机构的特点、工作原理和设计方法已为广大设计人员所熟悉,它们结构简单,易于应用,往往成为首选机构,是设计中最常用的机构。因此,对这三种基本机构及其组合机构的初步评价进行简单的归纳,见表2.10。

表2.10 对典型机构的简要评价

评价指标	具体项目	简要评价			
		连杆机构	凸轮机构	齿轮机构	组合机构
A.运动性能	①运动规律、运动轨迹	任意性较差,只能实现有限个精确位置	基本能实现任意的运动规律	一般做定速比传动(转动或移动)	基本能实现任意的运动规律
	②运动精度	较低	较高	高	较高
	③运转速度	较低	较高	很高	较高
B.动力性能	①传力特性	一般	一般	较好	一般
	②承载能力	较大	较小	大	较大
	③冲击、振动、噪声	较大	较小	小	较小
	④耐磨性	好	差	较好	较好
C.工作性能	①效率高低	一般	一般	高	一般
	②使用范围	较广	较广	广	较广
D.经济性	①加工难易	容易	难	一般	较难
	②维护方便性	较方便	较麻烦	较方便	较方便
	③能耗大小	一般	一般	二般	一般
E.结构紧凑	①运动空间	较大	较小	较小	较小
	②质量	较轻	较重	较重	较重
	③结构复杂性	较复杂	一般	简单	复杂

第 **3** 章
机械传动系统方案设计

在完成机械运动方案设计和原动机选型之后,便可进行传动系统的设计。本章主要介绍传动系统方面的知识,如传动系统方案的设计过程、机械系统的载荷特性、传动比的分配等,同时也对原动机作简单的介绍。

3.1 传动系统方案设计过程

3.1.1 传动系统的作用及其设计过程

传动系统是将原动机的运动和动力传递给执行机构或执行构件的中间装置。组成传动联系的一系列传动件称为传动链,所有传动链及它们之间的相互联系称为传动系统。机械的种类繁多,用途也各不相同,因此,各种机械的传动系统千变万化,但通常都包括变速装置、起停和换向装置、制动装置、安全保护装置等几个部分。

传动系统的作用是连接原动机与执行机构,并把原动机的运动和动力经过适当的变换,以满足执行机构的作业要求。当然,如果原动机的工作性能能完全符合执行机构的作业要求,则可以省略传动系统,直接将原动机和执行机构连接。除进行功率传递,使执行机构系统能克服阻力做功外,传动系统还起着如下重要作用:进行运动的合成和分解;实现增速、减速和变速传动;变换运动形式;实现分路传动和较远距离的传动;实现某些操纵控制功能(如启动、离合、制动、换向……)等。

传动系统方案设计是机械系统方案设计的一个重要环节。当完成执行机构的方案设计和原动机的选型后,就可根据执行机构所需要的运动和动力条件及原动机的类型和性能参数,进行传动系统的方案设计。传动系统设计的一般步骤如下:

①确定传动系统的总传动比。

②选择传动类型。根据设计任务书中规定的功能要求及执行机构对动力、传动比或速度变化的要求,以及原动机的工作特性,选择合适的传动装置类型。

③拟定传动链的布置方案。根据空间布置、运动和动力传递路线及所选传动装置的传动特点和适用条件,合理拟定传动路线,安排各传动机构的先后顺序,以完成从原动机到各执行

机构之间的传动系统的总体布置方案。

④分配传动比。根据系统的组成方案,将总传动比合理分配至各级传动机构。

⑤确定各级传动机构的基本参数和主要几何尺寸。

⑥计算传动系统的各项运动学和动力学参数,为各级传动机构的结构设计、强度计算和传动系统方案评价提供依据和指标,也为控制系统奠定基础。

⑦绘制传动系统运动简图。

3.1.2　机械传动系统的设计原则

机械传动系统设计方案的优劣对整个机械产品的工作性能和结构尺寸有很大影响。在传动系统设计时,一般应遵循以下原则:

①机械传动系统应满足机器生产过程和工艺动作的要求。

②考虑原动机与执行机构的匹配,使它们的机械特性相适应,并使二者的工作点接近各自的最佳工况点,且工作点稳定。

③满足执行机构在启动、制动、调速、反向和空载等方面的要求。

④传动链尽可能短,力求采取构件数目和运动副数目最少的机构,以简化传动链,减小整机质量,降低制造费用,提高效率,同时也有利于提高传动精度和系统刚度。

⑤布置紧凑,尽可能减小传动系统尺寸,减小所占空间。机械的尺寸和质量随所选的传动类型有很大的差别,如当减速比较大时,选行星轮传动以及摆线针式谐波传动等比普通多级齿轮传动在尺寸和质量方面显著减小。

⑥当载荷变化频繁且可能出现过载时,应考虑过载保护装置,要有安全防护措施。

3.1.3　传动的类型及特点

传动装置的类型很多,选择不同类型的传动机构,将会得到不同形式的传动系统方案。为了获得理想的传动系统方案,需要合理选择传动类型。

(1)按传动的工作原理分类

按工作原理的不同,传动分为机械传动、流体传动和电力传动三类。在机械传动和流体传动中,输入的是机械能,输出的仍是机械能;在电力传动中,则是把机械能转化为电能或把电能转化为机械能。表3.1列出了按工作原理的不同对传动进行的分类,以及各自的传动特点。

(2)按传动比和输出速度的变化情况分类

1)定传动比传动

定传动比传动的输入与输出转速对应,适用于执行机构的工况固定或其工况与原动机对应变化的场合,如带传动、齿轮传动、蜗杆传动、链传动等。

2)变传动比传动

①变传动比有级变速传动:传动比的变化不连续,一个输入转速可对应于若干个输出转速,适用于原动机工况固定而执行机构有十几种工况的场合,或用于扩大原动机的调速范围。

②变传动比无级变速传动:传动比可连续变化,即一个输入转速对应于某一范围内无限多个输出转速,适用于执行机构工况很多或最佳工况不明确的情况。

表 3.1　传动按工作原理不同的分类及特点

传动类型			传动特点
机械传动	摩擦传动	摩擦轮传动	靠接触面的正压力产生摩擦力进行传动,外轮廓尺寸较大,由于弹性滑动的原因,其传动比不能保持恒定。但结构简单,制造容易,运行平稳,无噪声,借助打滑能起安全保护作用
		挠性件摩擦传动	
		摩擦式无级变速传动	
	啮合传动	齿轮传动　定轴齿轮传动	靠轮齿的啮合来传递运动和动力,外轮廓尺寸小,传动比恒定或按照一定函数关系作周期性变化,功率范围广,传动效率高,制造精度要求高,否则冲击和噪声大
		齿轮传动　动轴轮系	
		齿轮传动　非圆齿轮传动	
		蜗杆传动　圆柱蜗杆传动	传递交错轴间运动,工作平稳,噪声小,但传动效率低,单头蜗杆传动可以实现自锁
		蜗杆传动　环面蜗杆传动	
		蜗杆传动　锥蜗杆传动	
		挠性啮合传动(链传动、同步齿形带传动)	具有啮合传动的一些特点,可实现远距离传动
		螺旋传动(滑动螺旋传动、滚动螺旋传动、静压螺旋传动)	主要用于变回转运动为直线运动,同时传递能量和力,单头螺旋传动效率低,可自锁
	流体传动	气压传动	速度、转矩均可无级调节,具有隔振、减振和过载保护措施;操纵简单,易实现自动控制,效率较低;需要一些辅助设备,如过滤装置;密封要求高,维护要求高
		液压传动	
		液力传动及液体黏性传动	
	电力传动	交流电力传动	可以实现远距离传动,易控制,但在大功率、低速、大转矩的场合使用有一定困难
		直流电力传动	

③变传动比周期性变速传动:输出角速度是输入角速度的周期性函数,以实现函数传动机构或改善某些机构的动力特性。表 3.2 列出了传动装置按速度变化情况的分类及实例。

表 3.2　传动装置按速度变化情况的分类及实例

传动类型		原动机输出速度	传动类型举例
定传动比传动		恒定	齿轮传动;带、链传动;蜗杆传动;螺旋传动;不调速的电力、液压及气压传动
变传动比传动	有级变速	恒定	带塔轮的皮带传动;滑移齿轮变速箱
		可调	电力、液压传动中的有级调速传动
	无级变速	恒定	机械无级变速器;液力耦合器及变矩器;电磁滑差离合器;磁粉离合器;流体黏性传动
		可调	内燃机调速传动;电力、液压及气压无级调速传动
	周期性变速	恒定	非圆齿轮机构;凸轮机构;连杆机构及组合
		可调	数控的电力传动

3.1.4　机械传动类型的选择原则

（1）传动类型选择的基本依据
①工作机构的性能参数和工况。
②原动机的机械特性和调速性能。
③机械传动系统在性能、尺寸、质量和布置上的要求及工作环境要求。
④制造工艺和经济性要求。

（2）传动类型选择的基本原则
①执行系统的工况、工作要求与原动机的机械特性匹配。
②考虑工作要求传递的功率和运转速度，要有利于提高效率，尽可能选择结构简单的单级传动装置。
③对传动的尺寸、质量和布置方面的要求；考虑经济性和标准化。
④要考虑机械安全运转和环境条件。
⑤操作和控制方式也是传动类型选择时要考虑的因素。

当然，在实际设计时难于满足上述所有原则，这时可以在系统和全面观点的指导下抓住主要矛盾，合理地选择传动类型。

3.2　机械系统的载荷特性

3.2.1　载荷类型

通常，工程上将机械在工作中受到的外力称为载荷。确定机械及其零部件承受的载荷的类型、大小和变化规律是机械系统设计的重要内容。这不仅是进行机械零部件的强度、刚度、稳定性和寿命等计算的需要，同时也是为选择原动机类型和容量进行机械系统动力计算的需要。

载荷的种类有很多，可根据载荷的来源、变化性质等进行载荷分类，如表 3.3 所示。机械设计时，根据实际需要常将载荷表示成不同的形式，如力、力矩或转矩等形式，也可用压力、功率、加速度等形式表示。工作机械的转矩 M 与转速 n 之间的关系称为工作机械的负载特性，常见工作机械的负载特性如表 3.4 所示。

表 3.3　载荷分类及特点

分类方法	类型名称	说　明
按载荷来源分类	工作载荷	由执行系统克服工作阻力产生的载荷，如加工机床的切削载荷提升设备的起重载荷、汽车所受的路面摩擦阻力、输送设备的阻力等
	惯性载荷	由系统速度变化产生的附加载荷，如高速旋转机械的离心载荷，设备启动、停车过程中的加减速惯性载荷，系统速度波动中的惯性载荷等

续表

分类方法	类型名称	说　明
按载荷来源分类	风力载荷	露天大型设备的风力附加载荷,如露天起重设备所受的风载、海上平台所受的风载、高速旋转设备的涡流损失等
	液压液力载荷	系统在静态时所受的液体压力载荷和在运动状态所受的流体阻力载荷,如液压系统所受的载荷、石油螺旋提升设备的载荷、大型滑动轴承中的液体剪切载荷、海上平台的海流载荷等
	自重载荷	一般机械系统的自重载荷较小,但对大型系统,自重也是系统的主要载荷之一,如大型起重设备、飞行器等
	温度载荷	对静不定机械系统,当温度变化较大时产生的附加载荷
	其他载荷	包括环境产生的意外附加载荷、操作过程产生的意外附加载荷和过载实验过程中施加的大载荷等,如运输机械爬坡、意外紧急启动和刹车等产生的额外载荷以及机械系统的功率损耗等
按载荷变化性质来分类	静载荷	载荷不随时间发生变化或变化很小
	动载荷	随时间变化较大的载荷,包括周期性动载荷、随机动载荷和冲击动载荷

表 3.4　机械系统的典型工作负载特性

工作负载类型	n-T/P 曲线	特性表达式	机械系统示例(稳定运行状态)
恒转矩负载特性	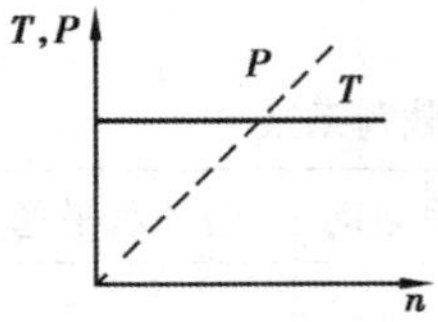	$T=C(P\propto n)$	起重机起升机构、带式输送机、轧钢机轧辊等
恒功率负载特性	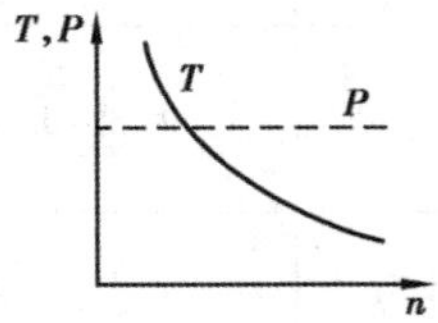	$P=C(T\propto n^{-1})$	机床的端面切削工况,造纸、轧钢、纺织设备中的卷取机构等(恒速恒牵引力)
恒转速负载特性	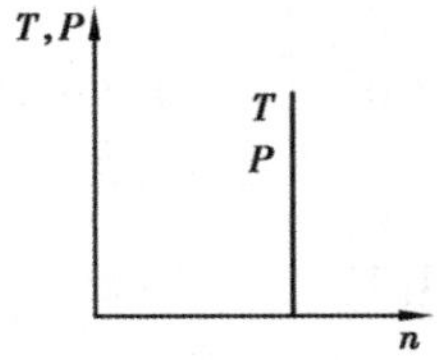	$n=C$	交流发电机

续表

工作负载类型	n-T/P 曲线	特性表达式	机械系统示例（稳定运行状态）
抛物线负载特性		$T\propto n^2\ (P\propto n^3)$	风扇、通风机、离心式水泵、船舶螺旋推进器等
随机变化负载特性	—	T 和 P 在一定转速范围内随机变化	破碎机、球磨机等（需要加装飞轮平衡负载功率波动）

注：T——转矩；P——功率；C——常数；n——转速。

3.2.2 载荷的确定方法

机械系统的载荷比较复杂，各种载荷往往交叉或同时作用。而在动力系统选择设计阶段，一般根据机械系统的功能按载荷的来源确定机械系统可能受到的各种载荷，然后分析载荷的作用工况，即各种来源的载荷在机械系统的运行过程中的叠加，再分析载荷变化的性质，最后确定采用何种动力配置方案，以及确定选用多大的原动机驱动能力。对系列产品开发，同时还需要考虑产品的规格、系列和标准，如压力机的标准吨位、起重机的起重量等。

机械系统的载荷由工作载荷、环境因素引起的附加载荷和考虑异常情况引起的异常载荷三大部分组成，且大部分机械系统的载荷为动载荷。但在动力系统方案选择设计时，系统载荷通常按稳定的名义载荷乘以动载荷系数来处理。其中，常用机械的动载荷系数如表3.5所示。

表3.5 常用机械的动载荷系数

机械名称	空载启动	负载平稳启动	负载快速启动	启动后平稳加载	启动后冲击加载
小型风机、车床、钻床、带式输送机等	1.2~1.3	—	—	1.2~1.4	—
轻型传动、铣床、泵等	1.3~1.5	—	—	1.3~1.5	—
绞车、刨床、汽车、纺织机械等	1.3~1.5	1.4~1.6	1.5~1.7	1.4~1.6	—
挖土机、起重机的起重机构等	1.4~1.8	1.7~1.9	1.8~2.0	1.7~1.9	2.0~2.2
球磨机、曲柄压力机、剪床等	—	1.1~1.25	1.2~1.3	—	1.3~2.0
起重机的水平移动机构等	—	1.6~1.9	1.8~3.0	—	—

机械名称	空载启动	负载平稳启动	负载快速启动	启动后平稳加载	启动后冲击加载
电车、电动小车、翻车机等	—	1.6 ~ 1.9	1.8 ~ 2.5	—	2.0 ~ 2.5
空气锤、矿石破碎机、轧钢机等	—	2.0 ~ 2.2	2.0 ~ 2.6	—	2.5 ~ 3.5

名义载荷可以用类比估算法、实验测试法和计算法来确定。所谓类比估算法,就是参照同类或相近的机械系统,根据经验和简单的计算确定载荷。实验测试法则是通过选择功能和结构相近的机械系统,测试其在典型运行工况下的载荷,经过适当调整后作为待设计系统的原始载荷。而所谓的计算法,则是根据机械系统的功能和结构要求,运用力学原理、经验公式、各种手册和图表来计算确定载荷。对于一些复杂机械系统的载荷,往往需要把上述几种方法结合起来使用。

3.2.3　工作机械的工作制

工作机械的工作制是指机械工作的持续状况,如连续、断续、短时工作等。不同机械对工作制的表示形式有所不同,有的机械根据工艺需要或工程时间用载荷—时间特性曲线表示,标准减速器、通用机械等用每天工作小时数或每天几班制工作的形式,在使用因效(或工况因数)KA 中考虑,一般用负载持续率 FC 表示。

$$FC = \frac{t_w}{t_w + t_0} \times 100\% \tag{3.1}$$

式中　t_w——机械工作时间;

t_0——机械停歇时间。

载荷类型反映了载荷在数值上随时间变化的特性,工作制反映了负载持续状况,二者对机械零部件的承载能力和原动机的选择都有影响。

3.3　原动机的种类与选择

原动机又称动力机,是机械产品中的驱动部分。原动机的输出转矩与转速之间的关系称为原动机的机械特性。本节介绍机械系统中常用原动机的种类、机械特性及其选择方法。

在进行机械系统设计时,选用何种原动机,一般应考虑以下几个方面:

①分析工作机械的负载特性,包括其载荷性质、工作制、作业环境、结构布置等。

②分析原动机本身的机械特性,以便选择与工作机械相匹配的原动机。

③原动机容量计算,通常是指计算原动机功率的大小。原动机功率与其转矩、转速之间的关系为:

$$P_N = \frac{M_N n_N}{9\ 549} \text{ 或 } M_N = 9\ 549 \times \frac{P_N}{n_N} \tag{3.2}$$

式中　P_N——原动机的额定功率,kW;

　　　M_N——原动机的额定转矩,N·m;

　　　n_N——原动机的额定转速,r/min。

④行经济性分析,包括能源的供给、使用和维修费用、原动机购置费用等。

⑤作业环境的要求,如环境温度、空气湿度、粉尘及通风条件、有无隔爆要求、是否需要经常移动、是否处于室内等。

3.3.1　电动机的种类及其选择

电动机是机械系统中最常用的原动机,相比于其他原动机,它具有较高的驱动效率,且种类和型号多;与工作机械连接方便,具有良好的启动、调速、制动和反向控制性能;易于实现远距离、自动化控制;工作时无环境污染,可满足大多数机械的工作要求。但是选择电动机必须具有相应的电源,野外工作机械及移动式机械常因没有电源而不能选用。

(1)电动机的种类

按使用电源的不同,电动机可分为交流电动机和直流电动机。交流电动机按电动机的转速和旋转磁场的转速是否相同,可分为同步电动机和异步电动机;直流电动机按励磁方式不同可分为他励、并励、串励、复励等形式。

(2)电动机的选择

选择电动机类型的一般原则是:在满足使用要求的前提下,交流电动机优先于直流电动机,笼型电动机优先于绕线型电动机,专用电动机优先于通用电动机。

①一般情况下,对启动、制动及调速无特殊要求的机械,如机床、水泵、鼓风机、运输机械、农业机械等,应尽量选用如 Y 系列笼型三相交流异步电动机。

②对于恒转矩和通风机负载特性的机械,应选用机械特性硬的电动机;对于调速范围很大($R > 3 \sim 10$)且恒功率负载特性的机械,应选用变速直流电动机或带机械变速的交流异步电动机或无换向器电动机。

③对于需调速但调速平滑性无要求、可有级调速的机械,如起重机、低速电梯、某些机床,可选用如 YD 系列变速三相交流异步电动机,其变速方便,调速特性硬,经济性较好。

④对于无调速要求但要求高起动转矩或启动飞轮力矩较大、具有冲击性负载、启动制动及反向次数较多的机械,如剪床、冲床、锻压机械、冶金机械、压缩机及小型起重运输机械等,可选用如 YH 系列高转差率三相交流异步电动机,其起动转矩大、启动电流小、转差率高、机械特性较软。

⑤对于断续工作制、频繁启动制动及反向、启动转矩大的机械,如各种形式的起重机、冶金辅助设备等,应选用起重及冶金用 YZ 系列笼型或 YZR 系列绕线式三相交流异步电动机。

⑥对于功率较大、负载较平稳、无调速要求且长期运行的机械,如大容量空压机、各类泵、鼓风机等,应选用 T、TD、TDG 等系列三相交流同步电动机,可提高工厂企业电网的功率因数,经济性好。对于功率虽然不大但转速较低的长期运行机械,如各种磨机、往复压缩机、轧机等,也可选用 TM、TK、TZ 等系列三相交流低速同步电动机。

⑦对于调速范围大($R > 3$),且要求调速平滑、需准确进行位置控制的中小功率机械,如高精度数控机床、龙门刨床、可逆轧钢机、造纸机等,可选用直流他励的电动机。对要求启动转矩大的机械,如电车、重型起重机等,宜用直流串励电动机。

⑧对于工作环境有易爆气体及尘埃较多的机械,不能用直流电动机,应选用 YB 系列隔爆型三相交流异步电动机、YA 系列增安型三相交流异步电动机或 YW 系列无火花型三相异步电动机等。

⑨有专用电动机的机械,应用专用电动机,如 YLB 系列电动机是专用于深井水泵的三相交流异步电动机,YQS 系列电动机是专用于潜水泵的三相交流异步电动机等。此外还有船用、纺织用、木工用等专用电动机,以及激振动电动机等特殊用途电动机。

3.3.2　内燃机的种类及其选择

(1) 内燃机的种类

内燃机是指燃料在气缸内进行燃烧,将产生的气体所含的热能转变为机械能的装置。内燃机的种类较多,按所用燃料可分为柴油机和汽油机;按气缸数目可分为单缸、多缸内燃机;按一个工作循环的冲程数可分为二冲程或四冲程内燃机;按点火方式可分为压燃式或点燃式内燃机;按进气方式可分为自然吸气式或增压式内燃机。

(2) 内燃机的选择

选择内燃机时,必须了解内燃机的运行工况和特性,使它能与工作机的负载特性相匹配。因用途不同,内燃机有不同的工况,主要包括固定式工况、螺旋桨工况及车用工况。

1) 固定式工况

固定式工况是指内燃机的转速由变速器保证而基本不变,功率则随工作机的负载大小而变化。驱动发电机、压气机、水泵等工作机的内燃机就属于这种工况。

2) 螺旋桨工况

螺旋桨工况是指内燃机的功率 P_e 与曲轴转速 n 接近呈三次幂的函数,即 $P_e = Kn^3$。其中,K 为比例常数。船用驱动螺旋桨的内燃机就属于这种工况。

3) 车用工况

车用工况是指内燃机的功率和转速都可独立地在很大范围内变化。该工况的内燃机在各种转速下所输出的最大功率线,两端分别为最低稳定工作转速 N_{min} 和最大许用工作转速 N_{max}。汽车、拖拉机、坦克等用的内燃机就属于这种工况,它们的转速可在最低速和最高速之间变化,而且在同一转速下,功率可以在零和全负荷内变化。

根据不同的工况选择不同用途的内燃机,以使内燃机的特性满足工作机的工况要求。对于负载特性来说,一般希望柴油机每循环的标定供油量都能限定在冒烟界限和最低燃油消耗点之间,这是最经济的运行点。但对于不同的柴油机还有区别,如车用柴油机经常在部分负荷下运行,只在短时间内需要发出全部功率,其标定的循环供油量一般限制在冒烟界限处;对于工程机械、拖拉机等,因经常接近满负荷工作,为了提高经济性,柴油机的有效燃油消耗率 be 随负荷的变化要求比较平坦,即在负载变化较大的范围内,能保持较好的燃油经济性。

在速度特性中,转矩储备系数 uM 是一个很重要的参数。工程机械工作时,经常遇到外界阻力突然增大的情况,为了克服短期超负荷,要求转矩随转速下降而增加较大。选择的柴油机 uM 值越大,表明柴油机克服短期负荷能力越强。

根据内燃机的万有特性,可以更全面地评价所选内燃机运行的动力特性和经济性的好坏,从万有特性曲线上很容易找出柴油机最经济的负荷和转速范围。对于车用柴油机,希望最经济区能在万有特性的中间位置上,使常用的中等载荷、转速落在最经济区内,要求等燃油消耗率曲线沿横坐标方向长些,能在中等转速范围内较大的工况下获得较好的经济性。

对于汽油机的选择也可以从上述特性考虑,汽油机的 uM 值比柴油机大说明其克服短期超负荷的能力较强,工作也比柴油机稳定,但汽油机的最低燃油消耗率点比柴油机高,be 的变化也不如柴油机平坦,在负载变化范围较大时,其经济性比柴油机差,所以工程机械和载重汽车一般都不选汽油机。

3.3.3　液压马达的种类及其选择

液压马达是将液压能转换为机械能的能量转换装置。在液压系统中,液压马达作为驱动元件来使用。

(1)液压马达的种类

液压马达根据速度可分为低速和高速两类。一般认为转速低于 500 r/min 为低速,高于 500 r/min 为高速。低速液压马达的基本形式是径向柱塞式,如单作用曲轴连杆式、静压平衡式和多作用内曲线式。此外,轴向柱塞式、叶片式和齿轮式中也有低速的形式。低速马达的主要特点是排量大、体积大、转速低,可直接与工作机械相连,不需要减速装置,使得传动机构大大简化。通常它又被称为低速大转矩液压马达。高速液压马达的基本形式有齿轮式、螺杆式、叶片式和轴向柱塞式等,它又被称为高速小转矩液压马达。

(2)液压马达的性能比较和应用范围

齿轮式、叶片式和轴向柱塞式等高速小转矩马达的共同特点是结构尺寸和转动惯量小、换向灵敏度高,适用于转矩小、转速高和换向频繁的场合。根据矿山、工程机械的负载特点和使用要求,目前低速大转矩马达应用较普遍。一般来说,对于低速且稳定性要求不高、外形尺寸不受限制的场合,可以采用结构简单的单作用径向柱塞液压马达。对于要求转速范围较宽、径向尺寸较小、轴向尺寸稍大的场合,可以采用轴向柱塞液压马达。对于要求传递转矩大、低速稳定性好的场合,常采用内曲线多作用径向柱塞液压马达。

3.3.4　气动马达的种类及其选择

(1)气动马达的种类

气动马达是以压缩空气为动力输出转矩,驱动执行机构做旋转运动的动力装置。气动马达按工作原理分为容积式和透平式两类。容积式气动马达可分为叶片式、活塞式、齿轮式等,最常用的是叶片式和活塞式,透平式气动马达很少用。

(2)气动马达的选择

选择气动马达要从负载特性考虑。在变负载场合使用时,主要考虑速度范围及负载转矩。在稳定负载下使用时,工作速度则是一个重要的因素。叶片式气动马达比活塞式气动马达转速高、结构简单,但启动转矩小,在低速工作时耗气量大。当工作速度低于空载速度的 25% 时,最好选用活塞式气动马达。

气动马达的选择计算比较简单,即首先根据所需的转速和最大转矩计算出所需的最大功率,然后选择相应功率的气动马达。

3.4　传动装置的总传动比及其分配

3.4.1　确定总传动比

原动机选定后,根据原动机的额定转速 $n_{原}$ 和工作轴的转速 $n_{工}$ 即可确定传动装置的总传动比 $i_{总}$:

$$i_{总} = \frac{n_{原}}{n_{工}} \tag{3.3}$$

根据总传动比按各自传动进行分配

$$i_{总} = i_1 i_2 i_3 \cdots i_n \tag{3.4}$$

式中　$i_1, i_2, i_3, \cdots, i_n$——各级传动的传动比。

3.4.2　传动比的分配原则

①各级传动的传动比应在合理范围内,不超过允许的最大值,以符合各种传动形式的工作特点,并使结构比较紧凑。

②应注意使各级传动件尺寸协调,结构匀称合理。

③尽量使传动装置外轮廓尺寸紧凑或质量较小。

④尽量使各级大齿轮浸油深度合理(低速级大齿轮浸油稍深,高速级大齿轮能浸到油)。

⑤传动零件应便于装配和拆卸,且要考虑传动件与机架之间、传动件与传动件之间不会发生干涉、碰撞。

⑥当要求降速齿轮传动链的质量尽可能轻时,则应该用优化方法算出最佳传动比,要求不高的则可按下列原则分配传动比。

⑦对于小功率装置,若设备主动小齿轮材料和齿宽均相同,轴与轴承的转动惯量、效率不计,则可选小齿轮的模数、齿数相同,且各级传动比也相同。

⑧对于大功率装置,为保证总质量最轻,各级传动比应按照"前大后小,逐渐减小"的原则选取。

⑨对于提高传动精度、减小回程误差为主的降速齿轮传动链,设计时,从输入端到输出端的各级传动比应按"前小后大"的原则选取,且最末一级传动比应尽可能大;有的采用一级传动比超过 100 的蜗杆传动,同时提高其制造精度,这样可显著减小其余各级齿轮固有误差、安装误差和回转误差对输出轴运动精度的影响。

⑩对于载荷变化的齿轮传动装置,各级传动比应尽可能采用不可约的分数,并使相啮合的两齿轮的齿数为质数。

3.5　传动链的方案设计

根据机械系统的设计要求及各项技术、经济指标选择了传动类型后,若对选择的传动机构做不同的顺序布置或不同的传动比分配,则会产生不同效果的传动系统方案。只有合理安排传动路线,恰当布置传动机构及合理分配各级传动比,才能使整个传动系统获得较好的性能。

3.5.1　传动链布置的基本原则

传动链布置的优劣影响着整个机械产品的工作性能和结构尺寸。安排各机构在传动链中的顺序时,一般应遵循以下原则:

(1) 传动链应尽可能短

传动链过长主要有以下原因:

① 中间传动环节过于复杂,一个电动机带动多条传动链;

② 动力源安装位置距执行机构过远;

③ 变换运动形式及转动方向的环节太多。过长的传动链会引起传动精度和传动效率的降低,增加成本,或使故障率增加。因此,设计中应尽可能避免过长的传动链。

(2) 有利于提高传动系统的效率

对于长期连续运转或传递较大功率的机械,提高传动系统的效率显得更为重要。例如,蜗杆蜗轮机构效率较低,若与齿轮机构同时被选用组成两级传动,且蜗轮材料为锡青铜时,应将蜗杆蜗轮机构安排在高速级,以便其齿面有较高的相对滑动速度,易于形成润滑油膜而提高传动效率。

(3) 合理分配传动比

一台机器的传动系统总传动比确定之后,应将其合理地分配给整个传动链中的各级传动机构。

(4) 恰当安排传动机构的顺序

(5) 有利于机械运转平稳和减小振动及噪声

一般将动载小、传动平稳的机构安排在高速级。例如,带传动能缓冲减振,且过载时易打滑,可防止后续传动机构中其他零件损坏,而链传动冲击振动较大,运转不均匀,一般安排在中、低速级。只有在要求有确定传动比、不宜采用带传动时,高速级才布置齿形链轮机构。又如同时采用直齿圆柱齿轮机构和平行轴斜齿圆柱齿轮机构两级传动时,因斜齿轮传动较平稳、动载荷较小,宜布置在高速级上。

(6) 有利于传动系统结构紧凑、尺寸匀称

通常,把用于变速的传动机构(如带轮机构、摩擦轮机构等)安排在靠近运动链的始端与原动机相连,这是因为此处转速较高、传递的扭矩较小,因此可减小传动装置的尺寸;而把转换运动形式的机构(如连杆机构、凸轮机构等)安排在运动链的末端,即靠近执行构件的地方,使运动链简单、结构紧凑、尺寸匀称。

尺寸大且加工困难的机构应安排在高速轴。例如,圆锥齿轮尺寸大时加工困难,因此应尽量将其安排在高速级并限制其传动比,以减小其模数和直径,有利于加工制造。

此外,还应考虑传动装置的润滑和寿命、装拆是否方便、操作者的安全、产品的污染等因素。例如,开式齿轮机构润滑条件差、磨损严重、寿命短,应将其布置在低速级;而将闭式齿轮机构布置在高速级,则可减小其外形尺寸。若机械生产的产品为不可污染的药品、食品等,则传动链的末端(即低速端)应布置闭式传动装置。若在传动链的末端直接安排有工人操作的工位,也应布置闭式传动装置,以保证操作安全。

3.5.2　恰当安排传动构件的顺序

传动顺序是指从原动机到执行构件各变速组的传动副的排列顺序。布置传动顺序时,一般考虑以下几点:

①带传动的承载能力较小,传递相同转矩时,结构尺寸较其他传动形式较大,但传动平稳,能缓冲减振,因此宜布置在高速级(转速较高,传递相同功率时转矩较小)。

②链传动运转不均匀,有冲击,不适合于高速传动,应布置在低速级。

③蜗杆传动可以实现较大的传动比,尺寸紧凑,传动平稳,但效率较低,适合于中小功率、间歇运转的场合。当与齿轮传动同时使用时,对采用铝铁青铜或铸铁作为蜗轮材料的蜗杆传动,可布置在低速级,使齿面滑动速度较低,以防止产生胶合或严重磨损,并可使减速器结构紧凑;对采用锡青铜为蜗轮材料的蜗杆传动,由于允许齿面有较高的相对滑动速度,可将蜗杆传动布置在高速级,以利于形成润滑油膜,提高承载能力和传动效率。

④圆锥齿轮加工较困难,特别是大直径、大模数的圆锥齿轮,所以只有在需改变轴的布置方向时采用,并尽量放在高速级并限制传动比,以减小圆锥齿轮的直径和模数。

⑤斜齿轮传动的平稳性较直齿轮传动好,常用在高速级或要求传动平稳的场合。

⑥开式齿轮传动的工作环境较差,润滑条件不好,磨损严重,寿命较短,应布置在低速级。

⑦一般将改变运动形式的机构(螺旋传动、连杆机构、凸轮机构)布置在传动系统的最后一级,并且常为工作机的执行机构。

3.6　机械传动系统的特性和参数计算

机械传动系统的特性包含运动特性和动力特性两个方面。运动特性是指传动比、转速和变速范围等参数;动力特性是指功率、效率、转矩及变矩系数等参数。这些参数不仅是传动系统的重要性能数据,也是对各级传动进行设计计算的基础。传动系统的总体方案布置和总传动比的分配完成之后,便可根据原动机的性能参数或执行机构系统的工作参数计算得到这些特性参数。

3.6.1　传动比

对于串联式单路传动系统,当传递回转运动时,其总传动比 i 为:

$$i = \frac{n_r}{n_c} = i_1 i_2 \cdots i_k \tag{3.5}$$

式中　n_r——原动机的转速或者传动系统的输入转速,r/min;

　　　n_c——传动系统的输出转速,r/min;

$i_1, i_2, \cdots, i_k$——系统中各级传动的传动比。

$i > 1$ 时为减速传动，$i < 1$ 时为增速传动。

由于多种因素的影响，系统设计完成后的实际总传动比 $i_{总}$ 常与预定值 $i_{预总}$ 不相符，其相对误差 Δi 可表示为 $\Delta i = \left| \dfrac{i_{总} - i_{预总}}{i_{预总}} \right| \times 100\%$，称为系统的传动比误差。为满足机械的转速要求，$\Delta i$ 不应超过许用值（一般情况下，许用值取 5%）。

3.6.2 转速和变速范围

传动系统中，任一传动轴的转速 n_i 可由下面公式计算：

$$n_i = \frac{n_r}{i_1 i_2 \cdots i_k} \tag{3.6}$$

式中 $i_1, i_2, \cdots, i_K$——系统的输入轴到该轴之间各级传动比的乘积。

3.6.3 机械效率

各种机械传动及传动部件的效率值可查相关机械设计手册。在一个传动系统中，设各级传动部件的效率分别为 $\eta_1, \eta_2, \cdots, \eta_n$，串联式单路传动系统的总效率 η 为 $\eta = \eta_1, \eta_2, \cdots, \eta_n$，并联及混合传动系统的效率计算可参考有关资料。

3.6.4 功率

机械执行机构的输出功率 P_w，可由负载参数（力或力矩）及运动参数（线速度或转速求出。设执行机构的效率为 η_w，则传动系统的输入功率或原动机所需功率为：$P_r = p_w / \eta_w$，原动机的额定功率 P_e 应满足 $P_e \geqslant P_r$，由此可确定 P_e 值。

设计各级传动时，常以传动件所在轴的输入功率 P_i 为计算依据。若原动机至该轴之前各传动及传动部件的效率分别为 $\eta_1, \eta_2, \cdots, \eta_i$，则有：

$$P_i = P' \eta_1 \eta_2 \cdots \eta_i \tag{3.7}$$

式中 P'——设计功率。

对于批量生产的通用产品，为充分发挥原动机的工作能力，应以原动机的额定功率为设计功率，即取 $P' = P_e$。对于专用的单台产品，为减小传动件的尺寸，降低成本，常以原动机的所需功率为设计功率，即取 $P' = P_r$。

3.6.5 转矩和变矩系数

传动系统中任一传动轴的输入转矩 T_i 可由式（3.8）求出。

$$T_i = 9.55 \times 10^6 \frac{P_i}{n_i} \tag{3.8}$$

式中 P_i——轴的输入功率，kW；

n_i——轴的转速，r/min。

传动系统的输出转矩 T_c 与输入转矩 T_r 之比称为变矩系数，用 K 表示：

$$K = \frac{T_c}{T_r} = \frac{P_c n_r}{P_r n_c} = \eta i \tag{3.9}$$

式中　P_c——传动系统的输出功率。

常用机械传动的主要性能如表 3.6 所示。

表 3.6　常用机械传动的主要性能

类　型		传递功率/kW	速度/(m·s⁻¹)	效率 η		传动比		特　点
				开式	闭式	一般范围	最大值	
普通 V 带传动		≤500	25~30	0.94~0.97		2~4	≤7	传动平稳、噪声小、能缓冲吸振;结构简单、轴间距大、成本低。尺寸大、传动比不恒定、寿命短
链传动（滚子链）		≤100	≤20	0.90~0.93	0.94~0.97	2~6	≤8	工作可靠、平均传动比恒定、轴间距大、对恶劣环境能适应。瞬时速度不均匀、高速时运动不平稳
圆柱传动齿轮	一级开式	直齿≤750,斜齿轮和人字齿轮≤50 000	7 级精度≤25,5 级精度以上的斜齿轮 15~130	一对齿轮 0.94~0.96	一对齿轮 0.96~0.99	3~7	≤15	承载能力和速度范围大、传动比恒定、外轮廓尺寸小、工作可靠、效率高、寿命长。制造安装精度要求高、噪声较大、成本较高
	一级减速器					3~6	≤12.5	
	二级减速器					8~40	≤60	
圆锥传动齿轮	一级开式	直齿≤1 000 曲线齿≤15 000	直齿≤5 曲线齿 5~40	一对齿轮 0.92~0.95		2~4	≤8	承载能力和速度范围大、传动比恒定、外轮廓尺寸小、工作可靠、效率高、寿命长。制造安装精度要求高、噪声较大、成本较高
	一级减速器				一对齿轮 0.94~0.98	2~3	≤6	
蜗杆传动	一级开式 单头	通常≤50,最大达750	滑动速度 v_a≤15,个别达 35	一对蜗轮副 0.50~0.60		15~60	≤120	结构紧凑、传动比大、传动平稳、噪声小。效率较低、制造精度要求较高、成本较高
	一级开式 双头			一对蜗轮副 0.50~0.60				
	一级减速器 单头				一对蜗轮副 0.70~0.75	10~40	≤80	
	一级减速器 双头				一对蜗轮副 0.75~0.82			
	一级减速器 三头以上				一对蜗轮副 0.82~0.92			
	二级减速器					70~800	≤3 600	

续表

类　型		传递功率/kW	速度/(m·s^{-1})	效率 η		传动比		特　点
				开式	闭式	一般范围	最大值	
行星减速器	一级	达 6 500	高低速均可		0.97~0.99	3~9	≤13.7	体积小、效率高、质量轻、传递功率范围大。要求有载荷均衡机构,制造精度要求较高
	二级				0.94~0.98	10~60	≤150	
圆锥-圆柱齿轮减速器						10~25	≤40	
蜗杆-圆柱齿轮减速器						60~90	≤480	
圆柱齿轮-蜗杆减速器						60~80	≤250	
圆柱摩擦轮传动		通常≤20,最大达200	通常≤20	0.70~0.88	0.90~0.96	2~4	≤8	运转平稳、噪声小、有过载保护作用、结构简单。轴和轴承受力大、磨损快

3.7　机械传动系统方案设计实例

在实际设计中,传动系统的方案拟订和传动比的分配往往是交叉进行的。通常在拟定了传动系统初步方案之后,先预分配传动比,然后再根据各级传动比机构的结构情况进行调整。若实际的总传动比与工作要求的传动比的误差超过许用值,则必须重新修改、调整方案。

本节以带式运输机的传动方案为例进行简单的介绍。

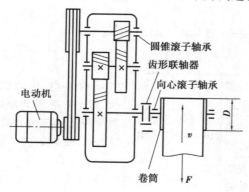

图 3.1　带式运输机传动方案

如图 3.1 所示带式运输机传动方案,已知卷筒直径 $D = 500$ mm,运输机的有效拉力 $F = 10\ 000$ N,卷筒效率(不包括轴承)$\eta_5 = 0.96$,运输带速度 $v = 0.3$ m/s,在室内常温下连续工作,环境有灰尘,电源为三相交流,电压 380 V。试选择合适的电动机、计算整个传动装置的总传动比并分配各级传动比。

(1)选择电动机类型

按工作要求和条件,选用三相笼型异步电动机,封闭式结构,电压 380 V,Y 型。

（2）选择电动机的容量

电动机所需工作功率 $P_d = \dfrac{P_w}{\eta_a}$ kW，$P_w = \dfrac{Fv}{1\,000}$ kW，故 $P_d = \dfrac{Fv}{1\,000\eta_a}$ kW。

由电动机至运输带的传动总效率为

$$\eta_a = \eta_1 \cdot \eta_2^4 \cdot \eta_3^2 \cdot \eta_4 \cdot \eta_5$$

式中，η_1、η_2、η_3、η_4、η_5 分别为带传动、轴承、齿轮传动、联轴器和卷筒的传动效率。

取 $\eta_1 = 0.96$，$\eta_2 = 0.98$（滚子轴承），$\eta_3 = 0.97$（齿轮精度为 8 级，不包括轴承效率），$\eta_4 = 0.99$（齿轮联轴器），$\eta_{51} = 0.96$，则

$$\eta_a = 0.96 \times 0.98^4 \times 0.97^2 \times 0.99 \times 0.96 = 0.79$$

所以　　$P_d = \dfrac{Fv}{1\,000\eta_a} = \dfrac{10\,000 \times 0.3}{1\,000 \times 0.79}$ kW ≈ 3.8 kW

（3）确定电动机转速

卷筒轴工作转速为

$$n = \frac{60 \times 1\,000v}{\pi D} = \frac{60 \times 1\,000 \times 0.3}{\pi \times 500} \text{ r/min} \approx 11.46 \text{ r/min}$$

按表 3.6 推荐的传动比合理范围，取 V 带传动的传动比 $i_1' = 2 \sim 4$，二级圆柱齿轮减速器传动比 $i_2' = 8 \sim 40$，则总传动比合理范围为 $i_a' = 16 \sim 160$，故电动机转速的可选范围为 $n_d' = i_a' \cdot n = (16 \sim 160) \times 11.46 = 183 \sim 1\,834$ r/min。符合这一范围的同步转速有 750 r/min、1 000 r/min 和 1 500 r/min。根据容量和转速，查相关手册可查出有三种适用的电动机型号，因此有三种传动比方案，如表 3.7 所示。

表 3.7　三种传动比方案比较

方案	电动机型号	额定功率/kW	电动机转速/(r·min⁻¹)		电动机质量/N	参考价格/元	传动装置的传动比		
			同步转速	满载转速			总传动比	V 带传动	减速器
1	Y112M-4	4	1 500	1 440	470	230	125.65	3.5	35.90
2	Y132M1-6	4	100	960	730	350	83.77	2.8	29.92
3	Y160M1-8	4	750	720	1180	500	62.83	2.5	25.13

综合考虑电动机和传动装置的尺寸、质量、价格和带传动、减速器的传动比，可见第 2 种方案比较合理。故选定电动机型号 Y132M1-6。

（4）计算整个传动装置的总传动比

电动机型号 Y132M1-6 的满载转速 $n_m = 960$ r/min。

总传动比 $i_a = \dfrac{n_m}{n} = \dfrac{960}{11.46} = 83.77$

(5)分配各级传动比分配传动装置传动比

$$i_a = i_0 \cdot i$$

式中,i_0、i分别表示带传动和减速器传动比。

为使 V 带传动外廓尺寸不致过大,初步取 $i_0 = 2.8$(实际的传动比要在设计 V 带传动时,由所选大、小带轮的标准直径之比计算),则减速器传动比为:

$$i = \frac{i_a}{i_0} = \frac{83.77}{2.8} = 29.92$$

按展开式布置,考虑润滑条件,为使两级大齿轮直径相近,可查相关减速器传动比分配的手册,得 $i_1 = 6.95$,则 $i_2 = \frac{i}{i_1} = \frac{29.92}{6.95} = 4.31$。

第**4**章
计算机辅助机构分析及设计

随着计算机技术的广泛应用,在机构设计中采用计算机辅助设计的方法也日益普遍。它不仅可以大大地减少设计工作量,提高设计速度和效率,而且可大大提高设计精度,从而更好地满足设计要求。本章主要通过连杆机构、齿轮机构、凸轮机构的计算机辅助设计实例来介绍这一强大手段。

4.1 计算机辅助平面四连杆机构分析

4.1.1 平面四连杆机构的位移分析、速度分析、加速度分析

平面四连杆机构的位移分析、速度分析、加速度分析已经在第2章中有了详细的讲解,这里不再赘述。

4.1.2 平面四连杆机构程序框图设计

平面四连杆机构程序框图设计如图4.1所示。

4.1.3 平面四连杆机构程序设计

下面是用 VB 编制的程序,若已知平面四连杆机构中曲柄的角位移、速度、加速度,便可求出其余构件的角位移、速度和加速度。

```
Option Explicit
Private Sub Command1_Click( )
Dim L1, L2, L3, L4, WAB, AAB, JJG As Double
Dim PH(2), SDC(2), PP(2), BET(2), BT(2), WDC(2), WBC(2), ADC(2), ABC(2),
C1(2), C2(2), C3(2), C4(2), B1(2), B2(2), B3(2), B4(2) As Double
Dim PI, SAB, DFS, HDZ, AK, TH, AA, BB, CC, DELTA, PHH, X As Double
Dim I, J As Integer
Picture1. Cls
```

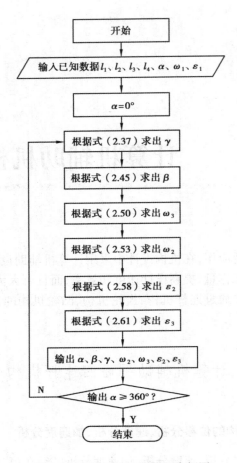

图 4.1　平面四连杆机构程序框图

```
L1 = Val(Text1. Text)          '杆 AB 的长度
L2 = Val(Text2. Text)          '杆 BC 的长度
L3 = Val(Text3. Text)          '杆 CD 的长度
L4 = Val(Text4. Text)          '杆 DA 的长度
WAB = Val(Text5. Text)         '杆 AB 的角速度
AAB = Val(Text6. Text)         '杆 AB 的角加速度
JJG = Val(Text7. Text)         '间隔角度
PI = 4# * Atn(1#)
SAB = 0
DFS = 180 / JJG                '等分数
HDZ = PI / DFS                 '弧度值
Print
Print
Open "e:\silianganjigou. txt" For Output As #1
For J = 1 To 2 * DFS
  SAB = (J - 1) * HDZ
```

```
AK = (L1 * L1 - L2 * L2 + L3 * L3 + L4 * L4) * 0.5
TH = SAB * 180 / PI
AA = AK - L1 * (L4 - L3) * Cos(SAB) - L3 * L4
BB = -2# * L1 * L3 * Sin(SAB)
CC = AK - L1 * (L4 + L3) * Cos(SAB) + L3 * L4
DELTA = BB ^ 2 - 4 * AA * CC
If (DELTA > = 0) Then
  PHH = Sqr(DELTA)
  PH(1) = -BB + PHH
  PH(2) = -BB - PHH
If (J = 1) Then
  Picture1. Print "SAB", "SDC", "SBC", "WDC", "WBC", "ADC", "ABC"
End If
For I = 1 To 2
  SDC(I) = Atn(PH(I) * 0.5 / AA) * 2
  PP(I) = SDC(I) * 180 / PI
  X = (L3 * Sin(SDC(I)) - L1 * Sin(SAB)) / L2
  BET(I) = Atn(X / Sqr(-X * X + 1))
  BT(I) = BET(I) * 180 / PI
  WDC(I) = (L1 * WAB * Sin(BET(I) - SAB)) / (L3 * Sin(BET(I) - SDC(I)))
  WBC(I) = (L1 * WAB * Sin(SDC(I) - SAB)) / (L2 * Sin(BET(I) - SDC(I)))
  C1(I) = L1 * AAB * Sin(BET(I) - SAB)
  C2(I) = L1 * WAB ^ 2 * Cos(BET(I) - SAB) + L2 * WBC(I) ^ 2
  C3(I) = L3 * WDC(I) ^ 2 * Cos(SDC(I) - BET(I))
  C4(I) = L3 * (Sin(BET(I) - SDC(I)))
  ADC(I) = (C1(I) - C2(I) + C3(I)) / C4(I)
  B1(I) = L1 * AAB * Sin(SDC(I) - SAB)
  B2(I) = L1 * WAB ^ 2 * Cos(SDC(I) - SAB)
  B3(I) = L2 * WBC(I) ^ 2 * Cos(SDC(I) - BET(I)) - L3 * WDC(I) ^ 2
  B4(I) = L2 * (Sin(BET(I) - SDC(I)))
  ABC(I) = (B1(I) - B2(I) - B3(I)) / B4(I)
Next I
Picture 1. Print Format(TH, "0.00"), Format(PP(1), "0.00"), Format(BT(1), "0.00"), _
     Format(WDC(1), "0.00"), Format(WBC(1), "0.00"), Format(ADC(1),
     "0.00"), _
     Format(ABC(1), "0.00")
Picture 1. Print ,Format(PP(2),"0.00"),Format(BT(2), "0.00"), Format(WDC(2), "0.00"),
     _Format(WBC(2), "0.00"), Format(ADC(2), "0.00"), Format(ABC(2),
     "0.00")
```

End If

    Print #1，Format(TH，"0.00")，Format(PP(1)，"0.00")，Format(BT(1)，"0.00")，_
        Format(WDC(1)，"0.00")，Format(WBC(1)，"0.00")，Format(ADC(1)，"0.00")，_
        Format(ABC(1)，"0.00")

    Print #1，Format(PP(2)，"0.00")，Format(BT(2)，"0.00")，Format(WDC(2)，"0.00")，-
        Format(WBC(2)，"0.00")，Format(ADC(2)，"0.00")，Format(ABC(2)，"0.00")

Next J

Close #1

End Sub

    上述程序中的输入变量分别是：

L1，L2，L3，L4 分别表示构件 AB、BC、CD、DA 的长度，单位为 mm；

JJG 表示输入角的间隔，单位为"°"；

SAB 表示输入构件 AB 的角位移，单位为"°"；

WAB 表示输入构件 AB 的角速度，单位为 rad/s；

AAB 表示输入构件 AB 的角加速度，单位为 rad/s^2。

    输出变量分别是：

SDC 表示输出构件 DC 的角位移，单位为"°"；

SBC 表示连杆 BC 的角位移，单位为"°"；

WDC 表示输出构件 DC 的角速度，单位为 rad/s；

WBC 表示连杆 BC 的角速度，单位为 rad/s；

ADC 表示输出构件 DC 的角加速度，单位为 rad/s^2；

ABC 表示连杆 BC 的角加速度，单位为 rad/s^2。

    现给定输入值：L1＝200 mm，L2＝400 mm，L3＝350 mm，I4＝500 mm，WAB＝10 rad/s（逆时针为正），AAB＝－20 rad/s^2（逆时针为正），JJG＝20°，求输出值 SDC，SBC，WDC，WBC，ADC，ABC，其 VB 界面及运行结果如图 4.2 所示。

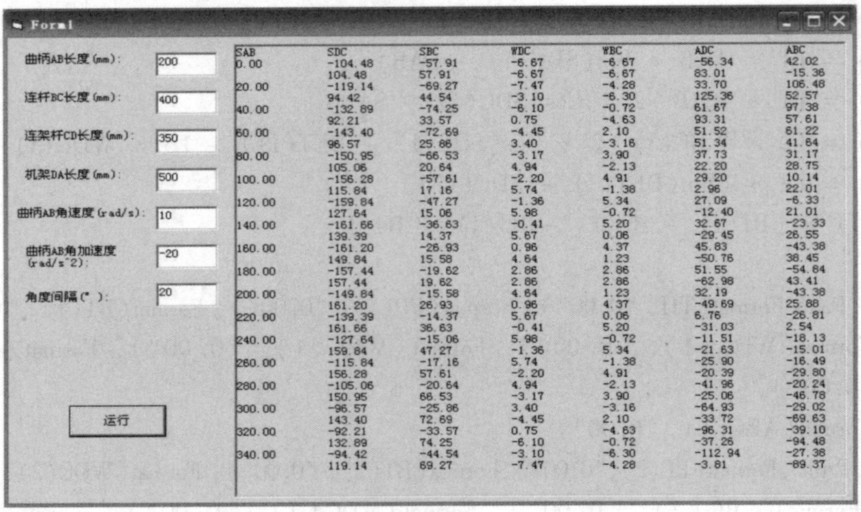

图 4.2　平面四连杆机构 VB 界面及运行结果

对于运行结果,可将 silianganjigou. txt 中的数据导入 excel、matlab 等软件绘制曲线图,并可与通过 pro/E、Matlab、Adams 等软件的仿真结果进行对比,验证其正确性。

4.2　函数生成机构的设计

4.2.1　函数生成机构的分析

在如图 4.3 所示的平面四连杆机构中,已知输入构件 AB 的 3 个角位移是 α_1,α_2,α_3,分别对应输出构件 CD 的 3 个角位移是 β_1,β_2,β_3,求四杆机构的构件长度 l_1,l_2,l_3,l_4。

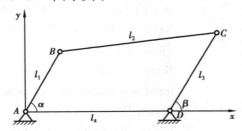

图 4.3　平面四连杆机构

由前面章节中的 *Frudenstein* 方程可知:

$$k_1 \cos \beta - k_2 \cos \alpha + k_3 = \cos(\alpha - \beta) \tag{4.1}$$

式中

$$k_1 = \frac{l_4}{l_1}, k_2 = \frac{l_4}{l_3}, k_3 = \frac{l_1^2 - l_2^2 + l_3^2 + l_4^2}{2 l_1 l_3} \tag{4.2}$$

对于四杆机构的 3 对对应位置,有:

$$k_1 \cos \beta_1 - k_2 \cos \alpha_1 + k_3 = \cos(\alpha_1 - \beta_1) \tag{4.3}$$

$$k_1 \cos \beta_2 - k_2 \cos \alpha_2 + k_3 = \cos(\alpha_2 - \beta_2) \tag{4.4}$$

$$k_1 \cos \beta_3 - k_2 \cos \alpha_3 + k_3 = \cos(\alpha_3 - \beta_3) \tag{4.5}$$

将式(4.39)、式(4.40)和式(4.41)联立,可求解 k_1,k_2,k_3。

$$H = \begin{vmatrix} \cos \beta_1 & -\cos \alpha_1 & 1 \\ \cos \beta_2 & -\cos \alpha_2 & 1 \\ \cos \beta_3 & -\cos \alpha_3 & 1 \end{vmatrix} \tag{4.6}$$

$$H_1 = \begin{vmatrix} \cos(\alpha_1 - \beta_1) & -\cos \alpha_1 & 1 \\ \cos(\alpha_2 - \beta_2) & -\cos \alpha_2 & 1 \\ \cos(\alpha_3 - \beta_3) & -\cos \alpha_3 & 1 \end{vmatrix} \tag{4.7}$$

$$H_2 = \begin{vmatrix} \cos \beta_1 & \cos(\alpha_1 - \beta_1) & 1 \\ \cos \beta_2 & \cos(\alpha_2 - \beta_2) & 1 \\ \cos \beta_3 & \cos(\alpha_3 - \beta_3) & 1 \end{vmatrix} \tag{4.8}$$

$$H_3 = \begin{vmatrix} \cos \beta_1 & -\cos \alpha_1 & \cos(\alpha_1 - \beta_1) \\ \cos \beta_2 & -\cos \alpha_2 & \cos(\alpha_2 - \beta_2) \\ \cos \beta_3 & -\cos \alpha_3 & \cos(\alpha_3 - \beta_3) \end{vmatrix} \tag{4.9}$$

则 k_1,k_2,k_3 的值可由式(4.10)给出：

$$k_1 = \frac{H_1}{H}, k_2 = \frac{H_2}{H}, k_3 = \frac{H_3}{H} \tag{4.10}$$

在 k_1,k_2,k_3 的值确定后，可假定 $l_1=1$，其余杆件的长度 l_2,l_3,l_4 便可由式(4.2)求出。

4.2.2 函数生成机构程序框图设计

函数生成机构程序框图设计如图4.4所示。

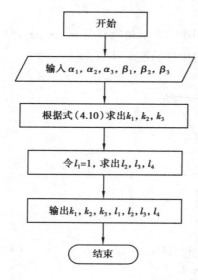

图 4.4 函数生成机构程序框图

4.2.3 函数生成机构程序设计

下面是用 VB 编写的函数生成机构程序，若已知平面四连杆机构中输入构件 AB 和输出构件 CD 的 3 对不同的对应角位移，便可求出各构件的长度比例。令构件 AB 的长度 $l_1=1$。

```
Rem program to coordinate angular displacements of the
input and output links in three positions
Option Explicit
Private Sub Command1_Click()
Dim alf1,alf2,alf3,beta1,beta2,beta3,A1,A2,A3,
B1,B2,B3,AA,BB,CC As Double
Dim L1,L2,L3,L4 As Double
Dim k1,k2,k3,H,H1,H2,H3,PI,RAD As Double
Picture1.Cls
PI = 4# * Atn(1#)
RAD = 4# * Atn(1#) / 180
alf1 = Val(Text1.Text)
alf2 = Val(Text2.Text)
alf3 = Val(Text3.Text)
beta1 = Val(Text4.Text)
beta2 = Val(Text5.Text)
beta3 = Val(Text6.Text)
A1 = Cos(alf1 * RAD)
A2 = Cos(alf2 * RAD)
A3 = Cos(alf3 * RAD)
B1 = Cos(beta1 * RAD)
B2 = Cos(beta2 * RAD)
B3 = Cos(beta3 * RAD)
AA = Cos((alf1 - beta1) * RAD)
BB = Cos((alf2 - beta2) * RAD)
CC = Cos((alf3 - beta3) * RAD)
```

$H = B1 * (A3 - A2) + B2 * (A1 - A3) + B3 * (A2 - A1)$

$H1 = AA * (A3 - A2) + BB * (A1 - A3) + CC * (A2 - A1)$

$H2 = B1 * (BB - CC) + B2 * (CC - AA) + B3 * (AA - BB)$

$H3 = B1 * (A3 * BB - A2 * CC) + B2 * (A1 * CC - A3 * AA) + B3 * (A2 * AA - A1 * BB)$

$k1 = H1 / H$

$k2 = H2 / H$

$k3 = H3 / H$

$L1 = 1$

$L4 = L1 * k1$

$L3 = L4 / k2$

$L2 = Sqr(L1 * L1 + L3 * L3 + L4 * L4 - 2 * L1 * L3 * k3)$

Picture1. Print "k1 = "; k1, "k2 = "; k2

Picture1. Print "k3 = "; k3

Picture1. Print "L1 = "; L1, "L2 = "; L2

Picture1. Print "L3 = "; L3, "L4 = "; L4

End Sub

上述程序中的输入变量分别是：

alf1,alf2,alf3 分别表示输入构件 AB 的角位移,单位为"°";

beta1,beta2,beta3 分别表示输出构件 DC 的角位移,单位为"°"。

输出变量是：

L1,L2,L3,L4 分别表示构件 AB,BC,CD,DA 的长度值。

当输入 alf1 = 20°,alf2 = 30°,alf3 = 40°,beta1 = 40°,beta2 = 70°,beta3 = 90°时,其 VB 界面及运行结果如图 4.5 所示。

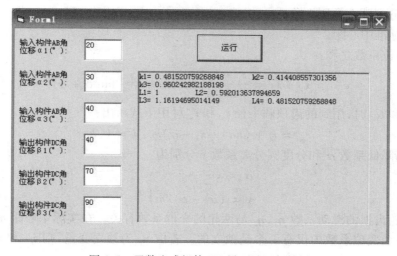

图 4.5　函数生成机构 VB 界面及运行结果

值得注意的是:并不是所有输入的角度都能够计算出杆长。对于运行结果中的各构件长度,可以通过绘图软件验证其正确性。

4.3　计算机辅助齿轮设计

根据齿轮的相关计算公式,可以通过计算机编程得到所设计齿轮的模数、变位系数等。其优点是精度高,程序一旦调试通过,参数改变容易,变位系数的选择速度快;缺点是从建立数学模型、设计框图、编制程序到上机调试通过,工作量较大。

4.3.1　建立数学模型

关于根据抗胶合和抗磨损最有利的质量指标选择变位系数的问题,目前一般认为应使啮合齿在开始啮合时主动齿轮齿根处的滑动系数 η_1 等于啮合结束时从动齿轮齿根处的滑动系数 η_2,即 $\eta_1 = \eta_2$。根据滑动系数是滑动弧与齿廓所走过弧长之比的极限的概念,以及一对齿轮开始啮合点是主动轮的齿根和从动轮齿顶相接触、啮合结束时是主动轮的齿顶和从动轮的齿根相接触,经推导可得:

$$\eta_1 = \frac{\tan \alpha_{a2} - \tan \alpha'}{(1 + z_1/z_2)\tan \alpha' - \tan \alpha_{a2}}\left(1 + \frac{z_1}{z_2}\right) \tag{4.11}$$

$$\eta_2 = \frac{\tan \alpha_{a1} - \tan \alpha'}{(1 + z_2/z_1)\tan \alpha' - \tan \alpha_{a1}}\left(1 + \frac{z_2}{z_1}\right) \tag{4.12}$$

式中　α_{a1}——主动轮齿顶圆上的压力角;

　　　α_{a2}——从动轮齿顶圆上的压力角;

　　　α'——啮合角。

当齿轮传动的实际中心距 a' 由结构或其他条件给定时,啮合角为:

$$\alpha' = \arctan\left(\frac{\sqrt{1 - (a\cos\alpha/a')^2}}{a\cos\alpha/a'}\right) \tag{4.13}$$

式中　α——分度圆上的压力角;

　　　a——标准中心距。

两轮的变位系数之和:

$$x_{\textstyle\sum} = x_1 + x_2 = \frac{z_1 + z_2}{2\tan\alpha}(\tan\alpha' - \alpha' - \tan\alpha + \alpha) \tag{4.14}$$

当求 α_{a1} 和 α_{a2} 时,用到的齿顶圆半径 r_{a1} 和 r_{a2} 可用下式求出:

$$r_{ai} = r_i + (ha^* + x_i - \sigma)m \quad i = 1,2 \tag{4.15}$$

式中的齿顶高降低系数 σ 和分度圆分离系数 y 分别为:

$$\left.\begin{array}{c} \sigma = x_{\textstyle\sum} - y \\ y = (a' - a)/m \end{array}\right\} \tag{4.16}$$

因此,两轮齿根的滑动系数 η_1,η_2 与两轮的变位系数有关。在实际中心距 a' 给定的情况下,x_1 与 x_2 两个变位系数中仅有一个是独立的。若取 x_1 为独立变量,则 η_1 和 η_2 均是 x_1 的函数。令

$$f(x_1) = \eta_1 - \eta_2 \tag{4.17}$$

则使两轮齿根滑动系数相等的问题,成为以 x_1 为变量求方程的根的问题。解非线性方程,除

了可用 Newton-Raphson 法求根外,还可以用黄金分割法。这里就应用黄金分割法求解。

4.3.2　齿轮程序框图设计

齿轮程序框图设计如图 4.6 所示。

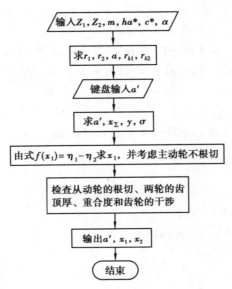

图 4.6　齿轮程序框图设计

4.3.3　程序设计

```
Option Explicit
Private Sub Command1_Click()
    Picture1.Cls
    Dim rb(2), ra(2), la(2), at(2), sa(2) As Double
    Dim t, xx, tg, y, ap, a, z1, z2, m, ha, c, a1, r1, r2, alp, xa, xb, xi, zm, x1, x2, x3,
    x4 As Double
    Dim cc, eps, ss, s1, s2, si, e, t1, t2, t3, t4, k1, k2, k3, k4, PI As Double
    PI = 4# * Atn(1#)
    z1 = Val(Text1.Text)
    z2 = Val(Text2.Text)
    m = Val(Text3.Text)
    ha = Val(Text4.Text)
    c = Val(Text5.Text)
    t = 180# / PI
    a1 = 20# / t
    Picture1.Print "z1 = "; z1, "z2 = "; z2, "m = "; m
    Picture1.Print "ha = "; ha, "c = "; c, "α = "; a1 * t
```

73

```
    r1 = 0.5 * m * z1
    r2 = 0.5 * m * z2
    a = r1 + r2
    rb(1) = r1 * Cos(a1)
    rb(2) = r2 * Cos(a1)
    ap = Val(Text6. Text)
    alp = Atn(Sqr(1 - (a * Cos(a1) / ap) ^ 2) * ap / (a * Cos(a1)))
    xx = (Tan(alp) - alp - Tan(a1) + a1) * (z1 + z2) / (2 * Tan(a1))
    y = (ap - a) / m
    tg = xx - y
    ' to find x1 by equation of the equal root slide coefficient
    xa = -3
    xb = 5
Loop1:
    xi = xa + 0.618 * (xb - xa)
    zm = 2 * ha / (Sin(a1) * Sin(a1))
    x3 = ha * (zm - z1) / zm
    Do While (xi < x3)
      xi = xi + 0.02 * x3
    Loop
    x1 = xi
    ' to compute slide coefficient
    ra(1) = r1 + (ha + x1 - tg) * m
    ra(2) = r2 + (ha + xx - x1 - tg) * m
    la(1) = Atn(Sqr(ra(1) * ra(1) - rb(1) * rb(1)) / rb(1))
    la(2) = Atn(Sqr(ra(2) * ra(2) - rb(2) * rb(2)) / rb(2))
    t1 = z1 / z2
    t2 = Tan(la(2))
    t3 = Tan(alp)
    t4 = Tan(la(1))
    at(1) = (1 + t1) * (t2 - t3) / (t3 * t1 - t2 + t3)
    at(2) = (1 + 1 / t1) * (t4 - t3) / (t3 * (1 + 1 / t1) - t4)
    cc = at(1) - at(2)
    xi = x1
    If (Abs(cc) > = 0.0001) Then
      If (cc < = 0) Then
        xb = xi
        GoTo Loop1
      End If
```

```
      xa = xi
   GoTo Loop1
End If
x1 = xi
x2 = xx - x1
' check gear transmission quality index
x4 = ha * (zm - z2) / zm
If (x2 < x4) Then
   Picture1. Print "x2 = ";   x2;        "      x2min = ";   x4
   Picture1. Print "because x2 < x2min return"
   GoTo Loop2
End If
eps = Val(Text7. Text)
ss = Val(Text8. Text)
Picture1. Print "[eps] = ";   eps;    "    Samin/m = ";   ss
e = (z1 * (Tan(la(1)) - Tan(alp)) + z2 * (Tan(la(2)) - Tan(alp)))/(2 * PI)
If (e < eps) Then
   Picture1. Print "e = ";   e;   "         [eps] = ";   eps
   Picture1. Print "because e < [eps] return"
   GoTo Loop2
End If
s1 = 0.5 * PI * m + 2 * x1 * m * Tan(a1)
s2 = 0.5 * PI * m + 2 * x2 * m * Tan(a1)
sa(1) = s1 * ra(1) / r1 - 2 * ra(1) * (Tan(la(1)) - la(1) - Tan(a1) + a1)
sa(2) = s2 * ra(2) / r2 - 2 * ra(2) * (Tan(la(2)) - la(2) - Tan(a1) + a1)
si = ss * m
If (sa(1) < si) Then
   Picture1. Print "sa1 = ";   sa(1); "       Samin = ";   si
   Picture1. Print "because sa1 < Samin return"
   GoTo Loop2
End If
If (sa(2) < si) Then
   Picture1. Print "sa2 = ";   sa(2); "       Samin = ";   si
   Picture1. Print "because sa2 < Samin return"
   GoTo Loop2
End If
k1 = Tan(alp) - z2 / z1 * (Tan(la(2)) - Tan(alp))
k2 = Tan(a1) - 4 * (ha - x1) / (z1 * Sin(2 * a1))
If (k1 < k2) Then
```

```
      Picture1. Print "k1 = ";   k1;   "k2";   k2
      Picture1. Print "because the gear 1 interference return"
      GoTo Loop2
   End If
   k3 = Tan(alp) − z1 / z2 * (Tan(la(1)) − Tan(alp))
   k4 = Tan(a1) − 4 * (ha − x2) / (z2 * Sin(2 * a1))
   If (k3 < k4) Then
      Picture1. Print "k3 = ";   k3;   "k4";   k4
      Picture1. Print "because the gear 2 interference return"
      GoTo Loop2
   End If
Loop2:
      Picture1. Print "α' = ";   alp * 180# / PI; "      x1 = ";   x1
      Picture1. Print "x2 = ";   x2
End Sub
```

上述程序中的重要变量分别是:

ra(1),ra(2)表示齿顶圆半径;

rb(1),rb(2)表示基圆半径;

la(1),la(2)表示齿顶圆压力角;

sa(1),sa(2)表示齿顶圆齿厚;

r1,r2 表示分度圆半径;

z1,z2 表示齿数;

m 表示模数;

ha 表示齿顶高系数(由于 VB 中"*"不能用来编辑变量,故用"ha"代替"ha*");

c 表示顶隙系数(由于 VB 中"*"不能用来编辑变量,故用"c"代替"c*");

a 表示标准中心距;

ap 表示实际中心距;

a1 表示分度圆上的压力角;

tg 表示齿顶高降低系数;

xx 表示变位系数之和;

x1,x2 表示变位系数;

x3 表示齿轮 1 的最小变位系数;

x4 表示齿轮 2 的最小变位系数;

ss 表示最小齿顶厚系数;

cc 表示解方程所取精度;

xa,xb 表示的下限和上限;

zm 表示不发生根切的最少齿数;

at(1),at(2)表示齿根滑动系数;

s1,s2 表示分度圆上的齿厚;

eps 表示许用重合度；

e 表示实际重合度；

si 表示最小齿顶厚；

y 表示分度圆分离系数。

本例中取 $z1 = 19$，$z2 = 52$，$m = 5$，$ha = 1$，$c = 0.25$，$a' = 180$，$eps = 1.6$，$Samin/m = 0.2$，其 VB 界面及运行结果如图 4.7 所示。

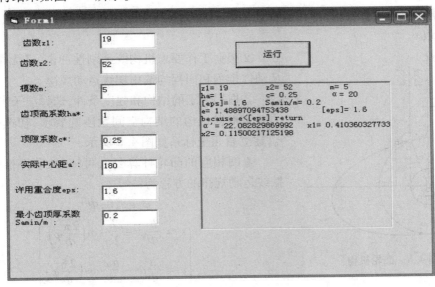

图 4.7　齿轮机构 VB 界面及运行结果

4.4　凸轮机构设计

凸轮机构设计的关键是凸轮廓线的设计，而凸轮的廓线形状取决于从动件的运动规律。因此，在设计凸轮廓线之前，必须首先根据工作要求选定从动件运动规律。表 4.1 列出了常用从动件规律特性的比较及使用场合，可供参考。

表 4.1　从动件常用运动规律特性比较及适用场合

运动规律	最大速度	最大加速度	冲击	适用场合
等速	1	∞	刚性	低速轻载
等加速度等减速	2	4	柔性	中速轻载
简谐（余弦加速度）	1.57	4.93	柔性	中速轻载
摆线（正弦加速度）	2	6.28	无	高速轻载
五次多项式	1.88	5.77	无	高速中载

下面以直动偏置推杆从动件运动线图的生成为例进行程序设计。

现欲设计一凸轮机构。工作要求凸轮以等角速度 ω（逆时针方向为正）回转,当凸轮转过 Φ 时,从动件上升 h;当凸轮接着转过 Φ_s 时,从动件停歇不动;当凸轮继续转动 Φ' 时,从动件回到原处;当凸轮再转过一周中剩余的 Φ_s 时,从动件又停歇不动。工作要求机构既无刚性冲击又无柔性冲击,且结构空间紧凑。

4.4.1 选择从动件运动规律并初定结构参数和校核参数

①根据空间和工作要求,选用偏置直动滚子从动件盘形凸轮机构,取从动件向 y 轴右侧偏置,偏距取 e。

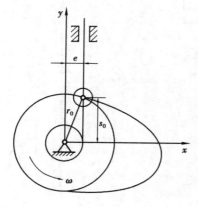

图 4.8 凸轮机构

②根据工作要求机构既无刚性冲击,又无柔性冲击,从动件推程和回程均选用摆线运动规律。

③根据滚子的结构和强度条件,选择滚子半径 r_r。

④根据机构的结构空间紧凑的要求,初选基圆半径 r_0,建立直角坐标系如图 4.8 所示。

查阅相应的凸轮计算公式可知,从动件推程阶段的摆线运动规律的方程为:

$$\varphi \in [0, \Phi]$$

$$\left\{ \begin{array}{l} s = \dfrac{h}{\Phi}\varphi - \dfrac{h}{2\pi}\sin\left(\dfrac{2\pi}{\Phi}\varphi\right) \\[2mm] v = \dfrac{h}{\Phi}\omega - \dfrac{h\omega}{\Phi}\cos\left(\dfrac{2\pi}{\Phi}\varphi\right) \\[2mm] a = \dfrac{2\pi h\omega^2}{\Phi^2}\sin\left(\dfrac{2\pi}{\Phi}\varphi\right) \end{array} \right\} \tag{4.18}$$

从动件回程阶段的摆线运动规律的方程为:

$$\varphi \in [0, \Phi']$$

$$\left\{ \begin{array}{l} s = h - \dfrac{h}{\Phi'}\varphi + \dfrac{h}{2\pi}\sin\left(\dfrac{2\pi}{\Phi'}\varphi\right) \\[2mm] v = \left(\dfrac{h}{\Phi'}\varphi - \dfrac{h\omega}{\Phi'}\sin\left(\dfrac{2\pi}{\Phi'}\varphi\right)\right) \\[2mm] a = -\dfrac{2\pi h\omega^2}{\Phi'^2}\sin\left(\dfrac{2\pi}{\Phi'}\varphi\right) \end{array} \right\} \tag{4.19}$$

直动滚子从动件盘形凸轮的理论廓线方程为:

$$\left\{ \begin{array}{l} x = (s + s_0)\sin\varphi + e\cos\varphi \\ y = (s + s_0)\cos\varphi - e\sin\varphi \end{array} \right. \tag{4.20}$$

式中 $s_0 = \sqrt{r_0^2 - e^2}$。 $\tag{4.21}$

外凸轮的实际廓线方程为:

$$\left\{ \begin{array}{l} x_a = x + r_r \dfrac{\mathrm{d}y/\mathrm{d}\varphi}{\sqrt{(\mathrm{d}x/\mathrm{d}\varphi)^2 + (\mathrm{d}y/\mathrm{d}\varphi)^2}} \\[4mm] y_a = y - r_r \dfrac{\mathrm{d}x/\mathrm{d}\varphi}{\sqrt{(\mathrm{d}x/\mathrm{d}\varphi)^2 + (\mathrm{d}y/\mathrm{d}\varphi)^2}} \end{array} \right. \tag{4.22}$$

4.4.2　凸轮机构程序框图设计

凸轮机构程序框图设计如图 4.9 所示。

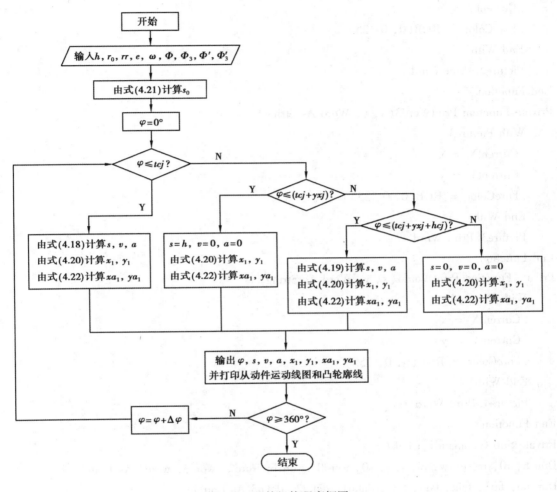

图 4.9　凸轮机构程序框图

4.4.3　程序设计

Option Explicit
Private Function PrintWord1(x, y, Word As String)
　　With Picture1
　　. CurrentX = x
　　. CurrentY = y
　　. ForeColor = RGB(0, 0, 255)
　　End With
　　Picture1. Print Word
End Function

```
Private Function PrintWord2(x, y, Word As String)
    With Picture2
    . CurrentX = x
    . CurrentY = y
    . ForeColor = RGB(0, 0, 255)
    End With
    Picture2. Print Word
End Function
Private Function PrintWord3(x, y, Word As String)
    With Picture3
    . CurrentX = x
    . CurrentY = y
    . ForeColor = RGB(0, 0, 255)
    End With
    Picture3. Print Word
End Function
Private Function PrintWord4(x, y, Word As String)
    With Picture4
    . CurrentX = x
    . CurrentY = y
    . ForeColor = RGB(0, 0, 255)
    End With
    Picture4. Print Word
End Function
Private Sub Command1_Click()
Dim h, r0, rr, e, w, pi, i, j, s0, word0, word1, word2, word3, word4 As Double
Dim fai, fai1, fai2, fai3, fai4, dafai1, dafai2, dafai3 As Double
Dim x1(360), y1(360), xa1(360), ya1(360), s(360), v(360), a(360) As Double
Dim dsbidfai1, dxbidfai1, dybidfai1, dsbidfai2, dxbidfai2, dybidfai2, dsbidfai3, dxbidfai3,
dybidfai3, dsbidfai4, dxbidfai4, dybidfai4 As Double
Dim tcj, yxj, hcj As Double
pi = 4# * Atn(1#)
w = Val(Text1. Text)
r0 = Val(Text2. Text)
rr = Val(Text3. Text)
e = Val(Text4. Text)
h = Val(Text5. Text)
tcj = Val(Text6. Text)
```

```
yxj = Val(Text7.Text)
hcj = Val(Text8.Text)
dafai1 = tcj * pi / 180
dafai2 = yxj * pi / 180
dafai3 = hcj * pi / 180
Picture1.Scale (-1, 45)-(2 * pi + 0.5, -12)
Picture2.Scale (-1, 900)-(2 * pi + 0.5, -900)
Picture3.Scale (-1.3, 28000)-(2 * pi + 0.5, -28000)
Picture1.DrawWidth = 1
Picture2.DrawWidth = 1
Picture3.DrawWidth = 1
Rem draw xaxis and yaxis
Picture1.Line (0, 0)-(2 * pi, 0)
Picture1.Line (0, -10)-(0, 40)
Picture2.Line (0, 0)-(2 * pi, 0)
Picture2.Line (0, -750)-(0, 750)
Picture3.Line (0, 0)-(2 * pi, 0)
Picture3.Line (0, -25000)-(0, 25000)
Rem draw x - axis scale line
For i = 0 To 2 * pi Step pi / 2
    j = j + 0.5
    Picture1.Line (i, 0)-(i, 2)
    word1 = PrintWord1(i + 1.3, -0.5, Str(j) + "π")
    Picture2.Line (i, 0)-(i, 50)
    word2 = PrintWord2(i + 1.3, -10, Str(j) + "π")
    Picture3.Line (i, 0)-(i, 1700)
    word3 = PrintWord3(i + 1.3, -400, Str(j) + "π")
Next i
For i = -10 To 40 Step 10
    Picture1.Line (0, i)-(0.1, i)
    word1 = PrintWord1(-0.8, i + 1.5, Str(i))
Next i
For i = -750 To 750 Step 250
    Picture2.Line (0, i)-(0.1, i)
    word2 = PrintWord2(-0.9, i + 50, Str(i))
Next i
For i = -25000 To 25000 Step 10000
    Picture3.Line (0, i)-(0.1, i)
```

```
        word3 = PrintWord3( -1.2, i + 1500, Str(i))
Next i
Picture4. Scale ( -130, 160) - (130, -160)
Picture4. DrawWidth = 1
Picture4. Line ( -100, -100) - ( -100, 100)
Picture4. Line ( -100, -100) - (100, -100)
Rem draw x - axis scale line of picture2
For i = -80 To 100 Step 20
        Picture4. Line (i, -100) - (i, -97)
        word4 = PrintWord4(i - 5, -105, Str(i))
Next i
Rem draw y - axis scale line of picture2
For i = -100 To 100 Step 20
        Picture4. Line ( -100, i) - ( -97, i)
        word4 = PrintWord4( -125, i + 3, Str(i))
Next i
s0 = Sqr(r0 * r0 - e * e)
Picture1. DrawWidth = 1.5
Picture2. DrawWidth = 1.5
Picture3. DrawWidth = 1.5
Rem draw pitch circle
Picture4. Line ( -100, 0) - (100, 0)
Picture4. Line (0, -100) - (0, 100)
Picture4. CurrentX = -5
Picture4. CurrentY = -3
Picture4. Print "0"
For fai = 0 To 360
    If (fai < > 0) Then
        Picture4. Line (r0 * Cos((fai - 1) * pi / 180), r0 * Sin((fai - 1) * pi / 180)) -
        (r0 * Cos(fai * pi / 180), r0 * Sin(fai * pi / 180)), vbBlack
        Picture4. Line((r0 - rr) * Cos((fai - 1) * pi/180), (r0 - rr) * Sin((fai - 1) * pi/
        180)) - ((r0 - rr) * Cos(fai * pi/180), (r0 - rr) * Sin(fai * pi/180)), vbBlack
    End If
Next fai
Picture4. DrawWidth = 1.5
For fai = 0 To tcj Step 1 / 300
    fai1 = fai * pi / 180
    s(fai) = (h / dafai1) * fai1 - h / (2 * pi) * Sin((2 * pi) / dafai1 * (fai1))
```

```
v(fai) = (h * w / dafai1) * (1 - Cos(((2 * pi) / dafai1) * fai1))
a(fai) = (2 * pi * h * w^2) / (dafai1^2) * Sin((2 * pi) / dafai1 * (fai1))
x1(fai) = (s0 + s(fai)) * Sin(fai1) + e * Cos(fai1)
y1(fai) = (s0 + s(fai)) * Cos(fai1) - e * Sin(fai1)
Picture1.PSet (fai1, s(fai)), vbBlue
Picture2.PSet (fai1, v(fai)), vbBlue
Picture3.PSet (fai1, a(fai)), vbBlue
Picture4.PSet (x1(fai), y1(fai)), vbBlue
Next fai
For fai = tcj To (tcj + yxj) Step 1 / 100
fai2 = fai * pi / 180
s(fai) = h
v(fai) = 0
a(fai) = 0
x1(fai) = (s0 + s(fai)) * Sin(fai2) + e * Cos(fai2)
y1(fai) = (s0 + s(fai)) * Cos(fai2) - e * Sin(fai2)
If (fai = tcj) Then
Picture1.Line (tcj * pi / 180, h) - ((tcj + yxj) * pi / 180, h), vbRed
Picture2.Line (tcj * pi / 180, 0) - ((tcj + yxj) * pi / 180, 0), vbRed
Picture3.Line (tcj * pi / 180, 0) - ((tcj + yxj) * pi / 180, 0), vbRed
Else
Picture4.Line (x1(fai - 1), y1(fai - 1)) - (x1(fai), y1(fai)), vbRed
End If
Next fai
For fai = (tcj + yxj) To (tcj + yxj + hcj) Step 1 / 300
fai3 = fai * pi / 180
s(fai) = h - (h / dafai3) * (fai3 - (tcj + yxj) * pi / 180) _
          + h/(2 * pi) * Sin((2 * pi)/dafai3 * (fai3 - (tcj + yxj) * pi/180))
v(fai) = - (h * w/dafai3) * (1 - Cos(((2 * pi)/dafai3) * (fai3 - (tcj + yxj) * pi/180)))
a(fai) = - (2 * pi * h * w^2)/(dafai3^2) * Sin((2 * pi)/dafai3 * (fai3 - (tcj + yxj) * pi/180))
x1(fai) = (s0 + s(fai)) * Sin(fai3) + e * Cos(fai3)
y1(fai) = (s0 + s(fai)) * Cos(fai3) - e * Sin(fai3)
Picture1.PSet (fai3, s(fai)), vbBlue
Picture2.PSet (fai3, v(fai)), vbBlue
Picture3.PSet (fai3, a(fai)), vbBlue
Picture4.PSet (x1(fai), y1(fai)), vbBlue
Next fai
```

```
For fai = (tcj + yxj + hcj) To 360 Step 1 / 300
    fai4 = fai * pi / 180
    s(fai) = 0
    v(fai) = 0
    a(fai) = 0
    x1(fai) = (s0 + s(fai)) * Sin(fai4) + e * Cos(fai4)
    y1(fai) = (s0 + s(fai)) * Cos(fai4) - e * Sin(fai4)
    If (fai = 150) Then
       Picture1. Line ((tcj + yxj + hcj) * pi / 180, 0) - (2 * pi, 0), vbRed
       Picture2. Line ((tcj + yxj + hcj) * pi / 180, 0) - (2 * pi, 0), vbRed
       Picture3. Line ((tcj + yxj + hcj) * pi / 180, 0) - (2 * pi, 0), vbRed
    Else
       Picture4. Line (x1(fai - 1), y1(fai - 1)) - (x1(fai), y1(fai)), vbRed
    End If
Next fai
Picture1. CurrentX = 0.5 * pi: Picture1. CurrentY = -7
Picture1. Print "(a) 位移曲线"
Picture2. CurrentX = 0.5 * pi: Picture2. CurrentY = -750
Picture2. Print "(b) 速度曲线"
Picture3. CurrentX = 0.5 * pi: Picture3. CurrentY = -23000
Picture3. Print "(c) 加速度曲线"
For fai = 0 To tcj
    fai1 = fai * pi / 180
    dsbidfai1 = h / dafai1 - h / dafai1 * Cos((2 * pi / dafai1) * fai1)
    dxbidfai1 = (s0 + s(fai)) * Cos(fai1) - e * Sin(fai1) + dsbidfai1 * Sin(fai1)
    dybidfai1 = -(s0 + s(fai)) * Sin(fai1) - e * Cos(fai1) + dsbidfai1 * Cos(fai1)
    xa1(fai) = x1(fai) + rr * dybidfai1/Sqr(dxbidfai1 * dxbidfai1 + dybidfai1 * dybidfai1)
    ya1(fai) = y1(fai) - rr * dxbidfai1/Sqr(dxbidfai1 * dxbidfai1 + dybidfai1 * dybidfai1)
    If (fai < > 0) Then
       Picture4. Line (xa1(fai - 1), ya1(fai - 1)) - (xa1(fai), ya1(fai)), vbBlue
    End If
Next fai
For fai = tcj To (tcj + yxj) Step 1 / 300
    fai2 = fai * pi / 180
    dsbidfai2 = 0
    dxbidfai2 = (s0 + s(fai)) * Cos(fai2) - e * Sin(fai2)
    dybidfai2 = -(s0 + s(fai)) * Sin(fai2) - e * Cos(fai2)
    xa1(fai) = x1(fai) + rr * dybidfai2/Sqr(dxbidfai2 * dxbidfai2 + dybidfai2 * dybidfai2)
```

ya1(fai) = y1(fai) − rr ∗ dxbidfai2/Sqr(dxbidfai2 ∗ dxbidfai2 + dybidfai2 ∗ dybidfai2)

If (fai < > tcj) Then

　　Picture4. Line (xa1(fai − 1), ya1(fai − 1)) − (xa1(fai), ya1(fai)), vbRed

End If

Next fai

For fai = (tcj + yxj) To (tcj + yxj + hcj) Step 1 / 300

　　fai3 = fai ∗ pi / 180

　　dsbidfai3 = − h/dafai3 + h/dafai3 ∗ Cos((2 ∗ pi/dafai3) ∗ (fai3 − (tcj + yxj) ∗ pi/180))

　　dxbidfai3 = (s0 + s(fai)) ∗ Cos(fai3) − e ∗ Sin(fai3) + dsbidfai3 ∗ Sin(fai3)

　　dybidfai3 = − (s0 + s(fai)) ∗ Sin(fai3) − e ∗ Cos(fai3) + dsbidfai3 ∗ Cos(fai3)

　　xa1(fai) = x1(fai) + rr ∗ dybidfai3/Sqr(dxbidfai3 ∗ dxbidfai3 + dybidfai3 ∗ dybidfai3)

　　ya1(fai) = y1(fai) − rr ∗ dxbidfai3/Sqr(dxbidfai3 ∗ dxbidfai3 + dybidfai3 ∗ dybidfai3)

　　If (fai < > (tcj + yxj)) Then

　　　　Picture4. Line (xa1(fai − 1), ya1(fai − 1)) − (xa1(fai), ya1(fai)), vbBlue

　　End If

Next fai

For fai = (tcj + yxj + hcj) To 360

　　fai4 = fai ∗ pi / 180

　　dsbidfai4 = 0

　　dxbidfai4 = (s0 + s(fai)) ∗ Cos(fai4) − e ∗ Sin(fai4)

　　dybidfai4 = − (s0 + s(fai)) ∗ Sin(fai4) − e ∗ Cos(fai4)

　　xa1(fai) = x1(fai) + rr ∗ dybidfai4/Sqr(dxbidfai4 ∗ dxbidfai4 + dybidfai4 ∗ dybidfai4)

　　ya1(fai) = y1(fai) − rr ∗ dxbidfai4/Sqr(dxbidfai4 ∗ dxbidfai4 + dybidfai4 ∗ dybidfai4)

　　If (fai < > (tcj + yxj + hcj)) Then

　　　　Picture4. Line (xa1(fai − 1), ya1(fai − 1)) − (xa1(fai), ya1(fai)), vbRed

　　End If

Next fai

Rem draw roll

Picture4. DrawWidth = 1

Picture4. Circle (x1(0), y1(0)), rr, vbBlack

Picture4. Line (x1(0), y1(0)) − (x1(0), 100), vbBlack

Picture4. Line (x1(0) − 3, 80) − (x1(0) − 3, 90), vbBlack

Picture4. Line (x1(0) + 3, 80) − (x1(0) + 3, 90), vbBlack

Picture4. CurrentX = − 80: Picture4. CurrentY = − 130

Picture4. Print "(d) 凸轮理论廓线与实际廓线"

Rem output Data

Open "e:\tulun. txt" For Output As #1

For fai = 0 To 360 Step 10

Print #1, fai, Format(s(fai), "0.00"), Format(v(fai), "0.00"), Format(a(fai), "0.00"), _
　　Format(x1(fai), "0.00"), Format(y1(fai), "0.00"), Format(xa1(fai), "0.00"), _
　　Format(ya1(fai), "0.00")

Next fai

Close #1

End Sub

上述程序中的重要变量分别是:

ω 表示凸轮的角速度;

r0 表示凸轮的基圆半径;

rr 表示滚子半径;

e 表示偏距;

h 表示最大位移;

tcj 表示推程角度;

yxj 表示远休止角;

hcj 表示回程角度。

本例中取 $\omega = 10$ rad/s, $e = 20$ mm, $h = 30$ mm, $\Phi = 80°$, $\Phi_s = 60°$, $\Phi' = 80°$, $\Phi_s = 140°$, $rr = 10$ mm, $r0 = 50$ mm,其 VB 界面及运行结果如图 4.10 所示。

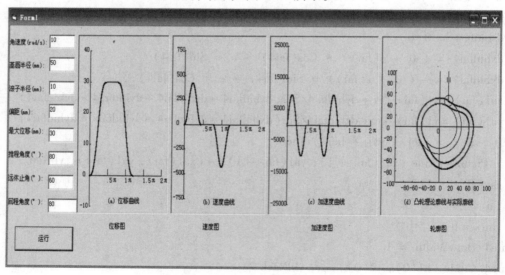

图 4.10　凸轮机构 VB 界面及运行结果

文档 Tulun.txt 得到凸轮的相关计算数据如图 4.11 所示。每列表示为:转角 $\varphi(°)$、位移 s（mm）、速度 v(mm/s)、加速度 a(mm/s^2)、理论廓线 x 方向位置（mm）、理论廓线 y 方向位置（mm）、实际廓线 xa 方向位置（mm）、理论廓线 ya 方向位置（mm）。

0	0.00	0.16	377.06	20.40	45.65	16.40	36.49
10	0.43	68.97	7098.20	28.09	41.84	23.63	32.89
20	2.92	223.24	9661.31	35.80	38.65	32.67	29.16
30	8.19	372.60	6564.95	44.65	36.40	42.43	26.65
40	15.37	429.55	-379.59	54.95	33.55	51.63	24.12
50	22.44	360.71	-7099.92	65.40	27.99	59.48	19.93
60	27.46	206.42	-9661.21	73.63	18.68	65.07	13.51
70	29.68	57.08	-6563.10	77.85	6.35	67.99	4.66
80	30.00	0.00	0.00	78.09	-7.20	68.13	-6.28
90	30.00	0.00	0.00	75.65	-20.65	66.01	-18.01
100	30.00	0.00	0.00	70.92	-33.47	61.87	-29.20
110	30.00	0.00	0.00	64.03	-45.28	55.86	-39.50
120	30.00	0.00	0.00	55.19	-55.71	48.16	-48.60
130	30.00	0.00	0.00	44.68	-64.45	38.98	-56.23
140	30.00	-0.17	-379.59	32.80	-71.23	28.62	-62.15
150	29.57	-69.01	-7099.92	19.72	-75.47	18.01	-65.62
160	27.08	-223.29	-9661.21	5.48	-75.40	7.33	-65.58
170	21.80	-372.64	-6563.10	-8.56	-70.00	-3.45	-61.41
180	14.63	-429.55	379.59	-20.53	-60.27	-13.25	-53.41
190	7.56	-360.71	7099.92	-29.39	-48.84	-21.02	-43.38
200	2.54	-206.42	9661.21	-35.67	-38.30	-26.97	-33.38
210	0.32	-57.08	6563.10	-40.65	-29.61	-32.03	-24.55
220	0.00	0.00	0.00	-44.97	-21.86	-36.01	-17.41
230	0.00	0.00	0.00	-48.08	-13.72	-38.49	-10.89
240	0.00	0.00	0.00	-49.73	-5.16	-39.80	-4.04
250	0.00	0.00	0.00	-49.87	3.56	-39.89	2.93
260	0.00	0.00	0.00	-48.50	12.16	-38.78	9.81
270	0.00	0.00	0.00	-45.65	20.40	-36.48	16.40
280	0.00	0.00	0.00	-41.41	28.02	-33.08	22.49
290	0.00	0.00	0.00	-35.92	34.78	-28.68	27.89
300	0.00	0.00	0.00	-29.33	40.49	-23.40	32.44
310	0.00	0.00	0.00	-21.86	44.97	-17.41	36.01
320	0.00	0.00	0.00	-13.72	48.08	-10.89	38.49
330	0.00	0.00	0.00	-5.16	49.73	-4.04	39.80
340	0.00	0.00	0.00	3.56	49.87	2.93	39.89
350	0.00	0.00	0.00	12.16	48.50	9.81	38.78
360	0.00	0.00	0.00	20.00	45.83	16.00	36.66

图 4.11　文档 Tulun.txt 数据

第 **5** 章
机械系统仿真基础

    机械系统是指由运动副连接多个物体所组成的系统,广义机械系统由执行、传感检测、控制等多个子系统构成。如果组成系统的物体全部假定为刚体,这样的机械系统称为多刚体系统。如果考虑物体的弹性变形,全部物体为柔性体,这样的机械系统称为多柔体系统。实际中的系统往往是部分物体作为柔性体考虑,其余可以不计其弹性变形的物体假定为刚体,这样的系统称为刚柔混合多体系统。用机械系统运动学与动力学分析的结果驱动系统作运动,称为机械系统的运动学与动力学仿真。机械系统分析与仿真主要解决机械系统的运动学、正向动力学、逆向动力学、静平衡四种类型的分析与仿真问题。运动学分析是在不考虑力的作用情况下研究组成机械系统的各部件的位置、速度和加速度;正向动力学分析是研究外力(偶)作用下机械系统的动力学响应,包括各部件的加速度、速度和位置,以及运动过程中的约束反力;逆向动力学分析是已知机械系统的运动求反力的问题;静平衡分析要求确定系统在定常力作用下系统的静平衡位置。

    机械系统分析与仿真要经历物理建模、数学建模、问题求解和结果后处理几个阶段。物理建模是对实际机械系统进行抽象,用标准的运动副、驱动约束、力元和外力等要素建立与实际机械系统一致的物理模型。这个过程中,对实际部件进行合理的抽象与简化是操作关键。抽象之后的物理模型是计算多体系统动力学研究的对象。数学建模是指由物理模型根据计算多体系统动力学理论生成数学模型,其问题求解是通过调用专门求解器实现的,求解器对数学模型进行解算得到分析结果。数学建模和问题求解是分析与仿真中最复杂的过程,所幸的是,在通用的机械系统动力学分析与仿真软件系统中,这两个过程是自动进行的,除了求解的控制界面外,内部过程对于用户是不可见的。得到分析结果之后,结果通常要与实验结果进行对比,这些对分析结果进行处理的过程是在后处理器完成的。后处理器一般都提供了曲线显示、曲线运算和动画显示功能。

    机械系统仿真的一般步骤如图5.1所示。

    能够实现机械系统仿真的软件很多,包括各种常用的高级计算机语言(如VB)、三维建模软件(如PRO/E、CATIA等)和一些专门用于系统仿真的应用软件(如ADAMS、MATLAB等)。PRO/E、ADAMS和MATLAB功能强大,容易入门,是目前应用最广泛的系统仿真软件。本章将简单介绍这三款软件在机械系统仿真过程中的应用。

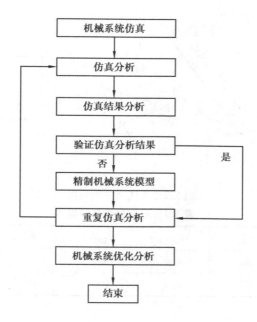

图 5.1　机械系统仿真的一般步骤

5.1　常用机构的 PRO/E 仿真

Pro/Engineer 操作软件是美国参数技术公司（Parametric Technology Corporation, PTC）旗下的 CAD/CAM/CAE 一体化的三维软件。Pro/Engineer 软件以参数化著称,是参数化技术的最早应用者,在目前的三维造型软件领域中占有重要地位,Pro/Engineer 作为当今世界机械 CAD/CAE/CAM 领域的新标准得到了业界的认可和推广,是现今主流的 CAD/CAM/CAE 软件之一,特别是在国内产品设计领域占据了重要位置。Pro/E 首先提出了参数化设计的概念,并且采用了单一数据库来解决特征的相关性问题。另外,它采用了模块化方式,用户可以根据自身的需要进行选择,而不必安装所有模块。Pro/E 基于特征的方式,能够将设计至生产全过程集成到一起,实现并行工程设计。它不但可以应用于工作站,而且也可以应用到单机上。Pro/E 还采用了模块方式,可以分别进行草图绘制、零件制作、装配设计、钣金设计、加工处理等,保证用户可以按照自己的需要进行选择使用。

利用 Pro/ENGINEER Mechanism Dynamics 选件（MDO）,无需制造昂贵的物理原型,使用虚拟方式模拟实际的作用力,并分析产品在这些作用力下的反应。在设计阶段中及早洞察产品性能,能有效缩短设计周期、节省设计成本。

本教材选用的是 Pro/ENGINEER Wildfire 3.0 中的机构模块进行仿真分析。

5.1.1　连杆机构的 Pro/E 仿真分析

如图 5.2 所示,为插床工作原理图。

已知参数与数据如表 5.1 所示。

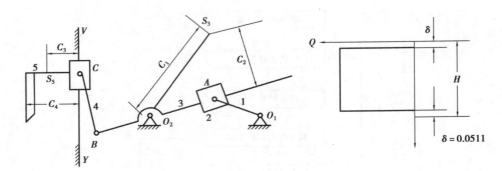

图 5.2　插床工作原理图

表 5.1　已知参数与数据

参数	l_{AO1}	l_{O1O2}	l_{B2O2}	l_{BC}	l_{yy-O2}
单位	mm	mm	mm	mm	mm
数据	75	150	100	100	93.3

本分析中,模型与案例的对应关系如表 5.2 所示。

表 5.2　模型与案例对应关系

名称	机架	曲柄	滑块	滑杆	导杆	连杆机构
Pro/E 名字	Jijia.prt	Qubing.prt	Huakuai.prt	Huagan.prt	Daogan.prt	Liangan.asm
构件名	机架	构件 1	构件 2 & 构件 5	构件 3	构件 4	装配体

具体步骤如下:

①以 mnks_asm_design 为模板新建一组件"Liangan.asm"。

②单击 ⌨ 图标,打开"打开"对话框,选取"Jijia.prt"。在 自动 处选择"缺省",单击 ✓ 按钮确定。

③同步骤②,插入"Qubing.prt"。在 用户定义 处选择"销钉",依次选择曲柄的轴"A-1"、机架的轴"A-3"、曲柄面 1、凸台面,在 ☰ 对齐 处选择"匹配",单击 ✓ 按钮确定,如图 5.3 所示。

④同步骤②,插入"Huakuai.prt"。同步骤③插入"Daogan.prt"。"Daogan.prt"与"Jijia.prt"采用"销钉"连接,"Daogan.prt"与"Huakuai.prt"采用 ⌐ 滑动杆 连接。首先在 用户定义 处选择"销钉"完成"Daogan.prt"与"Jijia.prt"的连接,完成之后同时按住 Ctrl 键、Alt 键与鼠标左键旋转零件"Daogan.prt"到图 5.4 所示位置。单击"放置"按钮,单击"新设置"后在 ✗ 销钉 处选择"滑动杆"依次选择"边 1"、"边 2"、"面 1"、"面 2"。之后,单击"✓"确定"ubing.prt"采用"销钉"连接,如法炮制,装配好之后效果如图5.4所示。

⑤同步骤②,插入"Daogan.prt"。"Daogan.prt"与"Jijia.prt"采用"销钉"连接,"Daogan.

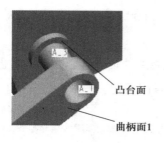

图 5.3　　　　　　　　　　　　　　　　　图 5.4

prt"与"Huakuai. prt"采用 ⬜ 滑动杆 ▾ 连接。首先在 用户定义 ▾ 处选择"销钉"完成"Daogan. prt"与"Jijia. prt"的连接,完成之后同时按住 Ctrl 键、Alt 键与鼠标左键旋转零件"Daogan. prt"到如图 5.5 所示位置。单击"放置"按钮,点击"新设置"在 ✂ 销钉 ▾ 处选择"滑动杆"并依次选择"边 1"、"边 2"、"面 1"、"面 2",如图 5.6 所示。最后,单击"✔"按钮确定。

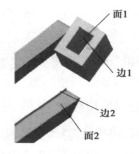

图 5.5　　　　　　　　　　　　　　　　　图 5.6

⑥同步骤②,插入"Huakuai. prt"。"Huakuai. prt"与"Jijia"采用"滑动杆"连接。原理如步骤⑤中的滑动杆连接部分。装配完成后如图 5.7 所示。

⑦同步骤②,插入"Huagan. prt"。"Huagan. prt"有轴的一端与"Daogan. prt"采用"销钉"连接,有孔的一端与步骤⑥中插入的"Huakuai. prt"采用"销钉"连接。装配完成之后如图 5.8 所示。

图 5.7

⑧选择应用程序(P)→机构(E),单击 ▦ 按钮查看该定义的运动副是否完成。如果没有完成,则返回检查。

图 5.8

⑨单击 ⟳ 按钮定义伺服电机,键入名称"Motor1",选择轴"A-1",在"伺服电机定义"对话

框中选择"轮廓","规范栏"选择"速度",在"模数"处输入"360";在"初始角"处键入"90",如图 5.9 所示。最后单击"确定"按钮。

⑩单击  按钮,新建一分析,名称处键入"运动学",类型处选择"运动学",终止时间处键入时长"5",帧频处键入"250",如图 5.10 所示,单击"运行"按钮。

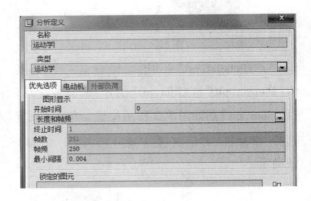

图 5.9   图 5.10

⑪单击"插入"菜单中的 轨迹曲线(T)...,选取"Jijia. prt"为"纸零件",选取 PNT0 点,在结果集中选择"运动学",绘制出点 PNT0 的运动轨迹线。

⑫选择"应用程序"菜单中的"标准"项,单击 按钮,在刚才绘制的曲线的顶点处定义一点 PNT1,再单击 按钮定义一坐标系 ACS1,使坐标原点与 PNT1 重合,Z 轴正方向朝下。

⑬选择"应用程序"菜单中的"机构"项,回到机构程序。

⑭单击" "按钮,拉动滑块使 PNT0 点与 ACS1 坐标原点重合,单击 按钮,拍摄快照。

⑮单击 按钮,定义位移的测量,名称为"位移",类型为"位置",选取 PNT0 点,坐标系为 ACS1,分量为 Z 分量。

⑯同步骤⑩,建立两测量,名称分别为"速度""加速度";类型分别为"速度""加速度";测量点均为 PNT0 点,坐标系均为 ACS1,分量均为 Z 分量。

⑰如上步骤,建立一测量,名称为"时间",类型为"自定义",输入公式"360 * t",单击"确定"按钮。

⑱编辑定义分析中的运动学,在初始配置栏中选择"快照"。单击"运行"和"确定"按钮。

⑲在测量框中同时选中四测量,在图形类型中选择"测量与测量",在测量 x 轴中选择"时间"。在结果集中选择"运动学",框选"分别绘制测量图形",如图 5.11 所示。

单击 按钮,运动学分析结果如图 5.12 所示。

⑳单击 按钮,可以对图形进行设置,设置之后结果如图 5.13 所示。

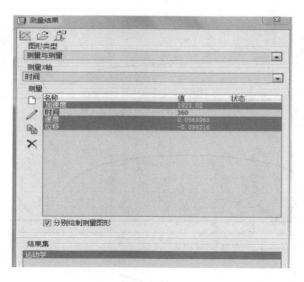

图 5.11

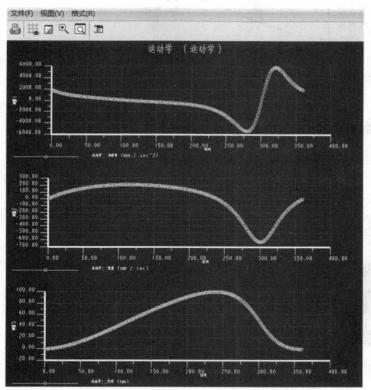

图 5.12

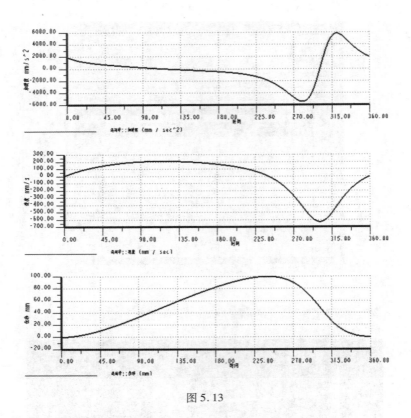

图 5.13

5.1.2 凸轮机构的 Pro/E 仿真分析

这里以常用的平底顶置凸轮机构为例讲解凸轮机构的 Pro/E 仿真。具体步骤如下:

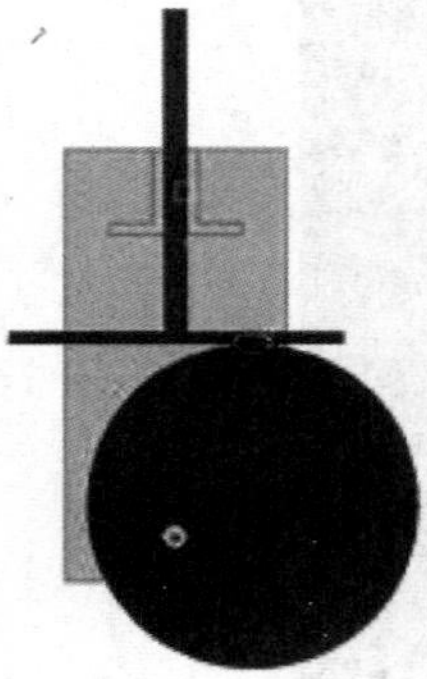

①以 mnks_asm_design 为模板新建一名称为"tulun. asm"的组件。

②单击 按钮,打开"打开"对话框,选取"Jijia. prt"。在 自动 处选择"缺省",单击" "按钮确定。

③同步骤②,插入"tulun. prt"。"tulun. prt"与"Jijia. prt"采用"销钉"连接,具体方法参照前面插床机构的建模。

④同步骤②,插入"gan. prt"。"gan. prt"与"Jijia. prt"采用"滑动杆"连接,具体方法参照前面插床机构的建模。

⑤选择应用程序(P)→机构(E),单击 按钮查看该定义的运动副是否定义完成。如果没有完成,返回检查。

图 5.14

⑥单击 按钮定义凸轮机构,键入名称"凸轮";在"曲面/曲线"组里,单击 按钮,按住 Ctrl 键选取凸轮圆周,再单击选取对话框中"确定"按钮;切换到"凸轮 2",单击 按钮,选取平底推杆底部的曲线,如图 5.15 所示,再单击选取对话框中"确定"按钮;选取如图 5.16 所示的"工作面",单击"曲面/曲线"组里的"反向"按钮,确保推杆的法向如图 5.16 所示方向;检查无误之后,单击"确定"按钮。

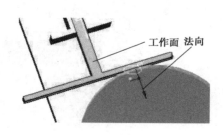

工作面 法向

图 5.15　　　　　　　　　　　　　　　图 5.16

⑦单击 按钮定义伺服电机,键入名称"Motor1",选择轴"A-2",在"伺服电机定义"对话框中选择"轮廓","规范"处选择"速度","模数"处输入"432","初始角"处键入"0",如图 5.17 所示。

⑧单击 按钮,新建一分析,名称为"运动学",类型为"运动学","终止时间"处键入时长"5","帧频"处键入"500",如图 5.18 所示,单击"运行"按钮。

图 5.17　　　　　　　　　　　　　　　图 5.18

⑨单击 按钮,定义位移的测量,名称为"位移",类型为"位置",选取 PNT0 点,坐标系为 ASM_DEF_CSYS,分量为 Y 分量(推杆的运动方向),单击"确定"按钮。

⑩同步骤⑨,建立两测量,名称分别为"速度""加速度";类型分别为"速度""加速度";测量点均为 PNT0 点,坐标系均为 ASM_DEF_CSYS,分量为 Y 分量(推杆的运动方向)。在测量框中同时选中三测量,在"结果集"中选择"运动学",框选"分别绘制测量图形",单击 按钮,如图 5.19 所示。

通过分析可以得出平底顶置凸轮机构推杆的速度—时间、加速度—时间、位移—时间的曲线,结果如图 5.20 所示。

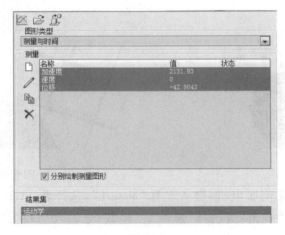

图 5.19

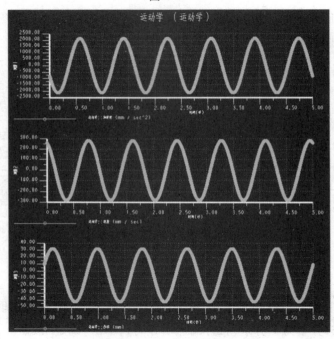

图 5.20

5.1.3　齿轮机构的 Pro/E 仿真

本分析中的零件的主要尺寸如表 5.3 所示。

表 5.3　零件的主要尺寸

名　　称	Pro/E 名称	主要参数
齿轮板	Chilunban. Prt	两齿轮轴距离为 10 mm
齿轮 1	Chilun1. prt	齿数 $Z1 = 23$，分度圆直径 $d1 = 22$ mm
齿轮 2	Chilun2. prt	齿数 $Z2 = 15$，分度圆直径 $d2 = 16$ mm

具体步骤如下：

①以 mnks_asm_design 为模板新建一组件"chilunban. asm"；

②单击 🖼 按钮,打开"打开"对话框,选取"chilunban. prt"。在 `自动 ▼` 选择"缺省",单击 ✅ 按钮确定。

③同步骤②,插入"chilun1. prt"。在 `用户定义 ▼` 处选择"销钉",依次选择"齿轮板"的轴"A-3"、"齿轮 1"的轴"A-3"、"齿轮板端面"、"齿轮 1 端面",如图 5. 21 所示；在 `┇ 对齐 ▼` 处选择"匹配",单击 ✅ 按钮确定。

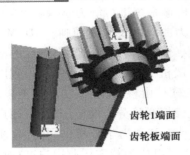

齿轮1端面
齿轮板端面

图 5.21

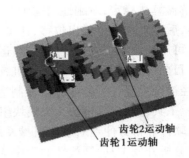

齿轮2运动轴
齿轮1运动轴

图 5.22

④同步骤②,插入"chilun2. prt"。同步骤③中"chilun1. prt"与"chilunban. prt"一样,"chilun2. prt"与"chilunban. prt"采用"销钉"连接,如法炮制,装配好后如图 5. 22 所示。

⑤选择应用程序(P)→机构(E),单击 按钮查看该定义的运动副是否定义完成。如果没有完成,返回检查。

⑥单击齿轮副定义按钮 ⚙,输入齿轮副名称"GearPair1",单击"齿轮 1"菜单下面的"运动轴"中的选择按钮" ",选择"齿轮 1 运动轴"设置节圆直径为 8 mm;同理,单击"齿轮 2"菜单下面的"运动轴"中的选择按钮" ",选择"齿轮 2 运动轴"设置节圆直径为 12 mm。

⑦单击 按钮定义伺服电机,键入名称"Motor1",选择"齿轮 1 运动轴",在"伺服电机定义"对话框中选择"轮廓","规范"处选择"速度","模数"处输入"36","初始角"处键入"0"后,单击"确定"按钮。

⑧单击 按钮,新建一分析,名称为"运动学",类型为"运动学","终止时间"处键入时长

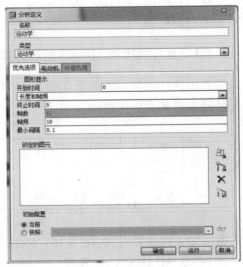

图 5.23

"5","帧频"处键入"10",如图 5. 23 所示,单击"运行"按钮,即完成了齿轮机构的运动仿真。

5.2　常用机构的 ADAMS 运动仿真

ADAMS（Automatic Dynamic Analysis of Mechanical Systems）最初由美国 MDI 公司（Mechanical Dynamics Inc.）开发,目前已被美国 MSC 公司收购成为 MSC/ADAMS,是最著名的虚拟样机分析软件。它使用交互式的图形环境和零件库、约束库、力库,创建完全参数化的机械系统动力学模型,利用拉格朗日第一类方程建立系统最大量坐标动力学微分—代数方程,求解器算法稳定,对刚性问题十分有效,可以对虚拟机械系统进行静力学、运动学和动力学分析,后处理程序可输出位移、速度、加速度和反作用力曲线以及仿真动画。ADAMS 软件的仿真可用于预测机械系统的性能、运动范围、碰撞检测、峰值载荷以及计算有限元的输入载荷等。目前,ADAMS 已在汽车、飞机、铁路、工程机械、一般机械、航天机械等领域得到广泛应用,已经被全世界各行各业的很多制造商采用。ADAMS 软件由核心模块、功能扩展模块、专业模块、工具箱和接口模块 5 类模块组成。ADAMS 既是虚拟样机分析的应用软件,用户可以运用该软件非常方便地对虚拟机械系统进行静力学、运动学和动力学分析。同时,它还是虚拟样机分析开发工具,开放性的程序结构和多种接口使其可以成为特殊行业用户进行特殊类型虚拟样机分析的二次开发工具平台。

ADAMS/View(界面模块)是以用户为中心的交互式图形环境,它提供丰富的零件几何图形库、约束库和力库,将便携的图标操作、菜单操作、鼠标点击操作与交互式图像建模、仿真计算、动画显示、优化设计、XY 曲线图处理、结果分析和数据打印等功能集成在一起;ADAMS/Solver(求解器)含运动学、(准)静定、动力学的线性及非线性分析,可与 C++或 Fortran 一起提供无线分析空间;ADAMS/Postprocessor(后处理器)可提供分析数据的整合,以及动画及分析图表的资料整理。

5.2.1　连杆机构的 ADAMS 运动仿真分析

仿真用连杆机构运动简图如图 5.24 所示。

已知参数如表 5.4 所示。

表 5.4　已知参数

符号	x_1	x_2	y	ψ_3'	ψ_3''	H	EF/CD	EF/DE	n_1
单位	mm					mm			r/min
方案一	140	50	220	60	120	150	1/2	1/4	100

由已知条件计算可得:$DF = 161.66$ mm,$EF = 40.415$ mm,$BC = 227.29$ mm,$AB = 50$ mm。

(1)启动 ADAMS/View 程序

①启动 ADAMS/View 程序。

②在欢迎对话框中,选择"Creat a new model";设置"Model name",重力设置选择"Earth Normal(Global Y)",单位设置选择"MMKS"。

③单击"OK"按钮。

（2）检查设置建模基本环境

①检查默认单位系统。在 Settings 菜单下选择 Units 命令，显示单位设置对话框，当前的设置为 MMKS 系统（MM，KG，N，SEC，DEG，H）。

②设置工作栅格。在 Settings 菜单下选择 Working Grid 命令，显示设置工作栅格对话框。设置 Size X = 1400，Y = 1950，Spacing X = 50，Y = 50，勾选"Show Working Grid"。单击"OK"按扭。

③检查重力设置。在 Settings 菜单下选择 Gravity 命令，显示设置重力加速度对话框；当前的重力设置应该为 X = 0，Y = − 9.80665，Z = 0，Gravity = ON，正确后单击"OK"按钮。

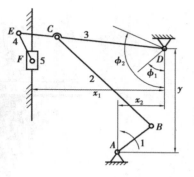

图 5.24　连杆机构运动简图

（3）基本机构的建立

①左键单击　按钮，在其下方对话框中设置 Depth = 5.0，Width = 10，Lendth = 50，然后在右边网格屏幕原点上点一下，任意拉出一个角度，再单击一下左键，此时，杆 AB 就建立了。

②再建立杆 BC，将对话框里的 Length 改为 227.29，然后单击一下 B 点所在位置，拉出一个角度后，BC 杆建立完成。

③确立 D 点位置，由于 A，B 之间 x 的距离为 50 mm，y 的距离为 220 mm，故在右边网格屏幕上找到该点。

④建立 CD 杆，设置 Length = 107.77，然后单击一下 C 点和 D 点，这就完成了 CD 杆的建立。

⑤建立 CE 杆，设置 Length = 53.89，然后单击一下 C 点，使 CE 与 CD 保持在同一直线，CE 杆建立完成。

⑥单击　按钮后，在网格屏幕中选择杆 CD 与杆 CE，可以看见它们颜色相同了，即 CD 与 CE 已合并成杆 DE。

⑦建立杆 EF，设置 Length = 40.415，单击 E 点，拉出一个角度后完成 EF 杆的建立。

⑧建立滑块即冲头 5，单击　按钮，在下方对话框中设置 Length = 20，Height = 20，Depth = 5.0，然后将生成的滑块中点移到 F 点处，这就完成了滑块 5 的建立。

（4）建立杆件之间的运动副

①设置杆 AB 与 ground 铰接。在左边的操作命令框中单击　按钮后，在网格屏幕中依次单击 ground 与杆 AB，鼠标移到 ground 与杆 AB 连接处 A 点，待出现小圆圈后单击左键即可建立杆 AB 与 ground 的铰接。同理，可建立杆 BC 与杆 AB、杆 BC 与杆 DE、杆 DE 与 ground、杆 EF 与杆 DE 的铰接。

②建立滑块 5 与 ground 之间的移动副。在左边的操作命令框右键单击　按钮后，选择　，在网格屏幕中依次单击 ground 与滑块 5，鼠标移到 ground 与滑块 5 连接处 F 点，待出现箭头后，向下拉设置方向，然后单击左键，即可完成滑块 5 与 ground 的移动副连接。到此为止，机构的基本模型已经建立完毕。建立的机构如图 5.25 所示。

（5）对模型添加动力

单击　按钮，然后点击 AB 杆和 ground 的连接铰链 Joint_1，若出现 Motion 图标，则表示已在 AB 杆上添加了驱动力。修改 Motion 的速度 Function 为 1d ∗ time。

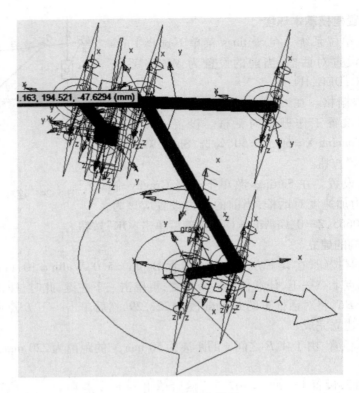

图 5.25 压床仿真模型

(6)对机构添加力

单击◢按钮,然后在其下拉菜单中勾选 Force,并设置其值为 10,接着在右边屏幕中选择滑块,设置力的方向,若出现 Sforce 图标,则表示添加力成功。

(7)对模型进行运动仿真

单击▤按钮,在其下面的对话框输入仿真结束时间 End Time =400,输入仿真的步长 Steps =100,单击 ▶ 按钮,即可看见仿真过程。

(8)得到仿真运动曲线

待仿真完毕后,单击 ⊿ 按钮,在仿真曲线界面按图 5.26 所示进行选择。

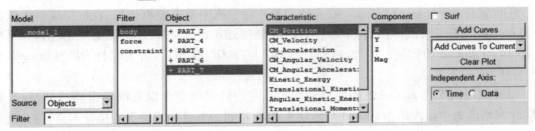

图 5.26

再单击 Add Curves 按钮,就可得到滑块的位移曲线,如图 5.27 所示。

类似的方法可得滑块的速度、加速度曲线,如图 5.28 所示。

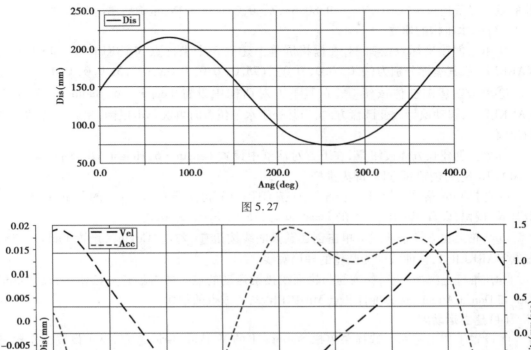

图 5.27

图 5.28

5.2.2　凸轮机构的 ADAMS 仿真分析

凸轮机构运动简图如图 5.29 所示。

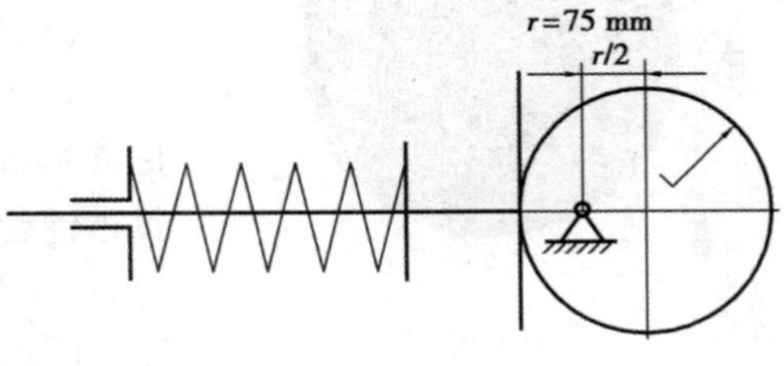

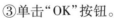

图 5.29

(1) 启动 ADAMS/View 程序

①启动 ADAMS/View 程序。

②在欢迎对话框中选择"Creat a new model";设置"Model name",重力设置选择"Earth Normal(Global Y)";单位设置选择"MMKS"。

③单击"OK"按钮。

(2) 检查设置建模基本环境

①检查默认单位系统。在 Settings 菜单下选择 Units 命令,显示单位设置对话框,当前的设置为 MMKS 系统(MM,KG,N,SEC,DEG,H)。

②设置工作栅格。在 Settings 菜单下选择 Working Grid 命令,显示设置工作栅格对话框。设置 Size X = 300,Y = 200,Spacing X = 5,Y = 5,勾选"Show Working Grid",单击"OK"按扭。

③检查重力设置。在 Settings 菜单下选择 Gravity 命令,显示设置重力加速度对话框;当

前的重力设置应该为 $X = 0$，$Y = -9.80665$，$Z = 0$，Gravity = ON，正确后单击"OK"按钮。

（3）基本机构的建立

①单击创建坐标点按钮，在栅格屏幕上建立 3 个坐标点 MARKER_1，MARKER_2，MARKER_3，其坐标分别为$(0.0，0.0，0.0)$、$(75.0，0.0，0.0)$、$(37.5，0.0，0.0)$。

②单击创建圆柱体按钮，在其下方对话框中设置 Length = 6，Radius = 75，单击点 MARKER_1，移动鼠标改变圆盘方向，当其处于水平位置时再次单击鼠标，完成圆盘（即凸轮）的建模。

③单击创建长方体按钮，在下方对话框中设置 Length = 6，Height = 6，Depth = 80，单击点 MARKER_2，创建长方体，即为推杆。

④选择 Edit 菜单下的 Modify 命令，或按 CTRL + E 键选择 PART_3 下的点 MARKER_5，单击"OK"按钮，设置 MARKER_5 的 Location 为$(75.0，0.0，-40.0)$。

⑤凸轮上建立样条曲线。单击创建圆弧曲线按钮，勾选"Circle"，设置 Radius = 75，单击点 MARKER_1，该曲线即为凸轮的理论廓线。

⑥在推杆上添加一点，作为与凸轮廓线接触运动的点。单击创建点按钮，设置 Add to Part 和 Don't Attach，选择推杆和点 MARKER_2，完成点的创建。

（4）建立运动副

①设置工作坐标系。选择菜单栏 Settings 下的 Working Grid 命令，显示设置工作栅格对话框，选择 Set Orientation 下拉列表下的 Global XZ，设置工作栅格平面与凸轮回转平面平行，单击"OK"按钮退出。

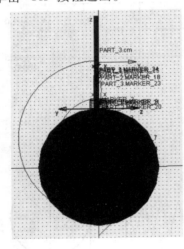

图 5.30

②设置凸轮与 Ground 的铰接。在操作命令框中单击旋转副按钮，参数选择 2 Bod-1 Loc 和 Normal To Grid，依次点击凸轮和 ground，然后选择 MARKER_3 作为旋转中心，完成旋转副的设置。

③设置凸轮与推杆的点—线副。在操作命令框中单击点—线副按钮，参数选择 Curve，依次点击上面创建的推杆上的点和凸轮上的曲线，完成点—线副的设置。

（5）添加驱动

在 ADAMS/View 驱动库中单击旋转驱动（Rotational Joint Motion）按钮 ，在 Speed 一栏中输入 30，表示旋转驱动每秒钟旋转 $30°$，用鼠标左键单击凸轮上的旋转副（JOINT_1），一个旋转驱动就创建完成。凸轮机构仿真模型如图 5.30 所示。

（6）对模型进行运动仿真

单击按钮，在其下面的对话框输入仿真结束时间 End Time = 20，输入仿真步长 Steps = 100，单击 ▶ 按钮，即可看见仿真过程。

（7）得到仿真运动曲线

待仿真完毕后，单击按钮进入后处理模块，按照前面连杆仿真的方法得到推杆位移、速度、加速度仿真曲线，如图 5.31 所示。

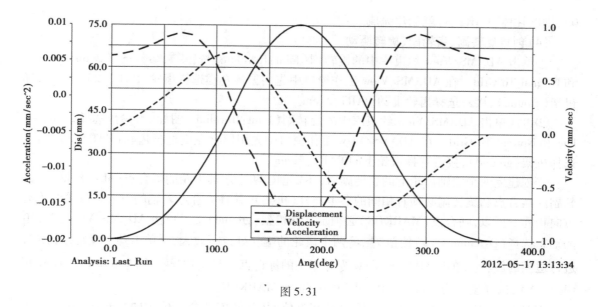

图 5.31

5.2.3 齿轮机构的 ADAMS 仿真分析

有一对外啮合渐开线标准直齿圆柱体齿轮传动,已知:$z_1 = 50$, $z_2 = 25$, $m = 4$ mm, $\alpha = 20°$, 两个齿轮的厚度都是 50 mm。

（1）启动 ADAMS

打开 ADAMS/View,在欢迎对话框中选择"Create a new model",在模型名称（Model name）栏中输入"dingzhouluenxi";在重力名称（Gravity）栏中选择"Earth Normal（ – Global Y)";在单位名称（Units）栏中选择"MMKS—mm,kg,N,s,deg"。

（2）设置工作环境

①在 ADAMS/View 菜单栏中,选择设置（Setting）下拉菜单中的工作网格（Working Grid）命令。系统弹出设置工作网格对话框,将网格的尺寸（Size）中的 X 和 Y 分别设置成 750 mm 和 500 mm,间距（Spacing）中的 X 和 Y 都设置成 50 mm,然后单击"OK"按钮确定。

②用鼠标左键单击选择（Select）按钮，控制面板出现在工具箱中。

③用鼠标左键单击动态放大（Dynamic Zoom）按钮（或按下 Z 键）,在模型窗口中,将鼠标左键按住不放,移动鼠标进行放大或缩小。

（3）创建齿轮

①在 ADAMS/View 零件库中单击圆柱体按钮，参数选择为"New Part",长度（Length）选择 50 mm（齿轮的厚度）,半径（Radius）选择 100 mm$\left(\dfrac{m \times z_1}{2} = \dfrac{4 \times 50}{2} = 100\right)$。

②在 ADAMS/View 工作窗口中先用鼠标左键选择点（0,0,0）,然后选择点（0,50,0）,则圆柱体（PART_2）就创建完成。

③在 ADAMS/View 零件库中单击圆柱体按钮，参数选择为"New Part",长度（Length）选择 50 mm（齿轮的厚度）,半径（Radius）选择 50 mm$\left(\dfrac{m \times z_2}{2} = \dfrac{4 \times 25}{2} = 50\right)$。

④在 ADAMS/View 工作窗口中先用鼠标左键选择点（150,0,0）,然后选择点（150,50,

0),则圆柱体(PART_3)就创建完成。

(4)创建旋转副、齿轮副、旋转驱动

①单击 ADAMS/View 约束库中的旋转副(Joint:Revolute)按钮，参数选择 2 Bod - 1 Loc 和 Normal To Grid。在 ADAMS/View 工作窗口中先用鼠标左键选择齿轮(PART_2),然后选择机架(ground),接着选择齿轮上的 PART_2.cm。

②再次单击 ADAMS/View 约束库中的旋转副(Joint:Revolute)图标，参数选择 2 Bod - 1 Loc 和 Normal To Grid。在 ADAMS/View 工作窗口中先用鼠标左键选择齿轮(PART_3),然后选择机架(ground),接着选择齿轮上的 PART_3.cm。

③创建完两个定轴齿轮上的旋转副后,还要创建两个定轴齿轮的啮合点(MARKER)。齿轮副的啮合点和旋转副必须有相同的参考连杆(机架),并且啮合点 Z 轴的方向与齿轮的传动方向相同。所以,啮合点(MARKER)必须定义在机架(ground)上。单击 ADAMS/View 工具箱的动态选择(Dynamic Pick)按钮，将两个齿轮的啮合处进行放大,再单击动态旋转按钮，进行适当的旋转。单击 ADAMS/View 零件库中的标记点工具按钮，选择 Add to Ground 和 Global XY,选择坐标为(100,50,0)创建的啮合点(MARKER_14)。

④对上面做出的啮合点进行位置移动和方位旋转,使该啮合点位于两齿轮中心线上,并使啮合点的 Z 轴方向与齿轮旋转方向相同。在 ADAMS/View 窗口中,在两个齿轮啮合处单击鼠标右键,选择"-Maker:MARKER_14→Modify"。在弹出的对话框中,将 Location 栏的值"100.0,50.0,0.0"改为"100.0,25,0.0"(位置移动),将 Orientation 栏中的值"0.0,0.0,0.0"修改为"0,90,0"(方位旋转)。单击对话框下面的"OK"按钮进行确定,使啮合点的 Z 轴(蓝色)方向与齿轮的啮合方向相同。

⑤单击 ADAMS/View 约束库中的齿轮副(Gear)按钮，在弹出对话框中的 Joint Name 栏中,单击鼠标右键分别选择 JOINT_1、JOINT_2;在 Common Velocity Marker 栏中,单击鼠标右键选择啮合点(MARKER_14),然后单击对话框下面的"OK"按钮,两个齿轮的齿轮副就创建完成,如图 5.32 所示。

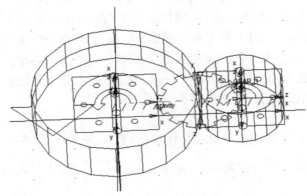

图 5.32　定轴齿轮的齿轮副

⑥在 ADAMS/View 驱动库中单击旋转驱动(Rotational Joint Motion)按钮，在 Speed 一栏中输入"360",表示旋转驱动每秒钟旋转 360°。在 ADAMS/View 工作窗口中,两个齿轮中可任选一个作为主动齿轮,这里选择左边的齿轮,用鼠标左键点击齿轮上的旋转副(JOINT_1),一个旋转驱动就创建完成。

(5)仿真模型

①单击仿真按钮▦,设置仿真终止时间(End Time)为 1,仿真工作步长(Step Size)为 0.01,然后单击开始仿真按钮▶,进行仿真。

②对小齿轮进行运动分析。因为大齿轮的齿数为 $z_1 = 50$,小齿轮的齿数 $z_2 = 25$,模数 $m = 4$ mm,根据机械原理可以知道,对于标准外啮合渐开线直齿圆柱体齿轮传动,小齿轮的转速为大齿轮的 2 倍。对小齿轮的旋转副 JOINT_2 进行角位置分析。在 ADAMS/View 工作窗口中用鼠标右键单击小齿轮的旋转副 JOINT_2,选择 Modify 命令,在弹出的修改对话框中单击测量(Measures)按钮▦。在弹出的测量对话框中,将 Characteristic

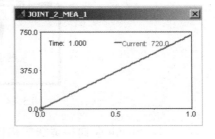

图 5.33

栏设置为"Ax/Ay/Az Projected Rotation",将 Component 栏设置为"Z",将 From/At 栏设置为 "PART_3. MARKER_5"(或者 ground. MARKER_6),其他的设置默认,然后单击对话框下面的 "OK"按钮确认。生成的时间—角度曲线如图 5.33 所示。

由图 5.33 可以知道,当大齿轮每秒逆时针转过 360°时,小齿轮顺时针转过的角度为 720°,符合标准外啮合渐开线直齿圆柱体齿轮传动角速度与齿轮的分度圆半径成反比。

5.3　MATLAB 在机械系统仿真中的应用

MATLAB 是由美国 Mathworks 公司发布的主要面对科学计算、可视化以及交互式程序设计的高科技计算环境。它将数值分析、矩阵计算、科学数据可视化以及非线性动态系统的建模和仿真等诸多强大功能集成在一个易于使用的视窗环境中,为科学研究、工程设计以及必须进行有效数值计算的众多科学领域提供了一种全面的解决方案,并在很大程度上摆脱了传统非交互式程序设计语言(如 C、Fortran)的编辑模式,代表了当今国际科学计算软件的先进水平。

Simulink 是 MATLAB 中的一种可视化仿真工具,是一种基于 MATLAB 的框图设计环境,是实现动态系统建模、仿真和分析的一个软件包,被广泛应用于线性系统、非线性系统、数字控制及数字信号处理的建模和仿真中。Simulink 可以用连续采样时间、离散采样时间或两种混合的采样时间进行建模。它也支持多速率系统,即系统中的不同部分具有不同的采样速率。为了创建动态系统模型,Simulink 提供了一个建立模型方块图的图形用户接口(GUI),其创建过程只需单击和拖动鼠标操作就能完成。它提供了一种更快捷、直接明了的方式,而且用户可以立即看到系统的仿真结果。

Simulink 机械系统仿真包括两个层次的内容。第一,建立机构运动学模型,采用数值积分这一计算机仿真的核心技术,实现机构的运动分析,包括位置分析、速度分析和加速度分析;第二,利用力学课程中牛顿力学有关知识,建立完整的机构动力学仿真模型,完成机构的动力学仿真分析。图 5.34 为 Simulink 机械系统仿真流程图。因动力学方程的建立超出了大学低年级学生的知识范围,若仅进行运动学分析,则无约束力输出,亦不须建立动力学方程。

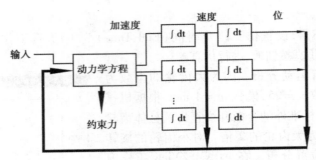

图 5.34　Simulink 机械系统仿真流程图

5.3.1　Simulink 曲柄滑块机构仿真

已知数据参照第 6 章四冲程内燃机案例方案 Ⅱ 。由案例分析知:活塞的冲程 $H = 270$ mm,$e = 0$ mm,$L_1 = 135$ mm,$L_2 = 490$ mm,曲柄转速 $n_1 = 600$ rpm。

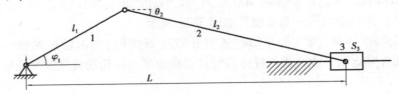

图 5.35　曲柄滑块机构示意图

(1)矢量方程分析

$$L_1 + L_2 = L$$

即

$$L_1 e^{i\varphi_1} + L_2 e^{i\theta_2} = L \tag{5.1}$$

应用欧拉公式,将实部和虚部分离,有:

$$\left. \begin{array}{l} l_1 \cos \varphi_1 + l_2 \cos \theta_2 = L \\ l_1 \sin \varphi_1 + l_2 \sin \theta_2 = L \end{array} \right\} \tag{5.2}$$

将式(5.1)对时间求导数,有:

$$\left. \begin{array}{l} - l_1 \omega_1 \sin \varphi_1 - l_2 \omega_2 \sin \theta_2 = L' \\ l_1 \omega_1 \cos \varphi_1 + l_2 \omega_2 \cos \theta_2 = 0 \end{array} \right\} \tag{5.3}$$

其中,L' 是 L 的变化率,也是滑块相对于地面的平移速度。式(5.3)可以写成如下的矩阵形式:

$$\begin{bmatrix} l_2 \sin \theta_2 & 1 \\ - l_2 \cos \theta_2 & 0 \end{bmatrix} \begin{bmatrix} \omega_2 \\ L' \end{bmatrix} = \begin{bmatrix} - l_1 \omega_1 \sin \phi_1 \\ l_1 \omega_1 \cos \phi_1 \end{bmatrix} \tag{5.4}$$

如果曲柄的速度 ω_1 已知,则方程(5.4)描述的是曲柄滑块机构的速度问题。

(2)速度仿真

1)建立模型

当 ω 和连杆 1 的所有位置已知时,方程(5.4)可以用来求解 ω_2 和 L'。如果将 ω_1 视为仿真的输入,可以用树枝积分计算出 ϕ_1、θ_2 和 L。在 Simulink 中,实现这一过程需要 3 个积分模块作为仿真的开始。要使仿真顺利进行,积分器的输入必须和相应的积分器恰当地连接起来。第一个输入 ω_1,选用 SOURCES 库中的 constant 模块。另外两个速度可从矢量方程(5.4)

中求得,写 MATLAB 函数求解该方程,函数名命名为 compvel. m,文件内容如下:

compvel. m

function [x] = compvel(u)

% u(1) = omiga1

% u(2) = fai1

% u(3) = sita2

l1 = 135;

l2 = 490;

a = [l2 * sin(u(3)) 1; -l2 * cos(u(3)) 0];

b = [-l1 * u(1) * sin(u(2));l1 * u(1) * cos(u(2))];

x = inv(a) * b;

其中,曲柄和连杆的长度在函数中给出了定义。用 MATLAB 中 function 块将此函数嵌入到 Simulink 中,function 块可在"User-Defined Functions"库中找到。function 可以把矢量作为输入和输出,但矢量须由原始信号组装而成。本例输入矢量(函数中的 u)用 Mux 块(多路转换器)组装得到。注意,信号连接的顺序要和其在函数中使用的顺序一致。使用 DeMux 块来分解输出矢量(函数中的 x)。为完成仿真,加入一个 Mux 块,以此将输出结果集合为一个矩阵。将适当信号连接到 Mux 和 DeMux 块,结果如图 5.36 所示。

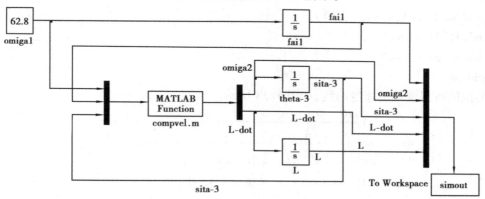

图 5.36　曲柄滑块机构仿真模型(恒定输入)

2)建立初始条件

前面介绍了由封闭矢量方程建立曲柄滑块机构的仿真模型,然而在仿真运行之前,必须为积分器建立适当的初始条件,这是 Simulink 仿真求解的关键步骤。如果使用不相容的初始条件,将会导致仿真失败。对于图 5.36 所示的仿真,ϕ_1、θ_2 和 L 的初始条件必须是机构在某个真实位置时的角度和长度。

在这种情况下,初始条件可以通过简单的几何关系求解给出。为了便于求解,加上曲柄的初始位置为 $\phi_1 = 0$,此时曲柄与连杆处于同一条线上。根据几何计算,得仿真初始条件 $\phi_1 = 0°$,$\theta_2 = 0°$ 和 $L = 625$ mm。双击积分器图标,在弹出对话框的 Initial condition 栏中输入相应的值:$\phi_{10} = 0$,$\theta_{20} = 0$ 和 $L_0 = 625$。

3)开始仿真

假设单缸发动机转速为 610 r/min (约 63.85 rad/s),曲柄在 0.21 s 内就转了两圈,因此设置仿真时间为 0 ~ 0.21 s(通过选择菜单 Simulation → Configuration Parameters...完成)。双击仿真模型中的 constant 块,在出现的对话框中设置曲柄的旋转速度。需注意旋转角速度的单位是 rad/s。仿真中没有画图命令和 scope 块,仿真结果是以一个 simout 矩阵形式输出到 MATLAB 环境中。由机构仿真模型图 5.37 可知,simout 矩阵的元素依次为:ϕ_1,ω_2,θ_2,L'和 L。为了显示滑块的位移 L 随时间的变化曲线,可以用下列 MATLAB 命令:

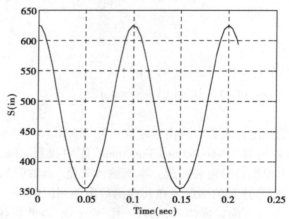

图 5.37　滑块定位移曲线

plot(tout(: ,1) ,simout(: ,5))
xlabel(' Time(sec)') ;
ylabel(' S(in)') ;
grid on

类似的可得滑块的速度曲线,如图 5.38 所示。

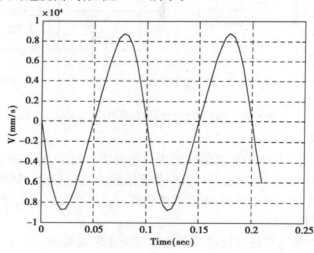

图 5.38　滑块速度曲线

plot(tout(: ,1) ,simout(: ,4))
xlabel(' Time(sec)') ;
ylabel(' V(mm/s)') ;
grid on

5.3.2　SimMechanics 建模及机构系统仿真

SimMechanics 是 Matlab 仿真中的一个工具箱,同时结合了 Simulink、Matlab 的功能,可利用 SimMechanics 模块框图对机构运动进行建模和动态仿真。它通过一系列关联模块来表示机构系统,在仿真时通过 SimMechanics 可视化工具将机构系统简化为机构结构的直观显示。SimMechanics 模块组提供了建模的必要模块,可以直接在 Simulink 中使用。

（1）SimMechnics 建模基本步骤

不管模型有多么复杂,都可以用同样的步骤建立模型。这些步骤有些类似于建造一个 Simulink 模型。

①选择 Groud、Body 和 Joint 模块。从 Bodies 和 Joints 模块组中拖放建立模型所必需的 Body 和 Joint 模块,还包括 Machine Environment 模块和至少一个 Ground 模块到 Simulink 窗口中。

②定位于联接模块。将 Joint 和 Body 模块拖放到适当的位置,然后按正确的顺序将它们依次连接起来。

③配置 Body 模块。双击模块,打开参数对话框,配置质量属性(质量和惯性矩),然后确定 Body 模块和 Ground 模块与整体坐标系或其他坐标系之间的关系。

④配置 Joint 模块。双击模块,打开参数对话框,设置移动或转动轴,以及球面铰结点等。

⑤选择、连接和配置 Constraint 模块和 Driver 模块。

⑥选择、连接和配置 Actuator 和 Sensor 模块。从对应的模块库中添加所需模块至模型窗口,并依次连接。

⑦装入子系统。SimMechanics 模块建造的系统完成后,就可以装入子系统作为一个模块进行调用,就如同 Simulink 中的子系统一样使用。

（2）配置、运行模型基本步骤

将模块都连接好后,此时的模型还需要确定如何运行,以及确定各项设置及装载可视化。

①SimMechanics 为运行机器模型提供了四种分析方式,最常用的是 Forward Dynamics 方式。但是对于一个机器更加完整的分析就需要用到其他三种方式。可以对于一个模型创建多个版本,在同样的基本组合结构下,为每一个版本连接不同的 Actuator 模块和 Sensors 模块,以及进行不同的配置。

②使用 SimMechanics 强大的可视化和动画显示效果。

③在建造模型的同时或者模型完成后,但必须是在开始仿真之前,可以利用可视化效果来调试机器的几何形状,还可以在仿真的同时进行动画显示。

④在 Machine Environment 对话框中设定分析方式以及其他的重要机械设置,在 Simulink Configuration Parameters 中设置可视化和调整仿真设置。

（3）平面四连杆机构模型仿真

四连杆实物模型如图 5.39 所示。

1）由模型建立 SimMechanics 仿真模型

仿真模型如图 5.40 所示。

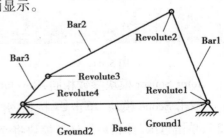

图 5.39　四连杆实物模型

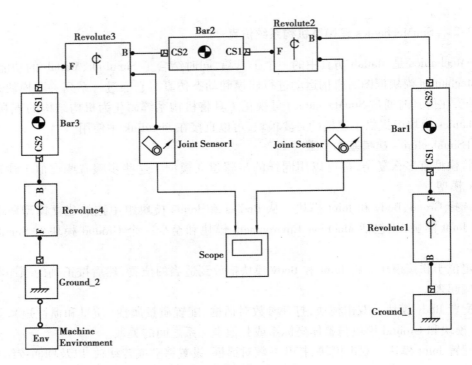

图 5.40　SimMechanics 仿真模型

2）模块参数设置

双击各模块，设置参数如图 5.41 至图 5.48 所示。

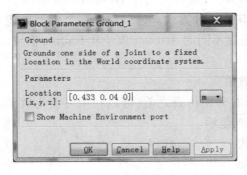

图 5.41

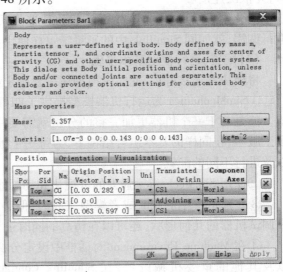

图 5.42

Joint Sensor 模块参数相同，Revolute 模块参数相同。

双击 Scope 模块，单击 🗐 按钮，弹出设置框，在 General 区 Numbleof axes 设置框内输入"2"，单击"OK"按钮后示波器模块将变成双波形图。

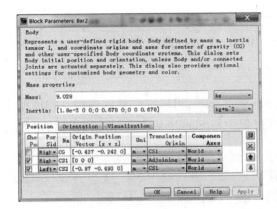

图 5.43

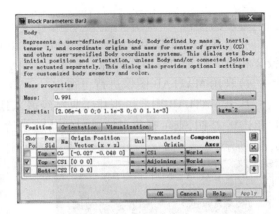

图 5.44

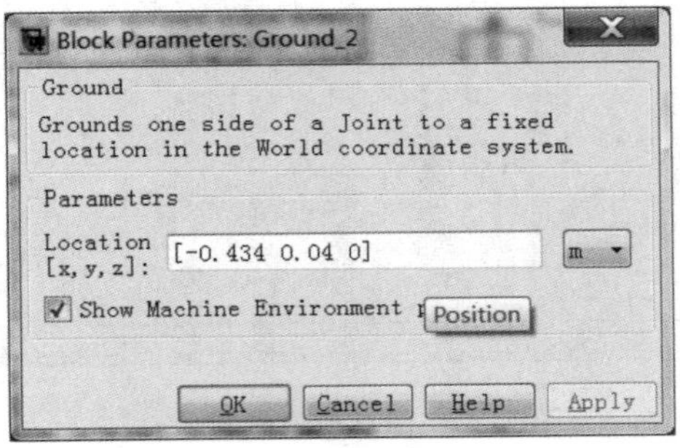

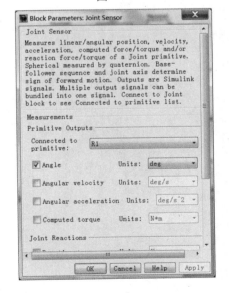

图 5.45

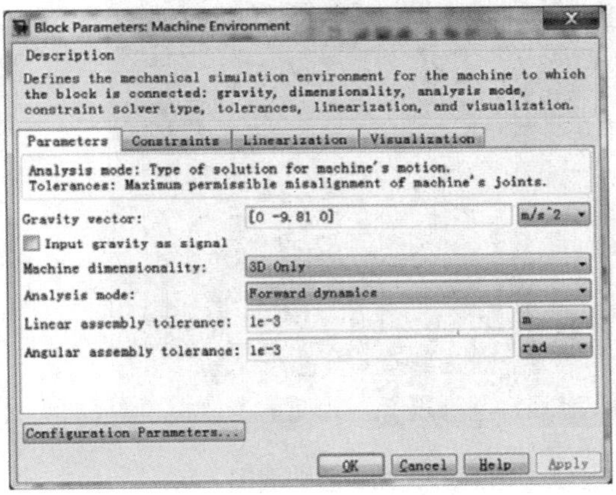

图 5.46

图 5.47

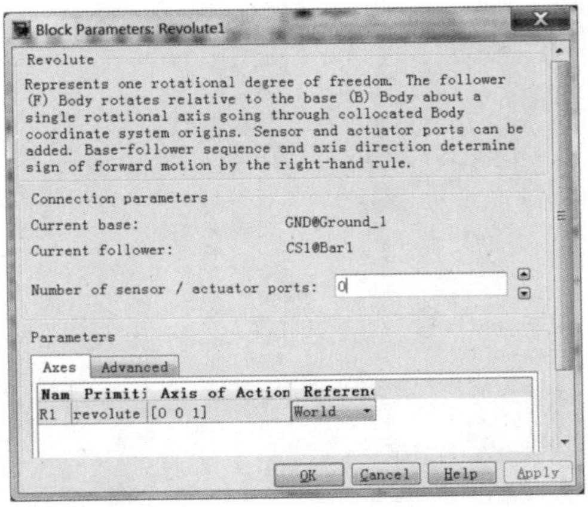

图 5.48

3）仿真运行

双击 Scope 模块，单击 ▶ 按钮开始运行仿真。图 5.49 为仿真结束后示波器模块显示的铰 2 和铰 3 的角位移曲线图像。

4）利用 MATLAB 图像进行可视化

基于 MATLAB 图形可视化工具已经嵌入到 SimMechanics，可以很方便地调用。在模型窗口单击 ▶ 按钮，则可视化窗口显示的动画在仿真过程中与 Simulink 仿真保持同步，结果如图 5.50 所示。

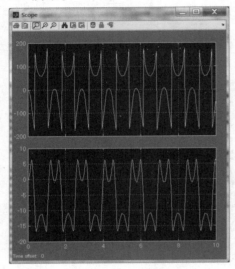

图 5.49　角位移曲线图

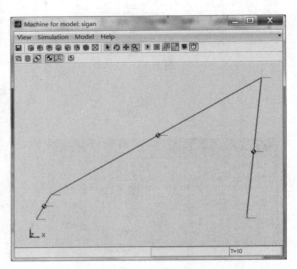

图 5.50　仿真动画截图

第 **6** 章
课程设计案例

6.1 插床传动系统机构设计

6.1.1 设计任务

插床是用于加工各种内外平面、成形表面,特别是键槽和带有棱角的内孔等的机床。其传动系统包括刀具主运动系统和工作台进给系统,如图 6.1(a)、(b)所示:装有刀具的滑枕在垂直方向做往复直线切削运动,工作台以前后、左右作间歇直线进给运动和间歇回转进给运动。工作台进给可以手动,也可以机动,进给运动须与主切削运动协调配合,即进给运动必须在刀具非切削时间内完成。为了提高加工质量和减少空行程,滑枕须具有急回特性。

根据已知条件,设计插床传动系统方案,绘制插床机构运动简图、速度及加速度多边形图,作出 $S(\varphi)-\varphi$ 曲线、$V(\varphi)-\varphi$ 曲线和 $a(\varphi)-\varphi$ 曲线,以及 $\mathrm{Med}(\varphi)$、$\mathrm{Mer}(\varphi)-\varphi$ 曲线,完成曲柄轴飞轮设计,拟订工作台传动方案,绘出插床工作循环图。

6.1.2 已知数据和参数

已知数据如表 6.1 所示(参考图 6.1(c))。

表 6.1 插床机构已知数据

参数	n_r	H	$L_{O_1O_2}$	C_1	C_2	C_3	C_4	G_3	G_5	J_{S3}	Q	K	δ
单位	rpm	mm	mm	mm	mm	mm	mm	N	N	kg/m²	N		
数据	60	100	150	120	50	50	120	160	320	0.14	1 000	2	0.04

另:$l_{BC}/l_{BO_2}=1$,工作台每次进给量为 0.5 mm,刀具受力情况参考图 6.1(d)。机床外形尺寸及各部分联系尺寸如图 6.1(b)所示,其中:$l_1=1\,600$,$l_2=1\,200$,$l_3=740$,$l_4=640$,$l_5=580$,$l_6=560$,$l_7=200$,$l_8=320$,$l_9=150$,$l_{10}=360$,$l_{11}=1\,200$,单位均为 mm,其余尺寸自定。

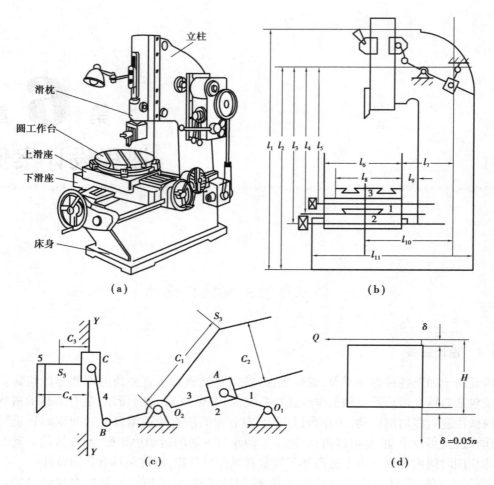

图 6.1 插床工作原理

6.1.3 插床主运动机构方案设计

（1）确定传动方案

①运动基本要求：单向连续转动到往复直线移动的变换；刀具运动应具有的急回作用：$K=2$；机构运动应灵活、轻巧；刀具切削行程 $H=100$ mm。

②刀具主运动机构基本方案：电动机（加减速器）→摆动导杆机构→刀具。

（2）尺寸综合

①按急回运动要求确定曲柄 1 长度。按行程速比系数 $K=2$ 可算出极位夹角 $\theta=60°$，据此作图 6.2：曲柄 1 与导杆 3 垂直时，刀具（即滑块 5）处于上或下两极限位置，此时曲柄对应位置所夹锐角应为极位夹角 θ。由图分析，根据几何关系有

$$l_{AO1} = l_{O1O2} \cdot \sin \angle O_1 O_2 A$$

②按刀具行程要求确定 BO_2 和 BC 长度。作图 6.3，按 $l_{BC}=l_{BO_2}$ 即几何关系，算出：

$$l_{AO1} = L_{BO2} = H$$

③按传力性能要求（压力角尽量小）确定导轨 $y\text{-}y$ 到 O_2 的距离。作图 6.4 分析：导轨 $y\text{-}y$

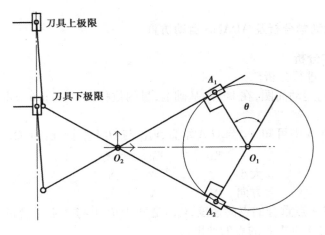

图 6.2 机构示意图

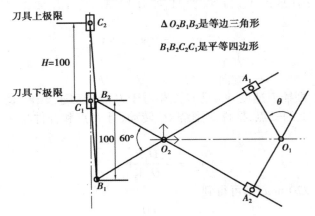

$\Delta O_2B_1B_2$是等边三角形

$B_1B_2C_2C_1$是平等四边形

图 6.3 机构示意图

落在图中两点画线之间时,压力角相对较小。由几何关系即可得 y-y 轴到 O_2 点的距离约为 93.3 mm。

④选取适当长度比例尺,作主传动机构运动简图,包括滑块的两个极限位置,如图 6.5 所示。

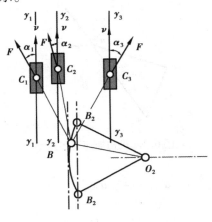

图 6.4 机构示意图

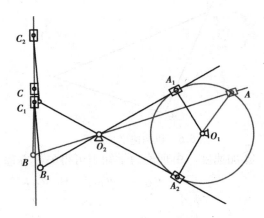

图 6.5 机构运动简图

115

6.1.4　机构运动学分析及 ADAMS 运动仿真

（1）机构运动学分析

本例取 $\phi = 175°$ 进行分析。

①位移。作机构运动简图，在 1:1 的基础上，量的位移为 80.4 mm。得曲柄转过 175°时位移为 80.4 mm。

②速度。从图 6.5 中可知，v_{A2} 与 O_1A 垂直，v_{A3A2} 与 O_2A 平行，v_{A3} 与 O_2A 垂直，可得：

$$v_{A3} \quad = \quad v_{A3A2} \quad + \quad v_{A2}$$

大小　?　　　　?　　　　√　　　　　　　　　　　　（6.1）

方向　√　　　　√　　　　√

其中，v_{A2} 是滑块上与 A 点重合的点的速度，v_{A3A2} 是杆 AOB 上与 A 点重合的点相对于滑块的速度，v_{A3} 是杆 AOB 上与 A 点重合的点的速度。

又由图知，v_B 与 O_2B 垂直，v_{CB} 与 BC 垂直，v_C 与 YY 轴平行，由理论力学同一构件不同点的方法可得：

$$v_C \quad = \quad v_B \quad + \quad v_{CB}$$

大小　?　　　　√　　　　?

方向　√　　　　√　　　　√

其中，v_C 是 C 点速度，即插刀速度；v_{CB} 是 C 点相对于 B 点转动速度；v_B 是 B 点速度。

又 B 点是杆件 3 上的一点，杆件 3 围绕 O_2 转动，且 B 点和杆件与 A 点重合的点在 O_2 的两侧，于是可得：

$$v_B = -\frac{O_2B}{O_2A_3}v_{A3}$$

由图量得 $O_2A_3 = 220$ mm，则可得到

$$v_B = \frac{100}{220}v_{A3}$$

由已知可得：规定选取比例 $u = 15$ mmgs^{-1}/mm，则可得矢量图如图 6.6 所示，最后量出代表 v_C 的矢量长度，于是可得：$v_C = 0.174$ m/s。即曲柄转过 175°时，插刀的速度为 0.174 m/s。

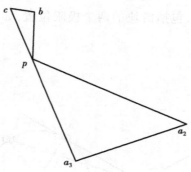

图 6.6　机构速度多边形

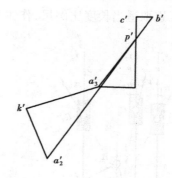

图 6.7　机构加速度多边形

③加速度。由理论力学知识可得矢量方程：

$$a_{A3} \quad = \quad a_{A3O2}^{n} \quad + \quad a_{A3O2}^{t} \quad = \quad a_{A2} \quad + \quad a_{A3A2}^{k} \quad + \quad a_{A3A2}^{r}$$

大小　?　　　√　　　　?　　　　　√　　　　√　　　　?

方向　?　　　√　　　　√　　　　　√　　　　√　　　　√

116

其中，a_{A2} 是滑块上与 A 点重合点的加速度，$a_{A2} = \omega^2 \times O_1A_2 = 4\pi \times 75 \approx 2\,957.88 \text{ mm/s}^2$，方向由 A_2 指向 O_1；a_{A3A2}^k 是科氏加速度，$a_{A3A2}^k = 2 \times \omega_3 \times v_{A3A2} \approx 1\,080 \text{ mm/s}^2$（$v_{A3}$，$v_{A3A2}$ 大小均从速度多边形中量得），方向垂直 O_2A_2 向下；a_{A3A2}^r 是 A_2 相对于滑块的加速度，大小未知，方向与 O_2A_2 平行；a_{A3O2}^n 是 C 点相对于 B 点转动的向心加速度，$a_{A3O2}^n = v_{CB}^2/BC \approx 993.43 \text{ mm/s}^2$，方向由 C 指向 B；a_{A3O2}^t 是 C 点相对于 B 点转动的切向加速度，大小未知，方向垂直于 BC。此矢量方程可解，从而得到 a_{A3}。

B 是杆 AOB 上的一点，杆 AOB 围绕 O_2 转动，A_4 与 B 点在 O_2 的两侧，由 $a^t = \beta R$，$a^n = \omega^2 R$（β 是角加速度）可得：

$$a_B = -\frac{O_2B}{O_2A_3} a_{A3}$$

量出 O_2A_4 则可得到 a_B 的大小和方向。

又由理论力学，结合图可得到：

$$a_C = a_B + a_{CB}^n + a_{CB}^t$$

大小　?　∨　∨　?

方向　∨　∨　∨　∨

其中，a_B 在上一步中大小方向都能求得；a_{CB}^n 是 C 相对于 B 点转动的向心加速度，$a_{CB}^n = v_{BC}^2/BC \approx 36 \text{ mm/s}^2$，方向由 C 点指向 B 点；a_{CB}^t 是 C 相对于 B 点转动的切向加速度，大小未知，方向与 BC 垂直。此矢量方程可解，从而可得到 C 点速度，即插刀的加速度。取比例尺 $u = 36 \text{ mm} \cdot \text{s}^{-2}/\text{mm}$，可得加速度矢量图如图 6.7 所示。

最后由直尺量得 a_C 长度，可得 $a_C \approx 0.432 \text{ m/s}^2$。

（2）ADAMS 运动仿真

在 Pro/e 中完成机构的建模及装配，利用 .X_T 格式导入到 ADAMS 中，添加约束和驱动，进行仿真计算，进入后处理模块（Postprocess），分别绘出位移、速度、加速度曲线，结果如图6.8所示。

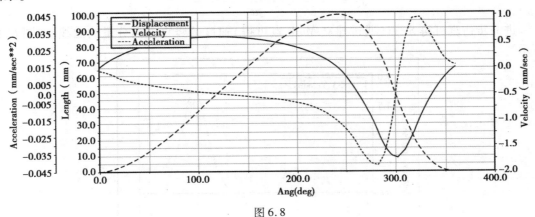

图 6.8

6.1.5　飞轮设计

机构简化模型如图 6.9 所示。

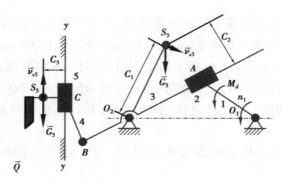

图 6.9

由动能定理：

$$\delta W = \mathrm{d}E$$

参照运动简图展开得：

$$(M_d\omega_1 - Q\nu_{s5} + G_3\nu_{s3}\cos\theta_3 + G_5\nu_{s5}\cos\theta_5)\mathrm{d}t = \mathrm{d}\left[\frac{1}{2}J_1\omega_1^2 + \frac{1}{2}m_3\nu_{s3}^2 + \frac{1}{2}J_{s3}\omega_3^2 + \frac{1}{2}m_5\nu_{s5}^2\right]$$

$$\left[M_d\omega_1 - Q\nu_{s5} - (G_3\nu_{s3}\cos\theta_3 - G_5\nu_{s5}\cos\theta_5)\right]\mathrm{d}t = \mathrm{d}\left[\frac{1}{2}(J_1\omega_1^2 + m_3\nu_{s3}^2 + J_{s3}\omega_3^2 + m_5\nu_{s5}^2)\right]$$

选曲柄 1 为等效构件，有：

$$\left[M_{ed}\omega_1 - M_{er}\omega_1\right]\mathrm{d}t = \mathrm{d}\left[\frac{1}{2}J_e\omega_1^2\right]$$

按照功率等效原则有：

$$M_{er} = \frac{Q\nu_{s5} - G_3\nu_{s3}\cos\theta_3 - G_5\nu_{s5}\cos\theta_5}{\omega_1}$$

式中　θ_3——G_3 沿逆时针旋转到 ν_{s3} 的角度；

θ_5——ν_{s5} 与重力方向的夹角，ν_{s5} 向下时，$\theta_5 = 0°$，ν_{s5} 向上时，$\theta_5 = 180°$。

按照动能等效原则有：

$$J_e = \frac{J_1 w_1^2 + m_3\nu_{s3}^2 + J_{s3}w_3^2 + m_5\nu_{s5}^2}{w_1^2}$$

进一步仿真可得 S_3 点（通过建立 Mark 点可得）速度的竖直方向分量的曲线，如图 6.10 所示。

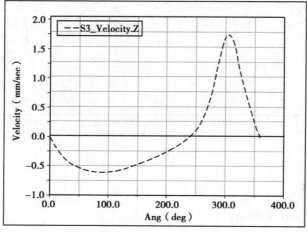

图 6.10　ν_{s3}—φ 曲线

在后处理模块中选择 File→Export→Numeric Data 菜单项,将 ν_{s5} 和 ν_{s3} 导出到 TXT 格式文件中,经过 Matlab 软件分析可得 M_{er}—φ 曲线,如图 6.11 所示。

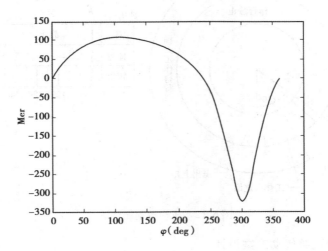

图 6.11　M_{er}—φ 曲线

由于 M_{ed} 为常数,且 $2\,\pi g M_{ed} = \int_{0}^{2\pi} M_{er}\mathrm{d}\phi$ 可求得 M_{ed} 的值,进而可得出最大盈亏功 $\Delta W_{\max}$,由公式 $J_F \geqslant \dfrac{900\Delta W_{\max}}{\pi^2 n^2 [\delta]}$ 即可计算出飞轮转动惯量,然后按照飞轮尺寸的确定原则进行飞轮结构设计。

6.1.6　运动循环图

①首先确定执行机构的运动循环时间 T。因选取曲柄导杆机构作为插床的执行机构,曲柄旋转一周插头往复运动一次,即一个循环。因 $n_r = 60$ rpm,则曲柄运动时间 $T = 60/60 = 1$ s。

②确定组成运动循环的各个区段。插床的运动循环由两段组成,即插刀进给的工作行程和退回的空回行程。为了提高工作效率,该执行机构应具有急回特性,其行程速比系数 $K = 2$。

③确定执行机构各个区段的运行时间及相应的分配轴转角,如表 6.2 所示。插床的运动循环时间 $T = 1$ s,与之相对应的曲柄轴转角为 $\Phi_{工作} + \Phi_{空回} = 240° + 120° = 360°$。

表 6.2

分配轴转角	0°　30°　60°　90°　120°　150°　180°　210°	270°　300°　330°　360°
插刀执行机构	插刀切削运动	插刀空回运动
工作台	进给	停止进给	进给

④根据以上数据绘制机构运动循环图,如图 6.12 所示。

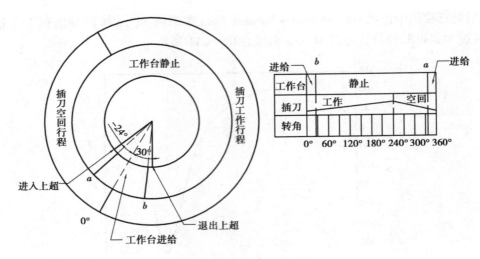

图 6.12　机构运动循环图

6.1.7　工作台进给传动方案设计

（1）运动基本要求

这包括：远距离精密传动的实现；与刀具主切削运动的协调；旋转运动到平移运动的转换；连续运动到间歇运动的变换；机构自锁；进给量可调；运动换向；手—自进给变换。

（2）绘制工作台进给系统机构简图

工作台传动方案设计主要解决三方面问题：工作台运动怎样从电动机引下来，工作台运动情况及相对位置如何，以及机构协调安装问题。

第一个问题：由于插床机身高度较高，所选传动方案必须能够实现长距离传动，且保证传动精度。长距离传动方案多种多样，如齿轮系传动、带传动、链传动、平行四边形机构传动等。由于平行四边形机构传动效率高、结构简单、完全复制了原动件的运动，且刚度较高，故选取平行四边形机构实现运动的引入。平行四边形机构由凸轮机构带动。

第二个问题：工作台最终可实现前后、左右的间歇直线进给运动及间歇回转进给运动。进给运动必须与主切削运动协调配合，要求进给运动必须在刀具非切削期时间的上超阶段以内完成，以防止刀具的切削运动与工作台的进给运动发生干涉。要实现工作台的三个间歇运动，根据机构的运动特性，可选取棘轮机构来实现预期的运动。同时，机构中添加复合锥齿轮来实现进给方向的改变；加开合螺母机构，以实现动力的连接和断开，实现手动进给和自动进给的切换。

第三个问题：要确保进给机构与主切削运动的协调配合，即进入上超时工作台才允许进给，结束上超前工作台停止进给，直到下个上超阶段，这就必须保证凸轮机构推程角小于等于上超区间的曲柄转角。同时，须保证凸轮的安装角在上超区间的角度范围内。安装凸轮时，将凸轮升程起始位置与曲柄在循环图中的 a 位置对应，然后将凸轮与曲柄固连即可。

综合上述分析，可得工作台传动系统运动简图如图 6.13 所示。

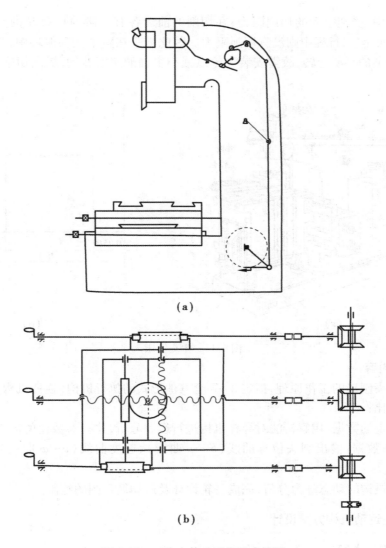

图 6.13　工作台传动系统运动简图

6.2　牛头刨床传动机构设计

6.2.1　设计任务

(1)牛头刨床工作原理

　　牛头刨床是一种用于平面切削加工的机床,如图 6.14(a)所示。电动机经过减速传动装置(皮带和齿轮传动)带动执行机构(导杆机构和凸轮机构)完成刨头的往复运动。刨头右行时,刨刀进行切削,称工作行程。此时要求速度较低并且均匀,以减少电动机容量和提高切削质量。刨头左行时,刨刀不切削,称空回行程。此时要求速度较高,以提高生产率。刨刀每切削完一次,利用空回行程的时间,工作台应连同工件作一次进给运动,以便刨刀继续切削。刨

121

头在工作行程中,受到很大的切削阻力,在切削的前后各有一段约 $0.05H$ 的空刀距离,如图 6.14(b)所示,而空回行程中则没有切削阻力。因此刨头在整个运动循环中,受力变化较大,这就影响了主轴的平衡运转,故需安装飞轮以减小主轴的速度波动,提高切削质量和减小电动机容量。

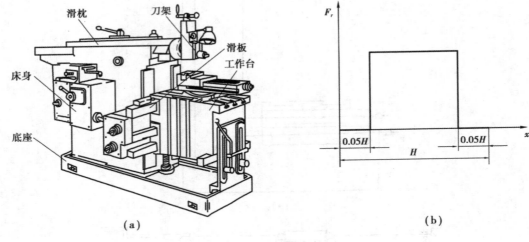

(a)   (b)

图 6.14 牛头刨床

(2)设计内容

①根据牛头刨床的工作原理,拟定 2~3 个其他形式的执行机构(连杆机构),并对这些机构进行分析对比;

②根据给定的数据,用解析法对导杆机构进行运动分析,建立参数化的数学模型、编程分析,并选择一组数据,输出刨头位移曲线(S—φ 曲线)、速度曲线(v—φ 曲线)、加速度曲线(a—φ 曲线);

③作导杆机构的动态静力分析,完成飞轮设计及运动循环图的绘制。

6.2.2 主运动机构方案设计

(1)拟定传动方案

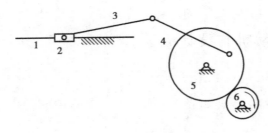

图 6.15 偏置曲柄滑块机构

根据牛头刨床的工作原理,拟定以下三种执行机构方案

1)方案一:偏置曲柄滑块机构(图 6.15)

特点:结构最为简单,能承受较大载荷,但其存在较大的缺点:一是由于执行件行程较大,则要求有较长的曲柄,从而造成机构所需活动空间较大;二是随着行程速比系数 K 的增大,压力角也增大,传力特性变差。

2)方案二:六杆机构一(图 6.16)

特点:由曲柄摇杆机构与摇杆滑块机构串联而成,在传力特性和执行件的速度变化方面比方案一有所改进,但在曲柄摇杆机构中,随着行程速比系数 K 的增大,机构的最大压力角仍然较大,而且整个机构系统所占空间比方案一更大。

3）方案三：六杆机构（图6.17）

特点：由摆动导杆机构和摇杆滑块机构串联而成，克服了方案二的缺点，传力特性好，机构系统所占空间小，执行件的速度在工作行程中变化也较缓慢。

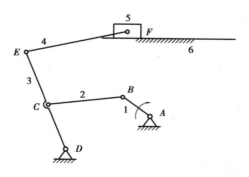

图6.16　六杆机构一

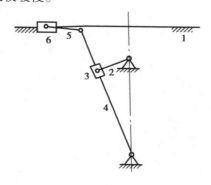

图6.17　六杆机构二

（2）方案机构选型

主运动机构方案比较如表6.3所示。

表6.3　主运动机构方案比较

方　案	机构名称	回转-平移变换	承载能力	传力特性	机构所占空间	运动平稳性
方案一	偏置曲柄滑块机构	满足	较大	较差	大	一般
方案二	曲柄摇杆-摇杆滑块机构	满足	较大	一般	更大	一般
方案三	摆动导杆-摇杆滑块机构	满足	较大	好	小	较好

综上所述，本设计主传动方案选取方案三。

6.2.3　导杆机构的运动分析

（1）运动分析

该牛头刨床导杆机构为六杆机构，拆分成摆动导杆机构和曲柄滑块机构两个四杆机构。求导杆4的角位移、角速度、角加速度，分析摆动导杆机构，如图6.18所示建立坐标，可得：

由封闭矢量方程：

$$l_{O_2A} + l_{AO_1} = l_{O_1O_2} \tag{6.2}$$

得

$$di + ae^{i\theta} = l_{O_2A}\cos\varphi \tag{6.3}$$

$$a\cos\theta = l_{O_2A}\cos\varphi \tag{6.4}$$

$$d + a\sin\theta = l_{O_2A}\sin\varphi \tag{6.5}$$

式（6.4）（6.5）相除，得：

$$\tan\varphi = \frac{a\sin\theta + d}{a\cos\theta} \tag{6.6}$$

$$l_{O_2a} = \frac{a\cos\theta}{\cos\varphi} \tag{6.7}$$

对式（6.3）求导，得：

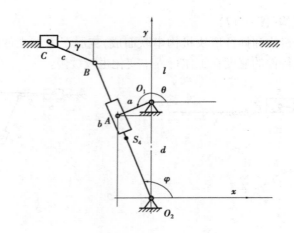

图 6.18　六杆机构运动分析

$$a\omega_1 i e^{i\theta} = \nu_{A_2A_3} + s\omega_4 i e^{i\varphi} \tag{6.8}$$

两边分别乘以 $e^{-i\varphi}$，化简后取实部，得：

$$\nu_{A_3A_4} = -a\omega_1 \sin(\theta - \varphi) \tag{6.9}$$

取虚部，得：

$$\omega_4 = \frac{a\omega_1 \sin(\theta - \varphi)}{l_{O_2A}} \tag{6.10}$$

对式(6.8)求导并化简，得：

$$\varepsilon_3 = -\frac{2\nu_{A_3A_4} + a\omega_1^2 \sin(\theta - \varphi)}{l_{O_2A}} \tag{6.11}$$

①位置分析。由封闭矢量多边形 $OABO$ 有：

$$\boldsymbol{b} + \boldsymbol{c} = \boldsymbol{x}_C \tag{6.12}$$

$$be^{i\varphi} + ce^{i(\gamma+\pi)} = x_c \tag{6.13}$$

化简，实部虚部分别相等，得：

$$b\cos\varphi + c\cos\gamma = x_c \tag{6.14}$$

则滑块位置为：

$$x_c = b\cos\varphi - c\cos\gamma \tag{6.15}$$

$$\gamma = \arcsin\left(\frac{l + b\sin\varphi}{c}\right) \tag{6.15}$$

②速度分析。式(6.13)对时间求导得：

$$b\omega_4 e^{i\varphi} + c\omega_5 e^{i\gamma} = \nu_c \tag{6.16}$$

两边分别乘以 $e^{-i\varphi}$，取实部，得：

$$-b\omega_4 \sin(\varphi - \gamma) = \nu_c \cos\gamma \tag{6.17}$$

$$\nu_c = \frac{-b\omega_4 \sin(\varphi - \gamma)}{\cos\gamma} \tag{6.18}$$

③加速度分析。式(6.16)对时间求导得：

$$-b\omega_4^2 e^{i\omega} + c\omega_5 i e^{i\gamma} = a_c \tag{6.19}$$

两边分别乘以 $e^{-i\varphi}$，展开后取实部并化简，得：

$$a_c = \frac{-b\omega_4^2 \sin(\varphi - \gamma)}{\cos \gamma} \qquad (6.20)$$

(2) 机构运动分析设计程序框图

机构运动分析程序框图如图 6.19 所示。

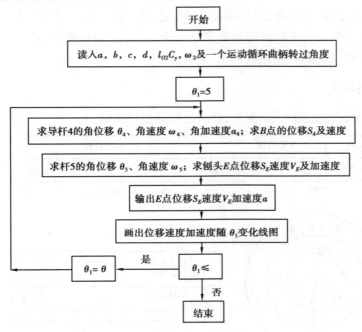

图 6.19　机构运动分析程序框图

(3) 编程计算

参考第 4 章内容,编写程序,调用导杆机构和曲柄滑块机构子程序,输出相应曲线和数据。

(4) 导杆机构动态静力分析

为便于计算机求解,该机构受力分析采用矩阵形式表示。该机构共 7 个低副,1 个平衡力矩,有 15 个力未知要素待定;而此结构有 5 个活动构件可列出 15 个力平衡方程。

$$\begin{cases} \sum F_x = 0 \\ \sum F_y = 0 \\ \sum M = 0 \end{cases}$$

将该机构 5 个运动构件的平衡方程中的已知力或力矩移到方程式右边,整理成以运动副反力和平衡力矩为未知数的线性方程组,写成矩阵式:

$$[C]\{R\} = [D]\{P\}$$

式中　$[C]$——未知力系数矩阵;

　　　$\{R\}$——未知力列阵;

　　　$[D]$——已知力系数矩阵;

　　　$\{P\}$——已知力列阵。

编写程序,调用相关子程序,输入已知数据,计算矩阵方程即可解出运动副中的反力和所需的平衡力矩。

6.2.4 飞轮设计

该机构的运动周期 $T = 360°$，用梯形积分法应用计算机求在一个运动周期内的阻力功 W_{ri}。由于本机构驱动力矩为常数，因此驱动功 W_{di} 是 t 的线性函数，计算出最大盈亏功 $W = W_{max} - W_{min}$ $(W_i = W_{di} - W_{ri})$。飞轮的转动惯量 $J_F = W/\omega^2 m\delta$。编写程序，调用相关子程序，输入已知数据，计算可得飞轮的转动惯量。

6.2.5 运动循环图

牛头刨床运动循环图如图 6.20 所示，分析过程同插床案例。

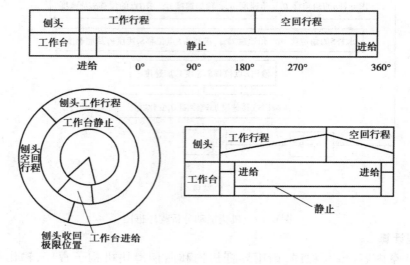

图 6.20　牛头刨床运动循环图

6.3　冲床冲压机构及送料机构设计

6.3.1　设计任务

设计冲制薄壁零件的冲压机构及与相配合的送料机构如图 6.21 所示。上模先以比较小的速度接近坯料，然后以匀速进行拉延成型工作；上模继续下行，将成品推出型腔，最后快速返回。上模退出下模以后，送料机构从侧面将坯料送至待加工位置，完成一个工作循环。

6.3.2　原始数据和设计要求

①动力源是电动机，作转动；从动件（执行构件）为上模，作上下往复直移运动，其大致运动规律如图 6.22 所示，具有快速下沉、等速工作进给和快速返回的特性。

②构应具有较好的传动性能，特别是工作段的压力角 α 应尽可能小。

③上模到达工作段之前，送料机构已将坯料送至待加工位置（下模上方）。

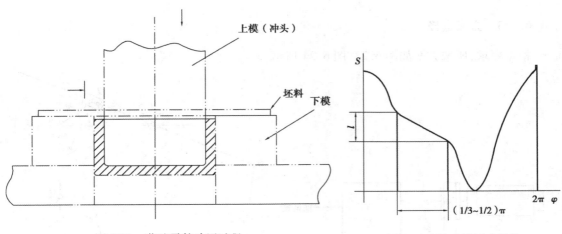

图 6.21   薄壁零件冲压过程　　　　　图 6.22   从动件运动规律

④生产率约每分钟 70 件。

⑤执行构件(上模)的工作长度 $l = 50 \sim 100$ mm,对应曲柄转角 $\varphi = (1/3 \sim 1/2)\pi$;上模行程长度必须大于工作段长度 l 的两倍以上。

⑥行程速度变化系数 $K \geqslant 1.5$。

⑦传动角 γ 大于或等于许用传动角 $[\gamma]$,$[\gamma] = 40°$。

⑧送料距离 $H = 60 \sim 250$ mm。

⑨建议主动件角速度取 $\omega = 1$ rad/s。

⑩对机构进行动力分析,所需参数值建议如下选取:

a. 设连杆机构中各构件均为等截面匀质杆,其质心在杆长中点,而曲柄的质心与回转轴线重合。

b. 设各构件的质量按每米 40 kg 计算,绕质心的转动惯量按每米 2 kg·m^2 计算。

c. 转动滑块的质量和转动惯量不计,移动滑块的质量为 36 kg。

d. 载荷为 5 000 N;按平均功率选电动机,型号如表 6.4 所示,同步转速为 1 500 r/mim。

表 6.4   电动机

电动机型号	额定功率/kW	满载转速/r/min
Y90L-4	1.5	1 400
Y100L1-4	2.2	1 420
Y100L2-4	3.0	1 420
Y112M-4	4.0	1 440

e. 曲柄转速为 70 r/min。在由电动机轴至曲柄轴之间的传动装置中,如图 6.23 所示,可取带的传动比 $i = 1.9$。

f. 传动装置的等效转动惯量为 30 kg·m^2。

g. 机器运转不均匀系数 δ 不超过 0.05。

127

6.3.3 方案选择

根据要求,所选方案如图 6.23、图 6.24 所示。

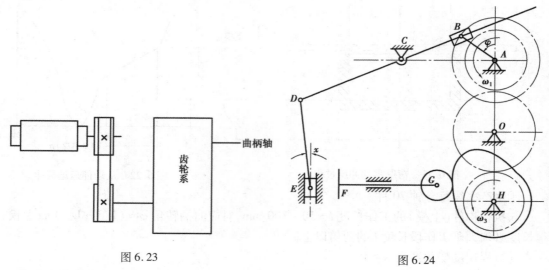

图 6.23   图 6.24

(1)方案分析

①齿轮-连杆冲压机构。如图 6.24 所示,冲压机构是在导杆机构的基础上,串联一个摇杆滑块机构组合而成的。导杆机构按给定的行程速度变化系数设计,它和摇杆滑块机构组合可达到工作段近于匀速的要求。适当选择导路位置,可使工作段压力角 α 较小。

在 ABC 摆动导杆机构的摆杆 BC 反向延长线的 D 点上加二级杆组连杆和滑块,组成六杆机构。主动曲柄 AB 匀速转动,滑块在垂直 AC 的导路上往复移动,具有较大的急回特性。

②凸轮-连杆送料机构。凸轮机构结构简单、紧凑,设计方便,但由于主从动件之间为点接触,易磨损,适用于运动规律复杂、传力不大的场合。所以送料机构选择凸轮机构。

送料机构的凸轮轴通过齿轮机构与曲柄轴相连。按机构运动循环图确定凸轮工作角和从动件运动规律,则机构可在预定时间将工件送至待加工位置。

(2)分析结论

连杆机构最适合用于冲压机构,其良好的急回特性基本上满足了冲压机构的运动特性,可以传递较大的力。但一些运动无法满足要求,即要求在匀速冲压完工件后快速将工件推出这一运动过程不易实现,而冲压工作段的匀速可以达到。连杆机构不适合于高速传动的机构,而且应满足杆件的最小传动角的条件。总体来说,连杆机构满足了冲压机构的基本运动特性。

6.3.4 机构设计

(1)几何尺寸确定

1)六杆机构设计(图 6.25)

①已知机构的行程速比系数 $K = 1.5$,可得极位夹角 $\theta = 180° (K-1)/(K+1) = 36°$。

②设 $AB = 100$ mm,以 A 为圆心、AB 长为半径作圆,根据极位夹角 θ 和 A、C 共线可以确定 C 的位置,作出两个极限位置 B 和 B'。

③设 $BD = B'D' = 500$ mm,$DE = D'E' = 150$ mm,因为压力角 $\alpha \leqslant 50°$,取 $\alpha = 30°$,可得

$EE' = 159.8$ mm。

④BB'(逆时针)为下压工作段,将 YY' 的 $180°$ 角按 $10°$ 等分,可得 17 小份。以 C 为圆心、CD 长为半径,作圆弧交 BD 和 $B'D'$ 于 D、D';连接 1 点和 C 点交圆弧于 $1'$ 点,以 $1'$ 点为圆心、DE 长为半径作圆弧,交 EE' 于 $1''$。用同样的方法,可以在 EE' 上找到 $2''$,$3''$ 和 $17''$。

⑤EE' 上 17 小段的尺寸如图 6.25 所示,从 $8''$ 到 $14''$ 的过程可以看作等速的过程,且 $\delta = 60°$,其他部分也基本符合给定的要求。

⑥用上述方法设计的机构的尺寸 $AB = 64$ mm,$BD = 365$ mm,$DE = 116$ mm。

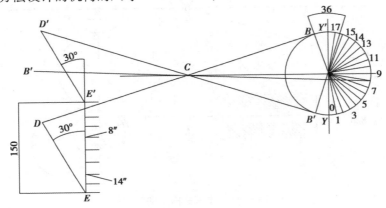

图 6.25　作图法六杆机构设计

2)凸轮机构的设计

①确定凸轮机构的 s—ψ 图,如图 6.26 所示。

根据冲压机构的 s—ψ 图,确定推程运动角和回程运动角。设凸轮的推程运动角和回程运动角都为 $60°$,H_1 和 H_2 都在工作段之外。

②按许用压力角确定凸轮的中心位置和基圆半径。

因为 $\tan \alpha = |d_s/d_\varphi - e|/\sqrt{(r^2 - e^2)}$,$s = 60$ mm,设 $\alpha_{\max} = 30°$,所以 $d_s/d\varphi = 0.057$,设 $e = 20$ mm,可以得出基圆半径 $r = 70$ mm。

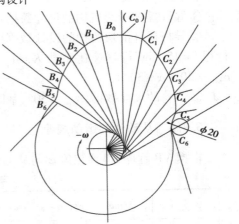

图 6.26　作图法凸轮机构设计

3)根据凸轮的 s—ψ 图,作凸轮轮廓曲线

①以 r 为半径作基圆,以 e 为半径作偏距圆,点 k 为切点,道路与基圆的交点便是初始点 C_1 点,利用反转原理,整个装置以 $-\omega$ 转动。

②将凸轮的位移线图 s—ψ 的推程运动角和回程运动角作六等分。

③自 OC_0 开始沿 $-\omega$ 的方向回程运动角 $60°$,近休止角 $240°$,推程运动角 $60°$,在偏距圆上取回程运动角 $60°$ 和推程运动角 $60°$,将其六等分交偏距圆于一系列的点,然后作各点的切线,交基圆于 $C_1 C_2 \cdots C_6$,$B_1 B_2 \cdots B_6$。

④沿以上各点取偏移量,C_1 取 60 mm,C_2 取 60 mm,$C_3 = 48$ mm$\cdots C_6$ 取 0,B_1 取 60 mm,B_2 取 60 mm,$B_3 = 48$ mm$\cdots B_6$ 取 0。

⑤将 $C_1 \cdots C_6$,$B_1 \cdots B_6$ 连成光滑的曲线,即可得凸轮的轮廓曲线。这里小滚子半径为 10 mm。

4）电动机的设计

因为机构要承受较大的载荷，所以根据设计需要，电动机选用额定功率为 4.0 kW 的 Y112M-4。

（2）机构运动简图的绘制

机构运动简图如图 6.27 所示。

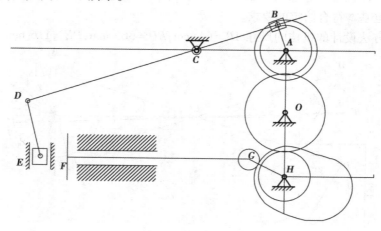

图 6.27 冲床机构运动简图

（3）机构的设计数据

①导杆摇杆滑块机构的尺寸数据：曲柄 $AB = 64$ mm，摇杆 $BD = 365$ mm，$DE = 116$ mm。

②导杆摇杆滑块机构的设计数据要求：执行构件总行程 $L = 160$ mm，执行构件工作段的行程 $l = 45$ mm，行程速比系数 $K = 1.5$，摇杆 BD 摆角 $\theta = 36°$（$0 \leqslant \theta \leqslant 36°$），工作段压力角 $\alpha_{max} = 30°$（$\alpha \leqslant 30°$）。

③凸轮的尺寸数据：$\alpha_{max} = 30°$，基圆半径 $r = 70$ mm，行程 $s = 60$ mm，偏心距 $e = 20$ mm。

6.3.5 从动件的运动规律

根据 VB 程序，得到转角 φ 与从动件位移、速度、角速度的关系如表 6.5 所示。

表 6.5 φ 与从动件位移、速度、角速度关系

$\varphi/(°)$	s/mm	$v/(\text{m}\cdot\text{s}^{-1})$	$a/(\text{m}\cdot\text{s}^{-2})$	$\varphi/(°)$	s/mm	$v/(\text{m}\cdot\text{s}^{-1})$	$a/(\text{m}\cdot\text{s}^{-2})$
15	142.3	−0.110	−0.005	50	106.3	−0.351	−0.071
30	136.5	−0.166	−0.063	65	95.1	−0.409	−0.138
35	120.5	−0.274	−0.077	80	84.2	−0.437	−0.043
95	74.6	−0.451	−0.028	240	16.5	0.205	0.112
105	65.1	−0.479	−0.012	255	24.6	0.522	0.244
120	54.8	−0.498	0.003	270	35.4	0.711	0.509
135	43.9	−0.490	0.018	285	52.6	1.201	0.556

续表

$\varphi/(°)$	s/mm	$v/(\text{m}\cdot\text{s}^{-1})$	$a/(\text{m}\cdot\text{s}^{-2})$	$\varphi/(°)$	s/mm	$v/(\text{m}\cdot\text{s}^{-1})$	$a/(\text{m}\cdot\text{s}^{-2})$
150	34.2	−0.472	0.033	300	70.5	1.362	0.257
165	27.1	−0.436	0.049	315	95.3	1.045	−0.135
180	18.2	−0.388	0.063	330	112.8	0.584	−0.338
195	9.2	−0.323	0.074	345	130.5	0.228	−0.652
210	2.5	−0.235	0.075	360	150.0	−0.007	−0.495
225	7.5	−0.112	0.098				

(1) s—ψ 图

由图 6.23,从 B' 取 10°转一周,截取各段的位移得到图 6.28。

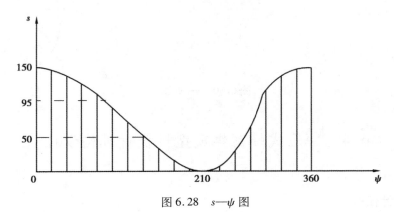

图 6.28　s—ψ 图

(2) v—ψ 图

v—ψ 曲线如图 6.29 所示。

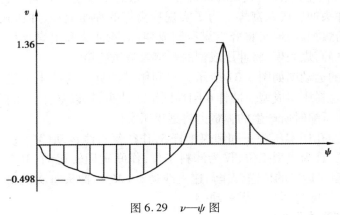

图 6.29　v—ψ 图

（3）a—ψ 图

a—ψ 曲线如图 6.30 所示。

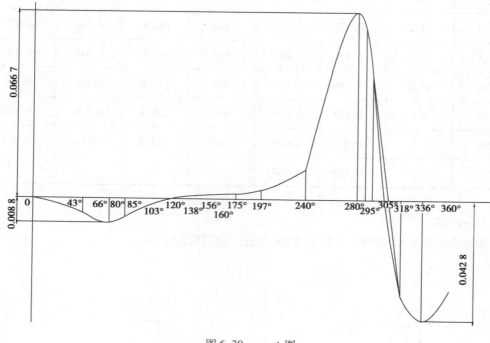

图 6.30 a—ψ 图

6.4 冲压式蜂窝煤成型机执行机构设计

6.4.1 设计任务

（1）工作原理

冲压式蜂窝煤成型机是我国城镇蜂窝煤生产厂家的主要生产设备。它能将煤粉加入转盘上的模筒中，经冲头冲压成蜂窝煤。为了实现蜂窝煤的冲压成型，冲压式蜂窝煤成型机必须完成五个动作：粉煤加料；冲头将蜂窝煤压制成型；清除冲头和出煤盘积屑的扫屑运动；将在模筒内成型后的蜂窝煤脱模；将冲压成型的蜂窝煤输送装箱。

机器执行构件的运动图如图 6.31 所示。它利用带冲针 6 的冲头 4 往复运动，将位于工作盘 2 模孔中的混合料压实成型。冲针 6 刚性固结于冲头，用以穿孔。压板 8 以弹簧 7 与滑块 1 相连，通过弹簧压缩时所产生的弹簧力将型煤压实。

滑块 1 上装有冲孔压实压头 4 和卸煤推杆 5，作往复直线运动（M_1）；工作盘 2 上有五个模孔，I 为上料工位，III 为成型工位，IV 为卸料工位，作间歇回转运动（M_2）；上料器 3 作连续回转运动（M_3）；将型煤运出的传送带作匀速直线运动（M_4）；冲头每次退出工作盘后，扫煤杆在冲头下面扫过，作清除煤屑的扫煤运动（M_5）。

（2）设计参数和基本要求

①设计蜂窝煤成型机构，型煤尺寸为 $\phi \times h = 100 \text{ mm} \times 75 \text{ mm}$；

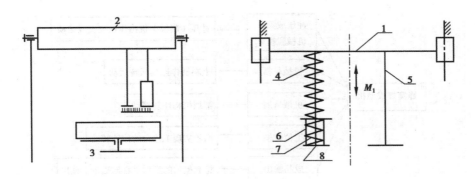

图 6.31　机器执行机构运动示意图

②蜂窝煤成型机的生产能力:72 次/min;

③驱动电机:Y132M-4,功率 $P = 11$ kW,转速 $n = 1\,440$ r/min;

④冲压成型时的生产阻力达到 50 000 N;

⑤为改善蜂窝煤成型机的质量,希望在冲压后有一短暂的保压时间;由于冲头要产生较大压力,希望冲压机构具有增力功能,以增大有效力作用。

(3)设计分析

①M_1 的运动参数取决于生产率,取 $n_1 = 72$ r/min。考虑到料煤高度与型煤高度之比(压缩比)为 2∶1,工作盘高 $H = 2h = 150$ mm。为使工作盘转位速度不致太高,取压头在工作盘内和工作盘外的位移相等,即冲头的行程为 $H_1 = 2H = 300$ mm。

②M_2 运动应与 M_1 协调配合,工作盘转位时,压头必须在工作盘外,其运动参数 $n_2 = n_1 = 72$ r/min。

③M_3 的运动参数参考现有机器,取 $n_3 = 120$ r/min。

④M_4 运动的传送带速度要保证前一块煤运走后,后一块煤才能卸落在传送带上。设煤块的间距为 $2\varPhi = 0.2$ m,则传送带速度为:

$$v_a = \frac{n_1 \times 0.2}{60} = \frac{72 \times 0.2}{60} = 0.24 \text{ m/s}$$

⑤M_5 运动为平面复杂运动,要保证冲头往复运动一次,扫煤杆在冲头下往复扫过一次,且不与其他构件相碰(具体要求见主体机构设计部分)。由于型煤是利用弹簧压实,故生产阻力 F_r 与弹簧压缩量成正比,生产阻力曲线如图 6.32 所示,$F_{r\max} = 5\,000$ N。

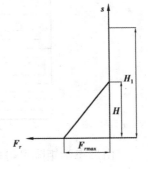

图 6.32　生产阻力曲线

6.4.2　运动方案分析及选择

(1)工艺动作分解

工艺动作分解如表 6.33 所示。

(2)形态学矩阵

由于执行构件作往复直线运动,所以主传动链中需要两级减速、运动分支和将连续回转运动变换为往复直线运动的功能,即可画出主运动链的功能框图,然后根据其他执行构件的运动形式和运动参数的大小确定所需的功能元。画出辅助传动链的功能框图如图 6.34 所示。

取出功能框图中几种主要功能元,选择功能载体,即可得如表 6.6 所示的机构形态学矩阵。

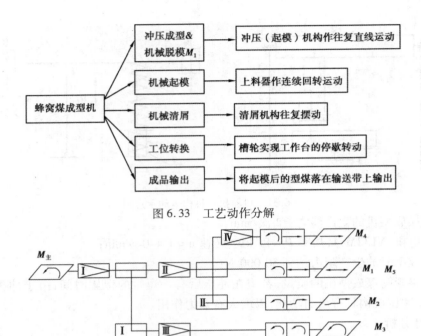

图6.33　工艺动作分解

图6.34　传动链功能框图

表6.6　机构形态学矩阵

I	带传动机构	链传动机构	齿轮传动机构
II	带传动机构	链传动机构	齿轮传动机构
	曲柄滑块机构	移动从动件凸轮机构	四杆机构
	槽轮机构	不完全齿轮机构	棘轮机构
	带传动机构	齿轮齿条机构	螺旋机构

由形态学矩阵可得可行方案 $N = 3 \times 3 \times 3 \times 3 \times 3 = 243$ 种。综合以上分析,结合主要的运动类型,我们制订了两种方案,下面对这两种方案作详细的分析。

①方案一:主传动采用带传动和链传动,主体机构采用曲柄滑块机构,辅助转位机构采用槽轮机构,传送装置采用传送带,装配简图如图6.35所示。

②方案二:主传动采用两级齿轮机构减速,辅助转位机构采用不完全齿轮机构,其他同方案一,各机构的装配简图如图6.36所示。

(3)方案的分析比较

方案一的带传动结构简单,传动平稳,具有过载保护作用,链传动可传递较大功率,但是它们的外廓尺寸大,在振动冲击载荷作用下,链传动寿命较短;槽轮机构结构简单,工作可靠,啮合较平稳,有柔性冲击,但槽轮的布置不便。方案二采用齿轮传动,结构紧凑,寿命长,效率高,可采用标准减速器;大齿轮直接作曲柄使用,可起飞轮作用,但制造成本较高;不完全齿轮

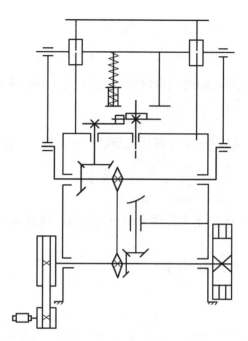

图 6.35　方案一

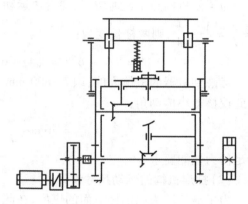

图 6.36　方案二

机构啮入啮出时冲击较大,设计计算较复杂,但动停比不受结构限制,尺寸较紧凑,便于布置。根据以上简单分析,初步决定采用方案二作为机器的运动方案。

(4)扫屑机构运动方案分析

①方案一:冲压机构为偏置曲柄滑块机构,模筒转盘为不完全齿轮机构,扫屑机构为附加滑块摇杆机构。

②方案二:冲压机构为对心曲柄滑块机构,模筒转盘为槽轮机构,扫屑机构为固定凸轮移动从动件机构。

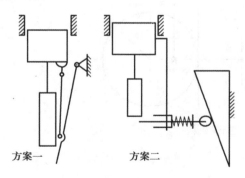

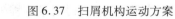

图 6.37　扫屑机构运动方案

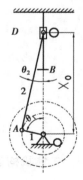

图 6.38　主体机构简图

用模糊综合评价方法来进行评估优选,决定选用方案二为冲压式蜂窝煤成型机的扫屑机构的运动方案。

6.4.3　机构系统的尺寸设计

（1）冲压机构的运动尺寸设计

由于滑块无急回要求，为使机构受力较好，采用对心的曲柄滑块机构作为主体机构，则曲柄长度 $r = \dfrac{H_1}{2} = 150$ mm。

为了使机构力学性能较好，使滑块运动速度波动较小，又考虑到机器的整体高度，一般取 $r = \dfrac{r}{l} = \dfrac{1}{6} \sim \dfrac{1}{4}$，则两杆长度为：

$$l = (4 \sim 6)r = (4 \sim 6) \times 150 \text{ mm} = 600 \sim 900 \text{ mm}$$

考虑到机器的整体高度，取 $l = 800$ mm，如图6.38所示为传动角最小时的机构位置简图，由此校核最小传动角：

$$r_{\min} = \arccos \frac{r}{l} = 73.5° > 40° \sim 50°$$

满足传力性能要求。

（2）扫煤机构的运动尺寸设计

为了清扫压头和推杆下面的煤屑，在此设计一扫煤机构，当压头离开工作台时，扫煤杆在压头下面往复扫过。因扫煤杆扫除粉煤过程中受力不大，仅需考虑行程要求，应能使扫屑刷满足扫除粉煤的活动范围：

$$r = 3r/2 - r/2 \geqslant \varphi_{煤} = 75 \text{ mm}$$

凸轮的转速应该与主体机构的运动周期相配合，由主体机构的转动比 $i = 20$，原动机的转速为 1 440 r/min，可计算出：

$$n_{齿轮} = \frac{n_{电}}{i} = \frac{1\ 440}{20} = 72 \text{ r/min}$$

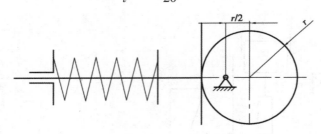

图6.39　扫煤机构

6.4.4　主体机构运动分析

参考主体机构的运动简图如图6.38所示，由封闭矢量图 $o'Ao$ 可得适量方程为：

$$l_1 + l_2 = x_o \tag{6.21}$$

写出复数形式为：

$$l_1 e^{i\theta} + l_2 e^{i\theta_2} = x_o \tag{6.22}$$

展开后得：

$$
\begin{cases}
l_1 \cos \theta_1 + l_2 \cos \theta_2 = x_o \\
l_1 \sin \theta_1 + l_2 \sin \theta_2 = 0
\end{cases}
\tag{6.23}
$$

由式(6.23)可求得：

$$
x_o = l_1 \cos \theta_1 + l_2 \cos \theta_2
\tag{6.24}
$$

将式(6.24)对时间求导,得：

$$
v_0 = -\frac{l_1 w_1 \sin(\theta_1 - \theta_2)}{\cos \theta_2}
\tag{6.25}
$$

将式(6.25)对时间求导,得：

$$
a_0 = -\frac{l_1 \omega_1^2 \cos(\theta_1 - \theta_2) + l_2 w_2^2}{\cos \theta_2}
\tag{6.26}
$$

由以上各式可求出各个位置的速度、加速度及 o 的位移,通过描点法即可作出滑块的速度、加速度、位移的曲线,如图 6.40 所示。

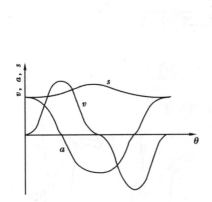

图 6.40　滑块的速度、加速度、位移的线图

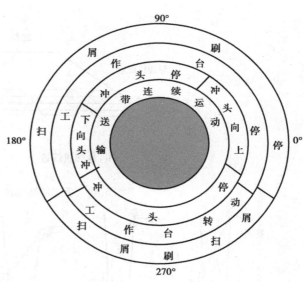

图 6.41　工作循环图

6.4.5　机器工作循环图

根据机器机构特征,拟定工作循环图,如图 6.41 所示。

6.5　家用缝纫机主要机构设计

6.5.1　缝纫轨迹形成过程

手工缝纫由于针眼在针尾端,针穿上线后,在缝料的正、反两个方向朝前移动,如图 6.42 (a)所示;而缝纫机的线迹则由两根线(面线和底线)像搓绳一样绞合而成,如图 6.42(b)所示,由于它像锁环,因此称它为双线连锁线迹。从线迹的形成过程可以看出,它主要由机针、摆梭、挑线杆、送布牙四个主要零件作有规则的运动来实现的。因此,可以把缝纫机机头划分为引线机构、勾线机构、挑线机构、送料机构四大机构和另外一个独立的绕底线机构。

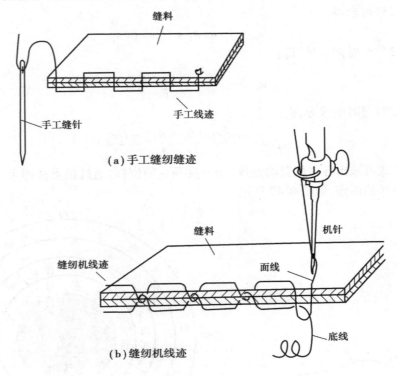

图 6.42　手工缝纫线迹和缝纫机线迹

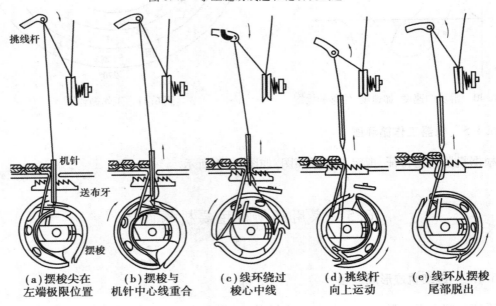

图 6.43　线迹的形成过程

6.5.2　机构工作循环图设计

家用缝纫机四个主要机构在工作周期中的特殊点如表 6.7 所示。

表 6.7　家用缝纫机主要机构特殊点

	0°～90°	90°～180°	180°～270°	270°～360
引线机构	0°时,机针处于最高位置,机针开始向下运动,直到180°继续下降。	90°时,针尖触及针板平面,开始刺布。90°～110°为穿过缝料时间。180°时,机针处于最低位置。	机针开始上升。从180°至360°时,机针作回升运动。180°～210°时,由于机针回升,缝线形成梨形的线环。270°时,机针尖脱离针板平面,开始退回。	机针退出缝料,继续上升,直到最高位置。
		90°～270°为机针工作行程,其余时间为机针的空行程。		
勾线机构	5°时,摆梭顺时针转动至极限位置。	摆梭已在逆时针方向转动,向原来位置恢复中。	从5°至185°时,摆梭逆时针方向转动,至极限位置后开始顺时针方向转动。此时,摆梭不勾线,为空行程。205°至260°时,机针的运动方向轴线恰好与摆梭尖重合,在210°时,刚完全勾上。	摆梭勾住线环顺时针方向转动。330°时,面线线环从摆梭翼下脱下。
		从185°至360°再到5°,摆梭顺时针方向旋转,完成勾线、送线环工作,此段时间为摆梭工作行程。		
挑线机构	0°时,挑线杆向上运动,已把线环向上收回约1/3。60°时,挑线杆上升至最高位置,以后便随机针下降。	从60°至180°,挑线杆从高处继续下降供给机针刺布所需要的面线。	在180°至210°时,挑线杆静止不动。之后,挑线杆开始回升,摆梭钩进线环。上升在210°至330°区间,挑线杆迅速下降,供应摆梭所需的面线。	210°至330°时,挑线杆降至最低位,以供给面线。330°至360°,又到60°时,挑线杆急剧上升,收紧线环,形成线迹。
送料机构	0°至90°时,送布牙已向上升起和开始推送缝料向前,此时,线环已收紧。	80°至90°时,送布牙送料完成,齿尖下降在针板下面。105°时,机针刺布时,送布工作结束,再向下运动。	185°至260°时,送布牙开始后退,齿尖在针板平面下运动。	260°至360°时,送布牙向上升起,齿尖逐渐露出针板平面。从280°至360°再到90°时,送布牙露出牙齿在针板上面,对缝料起推送作用,叫做送布牙的工作行程。
		从90°至280°时,送布牙处在针板下面,叫做送布牙的空行程		

从表 6.7 不难看出,各个机构都是随着上轮的转动而运转。家用缝纫机的工作转速最高为 1 000 r/min。也就是说,家用缝纫机在 1 分钟内,四大机构的工作循环要重复 1 000 次。缝纫机工作循环图如图 6.44 所示。

图 6.44　缝纫机工作循环图

6.5.3　拟定缝纫机机头机构简图

根据缝纫机工作循环图,参考现有机器机构,拟定如图 6.45 所示的机构方案:

其中,引线机构采用由部件 1、2、3、5、6 组成的曲柄滑块机构,挑线机构采用由部件 1、2、3、4 组成的曲柄摇杆机构,勾线机构采用的是由部件 1、19、18、20、21、22、23 组成的六杆机构,送布机构采用的是由部件 1、2、7、8、9、10、11、12、13 和部件 14、15、16、17、18 组成的组合机构。

6.5.4　引线机构设计分析

(1)工作原理

该机构由装置在轴 O 上的曲柄 OA 输入动力,曲柄滑块机构 OAB 的滑块为缝纫机针,通过该机构的运动,完成引线动作。

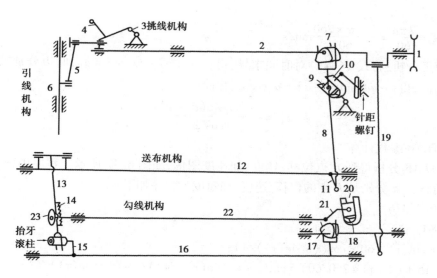

图 6.45 缝纫机机头机构简图

1—上轮;2—上轴;3—挑线凸轮;4—挑线杆;5—小连杆;

6—针杆;7—送布凸轮;8—牙叉;9—牙叉滑块;10—针距座;11—送布曲柄;

12—送布轴;13—牙架;14—送布牙;15—抬牙曲柄;16—抬牙轴;17—摆轴偏心凸轮;

18—摆轴;19—大连杆;20—摆轴滑块;21—下轴曲柄;22—下轴;23—摆梭托,摆梭

(2)已知数据

针杆冲程 $H = 30$ mm,杆长 $l_{OA}/l_{AB} = 0.25$,曲柄转速

$n = 260$ rpm。

(3)引线机构运动分析

1)确定各杆的尺寸

由图 6.46 知,$(l_{AB} + l_{OA}) - (l_{AB} - l_{OA}) = H = 30$ mm,

又 $l_{OA}/l_{AB} = 0.25$,可得 $l_{OA} = 15$ mm,$l_{AB} = 60$ mm。

2)解析法分析 B 点运动

①位置分析:由封闭矢量多边形 $OABO$,有

$$a + b = y_B$$
$$ae^{i\theta} + be^{i\varphi} = y_B$$

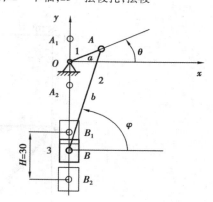

图 6.46 引线机构简图

即

$$a(\cos\theta + i\sin\theta) + b(\cos\varphi + i\sin\varphi) = y_B$$

实部虚部分别相等,得:$a\cos\theta + b\cos\varphi = y_B$,$a\sin\theta + b\sin\varphi = 0$,则滑块位置为:

$$y_B = a\cos\theta + b\cos\varphi \tag{6.27}$$

由式(6.27)可得: $\varphi = \dfrac{a\arcsin\theta}{b}$

②速度分析:将式(6.27)对时间求导,得:$a\omega_1 e^{i\theta} + b\omega_2 e^{i\varphi} = \nu_B$,两边分别乘以 $e^{-i\varphi}$,得:$a\omega_1 e^{i(\theta-\varphi)} + b\omega_2 i = \nu_B e^{-i\varphi}$,取实部,得:$-a\omega_1\sin(\theta-\varphi) = \nu_B\cos\varphi$,最后得:

$$\nu_B = \dfrac{-a\omega_1\sin(\theta-\varphi)}{\cos\varphi} \tag{6.28}$$

其中，$\omega_1 = \theta' = \dfrac{2\pi n}{60} = \dfrac{2 \times \pi \times 260}{60} \mathrm{rad/s}$

③加速度分析：将式（6.28）对时间求导，得：$-a\omega_1^2 \mathrm{e}^{i\theta} + b\varepsilon_2 i\mathrm{e}^{i\varphi} = a_B$，两边分别乘以 $\mathrm{e}^{-i\varphi}$，展开后取实部，得：$-a\omega_1^2 \sin(\theta - \varphi) = a_B \cos\varphi$，化简得：

$$a_B = \frac{-a\omega_1^2 \sin(\theta - \varphi)}{\cos\varphi} \tag{6.29}$$

3）MATLAB 编程计算

用 MATLAB 分析得到 B 点位移、速度、加速度图像，如图 6.47 所示。程序中，r 为 OA 与水平线夹角，y、v、a 分别是 B 点的位移、速度、加速度。程序如下：

```
for i = 0:5:376;
r = i/180 * pi;
y = 15 * sin(r) + 60 * cos((a sin(r))/4);
v = (-15 * (2 * pi * 260/60) * sin(r - (a sin(r))/4))/cos((a sin(r))/4);
a = (-15 * (2 * pi * 260/60)^2 * sin(r - (a sin(r))/4))/cos((a sin(r))/4);
fprintf('y = %.2f, v = %.2f, a = %.3f\n', y, v, a);
plot(r, y, 'b *', r, v, 'g *', r, a, 'r *');
holdon;
end
```

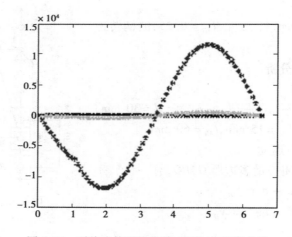

图 6.47　引线机构滑块位移、速度、加速度曲线

6.6　压床传动机构设计及仿真

6.6.1　设计任务

(1)机构简介

图 6.48 所示为压床机构简图。其中，六杆机构 $ABCDEF$ 为主体机构，电动机经联轴器带动减速器的三对齿轮 z_1-z_2、z_3-z_4、z_5-z_6 将转速降低，然后带动曲柄 1 转动，六杆机构使滑块 5 克

服阻力 F_r 运动。为了减小主轴的速度波动,曲轴 A 上装有飞轮,曲柄轴的另一端装有供润滑连杆机构各运动副用的油泵凸轮。

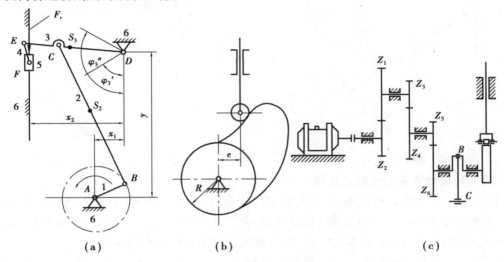

图 6.48　压床机构简图

(2)设计数据

设计数据如表 6.8 所示。

表 6.8　已知数据

内　容	导杆机构的设计及运动分析										
符号	x_1	x_{21}	y	ψ_3'	ψ_3''	H	$\dfrac{CE}{CD}$	$\dfrac{EF}{DE}$	n_1	$\dfrac{BS_2}{BC}$	$\dfrac{DS_2}{DE}$
单位	mm			(°)		mm			r/min		
方案一	50	140	220	60	120	150	1/2	1/4	100		
方案二	50	140	160	60	120	150	1/2	1/4	95		
内　容	凸轮机构的设计					齿轮机构的设计					
符号	h	$[\alpha]$	δ_0	δ_{01}	δ_0	z_5	z_6	α	m	从动件运动规律	
单位	mm	(°)						(°)	mm		
方案一	20	30	60	10	60	10	35	20	6	余弦	
方案二	18	30	60	30	80	10	35	20	6	等加速	

6.6.2　主冲压机构设计

(1)选择不同的方案

①方案一:曲柄滑块机构。它采用简单的连杆机构,用曲柄带动滑块实现压床上下的来回运动。机构简图如图 6.49 所示。

②方案二:曲柄六杆机构。所设计的机构简图如图 6.50 所示,多了另一个支点,能使滑块移动更平稳。

143

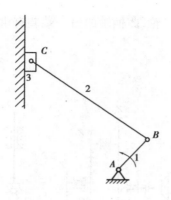

图 6.49　曲柄滑块机构

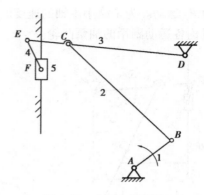

图 6.50　曲柄六杆机构

（2）两种设计方案的优缺点比较

①方案一：该方案机构简单，不需要很多的铰接点，生产成本低，但是该机构的稳定性能不佳，在使用过程中需要一个滑槽提供移动副，会使冲头在运动过程中产生滑动摩擦，从而降低了该机构的效率。所以，在实际工程中，这种机构的实用性能有待商榷。

②方案二：该机构在原先的四杆机构的基础上多了一个固定铰链点的杆件，并通过杆件将冲头的移动副设置成不需要依靠机架，这样就使得机构的效率大大提高了，而且六杆机构也使得机构更稳定，在实际工程中也有了更加广阔的应用空间。所以，综合以上的两种机构的优缺点，方案二为最佳可行方案，按照所选取的数据，可以设计出满足要求的机构。

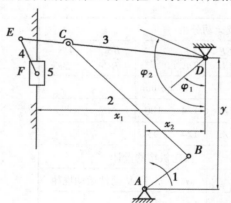

图 6.51　压床机构简图

（3）机构尺度综合

图 6.51 为该压床机构的运动简图。

当 CD 处于 φ_1 位置的时候，BC 与 BA 重合，且 $CA = BC - AB$，此时的滑块 5 处于最下方的极限位置；当 CD 处于 φ_2 位置的时候，$CA = BC + AB$，此时的滑块 5 处于最上方的极限位置。若设计合理，则当滑块处于极限位置时，E 点应当与滑块所处的平面平行，即 EF 垂直于水平面。得设计步骤如下：

①由已知条件：$EF/DE = 1/4$，可解得 $DE = x_1/\sin \varphi_1 = 161.66$ mm，则可求出 $EF = DE/4 = 40.415$ mm。

②以 A，D 为固定点，并且设 A 的坐标为坐标原点，则 $x_D = 50$ mm，$y_D = 220$ mm，由已知的极限位置可求得 C 的极限位置的坐标：$x_{C1} = -43.33$ mm，$y_{C1} = 166.11$ mm，$x_{C2} = -43.33$ mm，$y_{C2} = 273.89$ mm。

③设 B 点的坐标 x_B、y_B 为设计变量，x_{C1}、y_{C1} 为连杆上的已知点，转过的角度 $\theta = 180°$。

④列出位移矩阵方程：

$$\begin{bmatrix} -\cos\theta_{1i} & \sin\theta_{1i} & x_{pi} - x_{p1}\cos\theta_{1i} + y_{p1}\sin\theta_{1i} \\ \sin\theta_{1i} & \cos\theta_{1i} & y_{pi} - x_{p1}\sin\theta_{1i} + y_{p1}\cos\theta_{1i} \\ 0 & 0 & 1 \end{bmatrix} = D \qquad (6.30)$$

B 点的其他坐标为：

$$\begin{bmatrix} X_{Bi} \\ Y_{Bi} \\ 1 \end{bmatrix} = D \begin{bmatrix} X_{B1} \\ Y_{B1} \\ 1 \end{bmatrix} \tag{6.31}$$

由于杆长为定值,写出杆 AB、杆 CD 的约束方程:

$$(x_{b1} - x_{a1})^2 + (y_{b1} - y_{a1})^2 = (x_{bi} - x_{a1})^2 + (y_{bi} - x_{a1})^2 \tag{6.32}$$

$$(x_{b1} - x_{c1})^2 + (y_{b1} - y_{c1})^2 = (x_{bi} - x_{c1})^2 + (y_{bi} - x_{cl})^2 \tag{6.33}$$

把式(6.30)和式(6.31)代入式(6.32)和式(6.33)中,利用 MATLAB 解方程,其中 $x_{pi} = x_{c2}$,$x_{p1} = x_{c1}$,$\theta_{1i} = \theta$,最后可得:$DE = 161.66$ mm,$EF = 40.415$ mm,$BC = 227.29$ mm,$AB = 50$ mm。

(4)机构运动仿真分析

1)压床机构的模型建立与仿真

为了对该压床机构进行相关的运动学分析,在没有做出实体之前,运用相应的仿真软件对其进行先一步的模拟仿真是很有必要的。本机构的运动仿真主要是在 ADAMS 上进行的,在此之前就要在 ADAMS 软件中建立相关的机构。建成后的模型如图 6.52 所示。

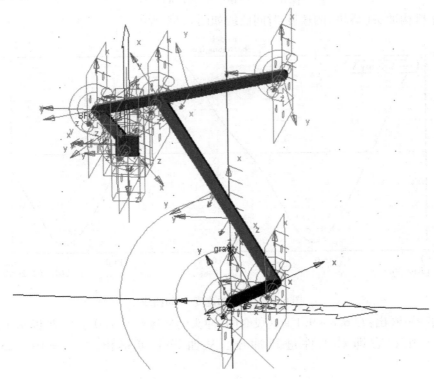

图 6.52　ADAMS 中建立的机构模型

模型建立完成后,就可在 ADAMS 中对其进行仿真分析了。

2)压床机构的运动仿真

在给所建完的模型加上驱动力后,得到以下的运动仿真曲线:

①压床机构冲头(滑块)的位移-时间曲线如图 6.53 所示。

从曲线中可看出:时间为 6.8~9.1 s 时,冲头在竖直方向上位移为 0,说明此时冲头正处于工作状态,而位移 $S_{max} = 125.23$ mm,$S_{min} = 149.782$ mm。

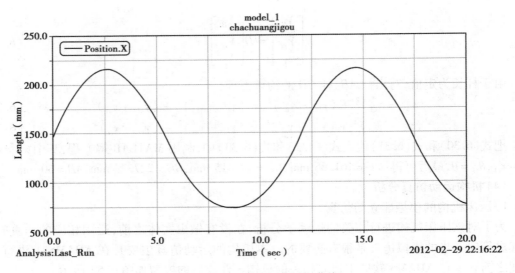

图 6.53　滑块的位移-时间曲线

②压床机构冲头(滑块)的速度-时间曲线如图 6.54 所示。

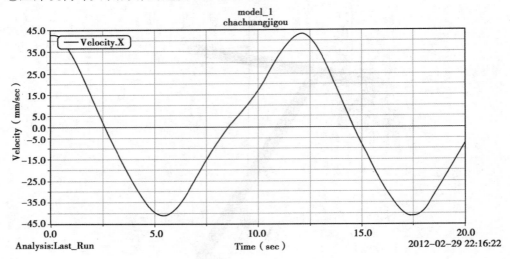

图 6.54　滑块的速度-时间曲线

由该曲线可看出:在 6.8~9.1 s 这段时间,冲头的速度几乎为 0,进一步说明了此时的冲头正处于工作状态即对工件进行冲压。从曲线上可得出:V_{max} = 104.251 mm/s, V_{min} = 0 mm/s。

③压床机构冲头(滑块)的加速度-时间曲线如图 6.55 所示。

由该曲线可看出:重头在工作时间里,加速度发生了显著的变化。由曲线得:a_{max} = 35.42 mm/s², a_{min} = 0 mm/s²,冲头在向下冲压和向上提起的过程中,变化很快。

3)压床机构冲头在 X 方向的偏移验证

滑块在 X 方向上的偏移如图 6.56 所示。

从曲线可看出,当该机构正常工作的时候,冲头在 X 方向上有轻微的偏移,并不是一条完全水平的直线,这说明该机构在工作过程中并不是完全稳定的,它会受到外界条件的影响,从

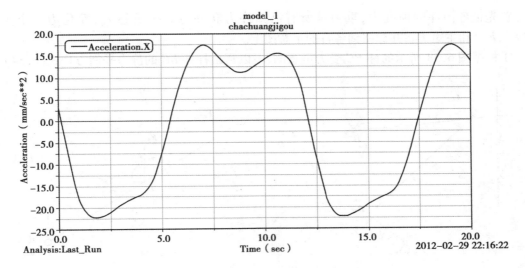

图 6.55　滑块的加速度-时间曲线

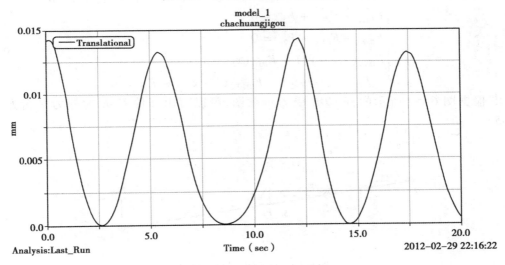

图 6.56　滑块在 X 方向上的偏移

而使冲头发生一定的震动。

　　综上所述,从冲头的位移-时间、速度-时间、加速度-时间等曲线可看出,本次的设计还是符合其所要求的,而且冲头在 X 方向上的偏移也在所要求误差范围内。

　　(5) 机构动力分析

　　对机构进行动力分析的目的是为下一步机构的强度、刚度设计提供强度依据,对于了解机构的动力性能、进行驱动方式的选择、确定机械的工作能力等多方面都是非常必要的。

　　动力分析主要用于运动速度较快、机构各杆件在运动过程中的惯性力对构件的受力影响很大的机构。由于机构各杆件铰链点的摩擦力对杆件的受力情况影响非常小,故可以忽略不计,分析的主要是惯性力、铰链点的运动副反力、平衡力(平衡力矩)等。

　　1)压床机构的静力分析

　　机构运动简图如图 6.57 所示,为方便列示,定义各杆号。

首先把各构件的惯性力、重力等所有已知外力和外力矩向质心 P_i 简化为一个主力 $F_i(F_{ix}, F_{iy})$ 和主矩 F_{iT}，并标注到各自的示意图上。

①根据图 6.58 所示的杆 BC 受力示意图，可以写出杆件 BC 的静力平衡方程式(6.34)。

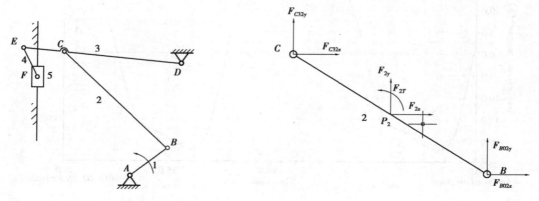

图 6.57　机构运动简图　　　　　　　　　图 6.58　杆 BC 受力示意图

$$\begin{cases} F_{B02x} + F_{C32x} + F_{2x} = 0 \\ F_{B02y} + F_{C32y} + F_{2y} = 0 \\ F_{B02x}(y_{P2} - y_B) + F_{B02y}(x_{P2} - x_B) \\ \quad - F_{C32x}(y_C - y_{P2}) - F_{C32y}(x_C - x_{P2}) + F_{2T} = 0 \end{cases} \tag{6.34}$$

②根据图 6.59 所示的杆 CDE 受力示意图，可以写出杆件 CDE 的静力平衡方程式(6.35)。

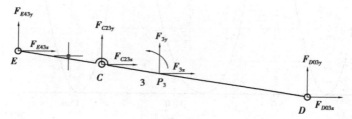

图 6.59　杆 CDE 受力示意图

$$\begin{cases} F_{D03x} + F_{3x} + F_{C23x} + F_{E43x} = 0 \\ F_{D03y} + F_{3y} + F_{C23y} + F_{E43y} = 0 \\ F_{D03x}(y_{P3} - y_D) + F_{D03y}(x_{P3} - x_D) - F_{C23x}(y_C - y_{P3}) \\ \quad - F_{C23y}(x_C - x_{P3}) - F_{E43x}(y_E - y_{P3}) - F_{E43y}(x_E - x_{P3}) + F_{3T} = 0 \end{cases} \tag{6.35}$$

③根据图 6.60 所示的杆 AB 受力示意图，可以写出杆件 AB 的静力平衡方程式(6.36)。

$$\begin{cases} F_{A01x} + F_{1x} + F_{B21x} = 0 \\ F_{A01y} + F_{1y} + F_{B21y} = 0 \\ F_{A01x}(y_{P1} - y_A) - F_{A01y}(x_{P1} - x_A) \\ \quad - F_{B21x}(y_B - y_{P1}) + F_{B21y}(x_B - x_{P1}) + F_{1T} = 0 \end{cases} \tag{6.36}$$

④根据图 6.61 所示的杆 EF 受力示意图，可以写出杆件 AB 的静力平衡方程式(6.37)。

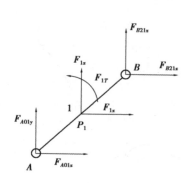

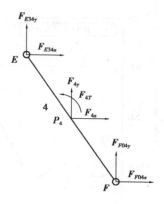

图 6.60　杆 AB 受力示意图　　　　　　　　　　图 6.61　杆 EF 受力示意图

$$\begin{cases} F_{F04x} + F_{4x} + F_{E34x} = 0 \\ F_{F04y} + F_{4y} + F_{E34y} = 0 \\ F_{F04x}(y_{P4} - y_F) + F_{F04y}(x_{P4} - x_F) \\ \quad - F_{E34x}(y_E - y_{P4}) - F_{E34y}(x_E - x_{P4}) + F_{4T} = 0 \end{cases} \tag{6.37}$$

在以上 4 式中，F_{A01x}，F_{A01y}，F_{D03x}，F_{D03y}，F_{F04x}，F_{F04y}，F_{1x}，F_{1y}，F_{2x}，F_{2y}，F_{3x}，F_{3y}，F_{4x}，F_{4y}，F_{1T}，F_{2T}，F_{3T}，F_{4T} 为已知条件，且

$$\begin{cases} F_{B21x} = -F_{B12x} \\ F_{B21y} = -F_{B12y} \end{cases} \tag{6.38}$$

$$\begin{cases} F_{C32x} = -F_{C23x} \\ F_{C32y} = -F_{C23y} \end{cases} \tag{6.39}$$

$$\begin{cases} F_{E43x} = -F_{E34x} \\ F_{E43y} = -F_{E34y} \end{cases} \tag{6.40}$$

联立方程组（6.34）（6.35）（6.38）（6.39），可解得 4 个未知数：F_{B12x}，F_{B12y}，F_{C23x}，F_{C23y}。

联立（6.36）（6.37）（6.40）3 个方程组和已知固定点的 F_{E34x}，F_{E34y}，F_{04y} 则可求得所有未知数的解。

2）冲头的受力分析

作用在冲头处有两个运动副，一个为 F 点的铰链点，另一个为冲头和机架的移动副，对这两点受力分析如图 6.62 和图 6.63 所示。

由图中可看出，它们的受力曲线在大体上相近，都是在冲头冲压工件的时候有一个很大的受力，说明整个机构在冲头工作时受到很大的力，杆件和冲头在设计时要求满足此时的受力大小；而在冲头上下移动时受到的力较小，只有小范围的波动，这时对杆件的要求不是很大。

3）基点的受力情况

因为基点 A 是驱动力的依靠点，同时也是整个机构的支点，所以有必要对其进行受力分析，以便在确定杆件的强度时获得参考。仿真得到的曲线如图 6.64 所示。

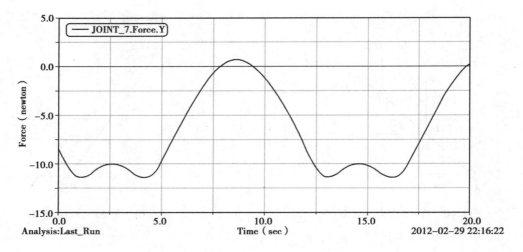

图 6.62　滑块的受力分析

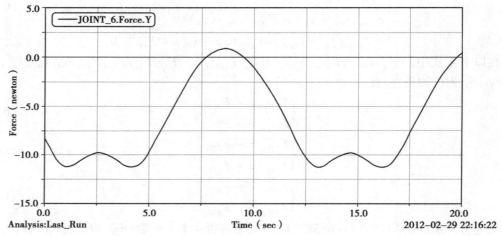

图 6.63　铰链点 *F* 的受力分析

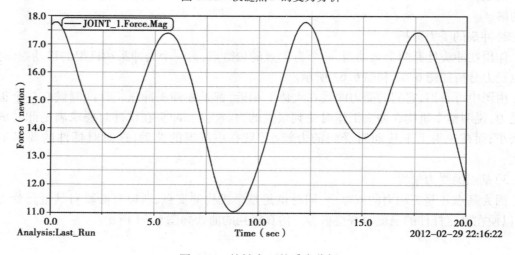

图 6.64　铰链点 *A* 的受力分析

由图可看出,铰链点 A 在冲头没有冲压到工件时处在受力较大的状态下,而当冲头冲压工件时,它受到的力突然变小,说明此时其他铰链点承受了大部分力,使得 A 点受力减小。综上所述,只要能保证各铰链点的强度能满足最大受力时的要求,就能使机构满足其动力学性能。

6.6.3　齿轮机构设计

(1)齿轮变位系数的选择

取方案 1, $z_1 = 10$, $z_2 = 35$,满足 $z_1 + z_2 > 2z_{min}$ 的条件,该对齿轮采用等移距变位传动。

由机械设计手册查得: $x_1 = 0.51$, $x_2 = -0.51$ 。

表6.9　齿轮参数表

名　称	符　号	计算公式
分度圆直径 d	d	$d = mz$
基圆直径 db	d_b	$d_b = d \cos \alpha$
齿顶圆直径	d_a	$d_a = d + 2h_a$
齿根圆直径	d_f	$d_f = d - 2h_f$
节圆直径	d'	$d' = d \cos \alpha / \cos \alpha'$
齿顶高	h_a	$h_a = (h_a^* + x - \Delta y)m$
齿根高	h_f	$h_f = (h_a^* + c^* - x)m$
啮合角	α'	$\alpha' = \arcos(a \cos \alpha / \alpha')$
		$inv\alpha' = 2\tan(x_1 + x_2)/(z_1 + z_2) + inv\alpha$
标准中心距	a	$a = 1/2(d_1 + d_2)$
实际中心距	a'	$a' = (d_1' + d_2')/2; a' = a \cos \alpha / \cos \alpha'$
齿顶高变动系数	y	$\Delta y = x_1 + x_2 - y$
中心距变动系数	y	$y = (\alpha' - \alpha)/m$
齿距	p	$p = \pi m$
基节	p_b	$p_b = p \cos \alpha$
	s	$si = (\pi/2 + 2xi \tan \alpha)m$
	e	$ei = (\pi/2 - 2xi \tan \alpha)m$

分度圆直径: $d_5 = mz_5 = 6 \times 10 = 60 d_6 = mz_6 = 35 \times 6 = 210$ 。

基圆直径: $d_{b5} = d_5 \cos \alpha = 60 \times \cos 20 = 56$, $d_{b6} = d_6 \cos \alpha = 210 \times \cos 20 = 197$ 。

齿顶圆直径: $d_{a5} = d_5 + 2h_{a5} = 78$, $d_{a6} = d_6 + 2h_{a6} = 216$ 。

齿根圆直径: $d_{f5} = d_5 - 2h_{f5} = 46$, $d_{f6} = d_6 - 2h_{f6} = 188$ 。

节圆直径: $d_5' = d_5 \cos \alpha / \cos \alpha'$, $d_6' = d_6 \cos \alpha / \cos \alpha'$ 。

啮合角: $\alpha' = \alpha = 20$ 。

齿顶高变动系数：$\Delta y = 0s5 = (/2 + 2xi\tan\alpha)m = 11$。

中心距变动系数：$y = 0s6 = 7$。

实际中心距：$a' = a = 135e5 = 7, e6 = 11$。

（2）绘制啮合图

齿轮啮合图是将齿轮各部分按一定比例尺画出齿轮啮合关系的一种图形。它可以直观地表达一对齿轮的啮合特性和啮合参数，并可借助图形进行必要的分析。

1）渐开线的绘制

渐开线齿廓按渐开线的形成原理绘制，以齿轮轮廓线为例，其步骤如下：

①按齿轮计算公式计算出 $d''_0, d''_b, d''_a, d''_f$ 各尺寸，画出各相应圆，因为要求是标准齿轮啮合，故节圆与分度圆重合。

②连心线与分度圆（节圆）的交点为节点 P，过节点 P 作基圆切线，切点为 N_1，则 $\overline{N_1 P}$ 即为理论啮合线的一段，也是渐开线发生线的一段。

③将 $\overline{N_1 P}$ 线段分成若干等份：$\overline{P1}, \overline{12}, \overline{23}\cdots\cdots$

④根据渐开线特性 $\overline{N_1 O'} = \overline{N_1 P}$，圆弧长不易测得，可按下式计算 $N_1 O'$ 弧所对应弦长 $\overline{N_1 O'}$：

$$\overline{N_1 O'} = d_b \sin\left(\frac{\overline{N_1 P}}{d_b} \cdot \frac{180°}{\pi}\right)$$

⑤按此弦长在基圆上取 O' 点。

⑥将基圆上的弧长 $N_1 O'$ 分成同样等份，得基圆上的对应分点 $1', 2', 3'$。

⑦过 $1', 2', 3'$ 点作基圆的切线，并在这些切线上分别截取线段，使 $\overline{1'1''} = \overline{1p}, \overline{2'2''} = \overline{2p}, \overline{3'3''} = \overline{3p}\cdots\cdots$得 $1'', 2'', 3''$ 诸点，光滑连接 $0'', 1'', 2'', 3''$，各点的曲线即为节圆以下部分的渐开线。

⑧将基圆上的分点向左延伸，作出 $5', 6', 7'\cdots\cdots$取 $\overline{5'5''} = \overline{5p1}, \overline{6'6''} = \overline{6p1}\cdots\cdots$可得节圆以上渐开线各点 $5'', 6''\cdots\cdots$直至画到超出齿顶圆为止。

⑨当 $d_f < d_b$ 时，基圆以下一段齿廓取为径向线，在径向线与齿根圆之间以 $r = 0.2$ mm 为半径画出过渡圆角；当 $d_f > d_b$ 时，在渐开线与齿根圆之间画出过渡圆角。

2）啮合图的绘制过程

①选取比例尺 $\mu_l = 2$ mm/mm，图中标定出齿轮 Z''_0 与 Z'_1 的中心，以 $O''O'$ 为圆心分别作出基圆、分度圆、节圆、齿根圆、齿顶圆。

②画出工作齿轮的基圆内公切线，它与连心线 $O_1 O_2$ 的交点为点 P，又是两节圆的切点，内公切线与过 P 点的节圆切线间夹角为啮合角 α'_t。

③过节点 P 分别画出两齿轮在齿顶圆与齿根圆之间的齿廓曲线。

④按已算得的齿厚 s 和齿距 P 计算对应的弦长 $\bar{s}$ 和 $\bar{p}$。

$$\bar{s} = d\sin\left(\frac{s}{d} \cdot \frac{180°}{\pi}\right); \bar{p} = d\sin\left(\frac{p}{d} \cdot \frac{180°}{\pi}\right)$$

按 $\bar{s}$ 和 $\bar{p}$ 在分度圆上截取弦长得 A、C 点，则 $AB = s, AC = p$。

⑤取 AB 中点 D，连 OD 两点为轮齿的对称线，用纸描下右半齿形，以此为模板画出对称的左半部分齿廓及其他相邻的 3 个齿廓，另一齿轮做法相同。

⑥作出齿廓的工作段，如图 6.65 所示。

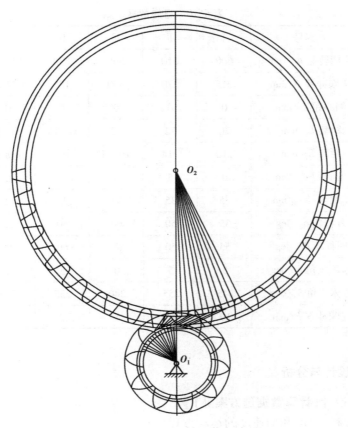

图 6.65　齿轮啮合图

6.7　四冲程内燃机主要机构设计

6.7.1　设计要求

(1) 工作原理

四冲程内燃机是一种将化学能转化为机械能的机器,包括活塞的吸气、压缩、做功、排气4个过程,辅助动作为进排气门的开闭。其机构示意图如图6.66所示。

该机构由汽缸(机架)中活塞(滑块 B)驱动曲柄 O_1A,曲柄轴上固联有齿轮1,通过齿轮2驱动凸轮上齿轮3,凸轮控制配气阀推杆运动。

(2) 原始数据

已知原始数据如表6.10所示。

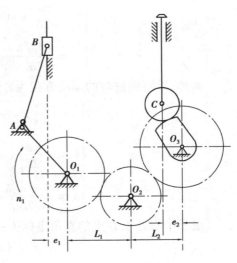

图 6.66　四冲程内燃机机构示意图

表 6.10　已知数据

方案号	I	II	III	IV	V
曲柄转速 n_1/rpm	600	610	590	630	580
活塞冲程 H/mm	215	270	300	185	210
偏心距 e_1/mm	0	0	0	0	0
距离 L_1/mm	70	72	63	64.75	66.5
距离 L_2/mm	110	114	101.5	105	108.5
偏心距 e_2/mm	0	5	6	0	0
基圆半径 r_0/mm	35	35	35	35	35
升程角 δ_0/deg	55	50	60	60	55
回程角 δ'_0/deg	55	50	60	60	55
远休止角 δ_s/deg	5	5	0	5	0
近休止角 δ'_s/deg	245	255	240	235	250
气阀冲程 h/mm	10	9	8	7	6

6.7.2　机构设计与分析

(1) 凸轮机构设计(计算数据选方案Ⅱ)

1) 从动件的位移、速度和加速度的运动方程

设从动件按余弦加速度运动规律运动,按余弦加速度运动的定义,可得推程时运动方程为:

$$\begin{cases} s = \dfrac{h}{2}\left[1 - \cos\left(\dfrac{\pi}{\delta_0}\delta\right)\right] \\[2mm] v = \dfrac{\pi\omega h}{2\delta_0}g\sin\left(\dfrac{\pi}{\delta_0}\delta\right) \qquad \delta \in [0,\delta_0] \\[2mm] a = \dfrac{\pi^2\omega^2 h}{2\delta_0^2}g\cos\left(\dfrac{\pi}{\delta_0}\delta\right) \end{cases}$$

同理,可得回程时的运动方程为:

$$\begin{cases} s = \dfrac{h}{2}\left[1 + \cos\left(\dfrac{\pi}{\delta'_0}\delta\right)\right] \\[2mm] v = -\dfrac{\pi\omega h}{2\delta'_0}g\sin\left(\dfrac{\pi}{\delta'_0}\delta\right) \qquad \delta \in [0,\delta'_0] \\[2mm] a = -\dfrac{\pi^2\omega^2 h}{2\delta_0'^2}g\cos\left(\dfrac{\pi}{\delta'_0}\delta\right) \end{cases}$$

滚子中心处于 B 点的直角坐标为:

$$\left. \begin{aligned} x &= (s_0 + s)\sin\delta + e\cos\delta \\ y &= (s_0 + s)\cos\delta - e\sin\delta \end{aligned} \right\}$$

其中, $s_0 = \sqrt{r_0^2 - e^2}$ 。

推程：

$$\delta_0' \in [0, 0.872\ 2]$$

$$s = \frac{h}{2}\left[1 - \cos\left(\frac{\pi}{\delta_0}\delta\right)\right] = 8 \times [1 - \cos(3.6\delta)] \times 0.5 = 4 - 4\cos(3.6\delta)$$

$$v = \frac{ds}{dt} = 4\sin(3.6\delta) \times 3.6\omega_3 = 14.4\omega_3\sin(3.6\delta)$$

$$a = \frac{dv}{dt} = 14.4\omega_3\cos(3.6\delta) \times \omega_3 \times 3.6 = 51.84\omega_3^2\cos(3.6\delta)$$

凸轮推程理论廓线方程：

$$X = [38.641\sin\delta - 4\cos(3.6\delta)]\sin\delta + 5\cos\delta$$
$$Y = [38.641\sin\delta - 4\cos(3.6\delta)]\cos\delta - 5\cos\delta$$

回程：

$$\delta_0' \in [0, 0.872\ 2]$$

$$s = \frac{h}{2}\left[1 + \cos\left(\frac{\pi}{\delta_0}\delta\right)\right] = 8 \times [1 + \cos(3.6\delta)] \times 0.5 = 4 + 4\cos(3.6\delta)$$

$$v = \frac{ds}{dt} = -4\sin(3.6\delta) \times 3.6\omega_3 = -14.4\omega_3\sin(3.6\delta)$$

$$v = \frac{ds}{dt} = -4\sin(3.6\delta) \times 3.6\omega_3 = -14.4\omega_3\sin(3.6\delta)$$

$$a = \frac{dv}{dt} = -14.4\omega_3\cos(3.6\delta) \times \omega_3 \times 3.6 = -51.84\omega_3^2\cos(3.6\delta)$$

凸轮回程理论廓线方程：

$$X = [38.641\sin\delta + 4\cos(3.6\delta)]\sin\delta + 5\cos\delta$$
$$Y = [38.641\sin\delta + 4\cos(3.6\delta)]\cos\delta - 5\cos\delta$$

远休：
$$\begin{cases} X = 42.933\sin\delta \\ Y = 42.933\cos\delta \end{cases}$$

近休：
$$\begin{cases} X = 35\sin\delta \\ Y = 35\cos\delta \end{cases}$$

使用作图法得理论廓线示意图。

2）实际廓线

用作图法求得凸轮的实际工作曲线如图 6.67 和图 6.68 所示。

3）从动件的位移运动图像

①顶杆运动分析如图 6.69 所示。

推程： $\qquad s = 4 - 4\cos(3\delta)$

回程： $\qquad s = 4 + 4\cos(3\delta)$

注：从 105° 开始近休止。

②速度运动图像如图 6.70 所示。

推程： $\qquad v = 14.4 \times 34.034 \times \sin(3.6\delta)$

回程： $\qquad v = -14.4 \times 34.034 \times \sin(3.6\delta)$

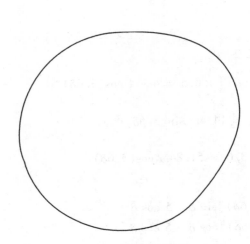

图 6.67　凸轮理论廓线

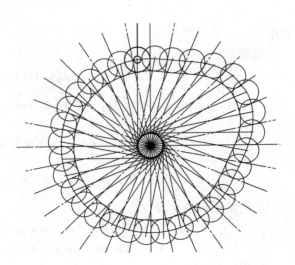

图 6.68　凸轮的实际工作廓线

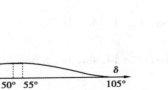

图 6.69　从动件位移曲线

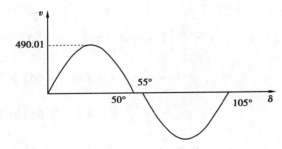

图 6.70　从动件速度曲线

③加速度运动图像如图 6.71 所示。

推程：$\qquad a = 60\,047 \times \cos(3.6\delta)$

回程：$\qquad a = -60\,047 \times \cos(3.6\delta)$

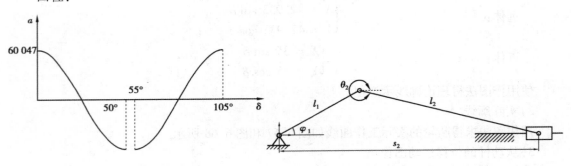

图 6.71　从动件加速度曲线　　　　图 6.72　曲柄滑块机构示意图

（2）曲柄滑块机构运动分析

由于活塞的冲程 $H = 270$ mm，偏心距 $e = 0$ mm，则 $L_1 = 135$ mm，由曲柄存在条件 $L_2 > L_1$，可取 L_2 的长度为 490 mm。

1）位移分析

由矢量多边形可得：

$$l_1 + l_2 = s_2$$

即
$$l_1 \mathrm{e}^{i\varphi_1} + l_2 \mathrm{e}^{i\theta_2} = s_2 \tag{6.41}$$

应用欧拉公式,将实部和虚部分离,有:
$$\left. \begin{array}{l} - l_1 \cos \phi_1 + l_2 \cos \theta_2 = s_2 \\ l_1 \sin \phi_1 + l_2 \sin \theta_2 = 0 \end{array} \right\}$$

$$\theta_2 = -\arcsin \frac{l_1 \sin \phi_1}{l_2} = -\arcsin \frac{135 \sin \phi_1}{490} = -\arcsin(0.275\,5 \sin \phi_1)$$

$$s = - l_1 \cos \phi_1 + l_2 \sqrt{1 - \frac{l_1^2 \sin^2 \phi_1}{l_2^2}} = -135 \cos \phi_1 + 490 \sqrt{1 - \frac{135^2 \sin^2 \phi_1}{28\,900}}$$

2)速度分析

对时间求导,得:
$$l_1 \omega_1 \mathrm{e}^{i\phi 1} + l_2 \omega_2 \mathrm{e}^{i\theta_2} = v_2$$

可得:
$$v_2 = \frac{- l_1 \omega_1 \sin(\phi_1 - \theta_2)}{\cos \theta_2} = -\frac{135 \times 68 \sin(\phi_1 + \arcsin(0.275\,5 \sin \phi_1))}{\sqrt{1 - \frac{135^2 \sin^2 \phi_1}{28\,900}}}$$

3)加速度分析

将式(6.39)对时间求二阶导,得:
$$il_1 \omega_1^2 \mathrm{e}^{i\phi_1} + l_2 \alpha_2 \mathrm{e}^{i\phi_1} + il_2 \omega_2^2 \mathrm{e}^{i\theta_2} = a_3$$

可得:
$$a_3 = \frac{-[l_1 \omega_1^2 \cos(\theta_2 - \phi_1) + l_2 \omega_2^2]}{\cos \theta_2} = \frac{[135 \times 68^2 \cos(-\arcsin(0.275\,5 \sin \phi_1) - \phi_1) + 490 \times 68^2]}{\sqrt{1 - \frac{135^2 \sin^2 \phi_1}{28\,900}}}$$

根据以上分析,使用 MATLAB 的 SIMULINK 编程仿真计算得滑块的位移、速度曲线如图 6.73 所示。

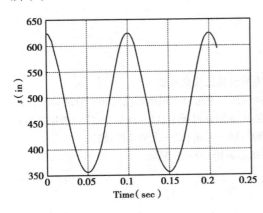 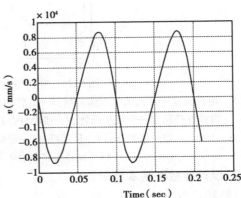

图 6.73　滑块位移、速度曲线

6.8　粒状巧克力糖包装机执行机构设计

6.8.1　设计任务书

(1)工作原理

本机加工对象是呈圆台形粒状巧克力糖,过去由于手工包装质量不均,工人劳动强度大,远远不能适应市场的需要。该粒状巧克力糖包装机的使用能够方便生产,大大提高生产效率。粒状巧克力糖包装机是专用自动机,根据自动机传动系统设计的一般原则和巧克力糖包装工艺的具体要求,其传动系统如图6.74所示。

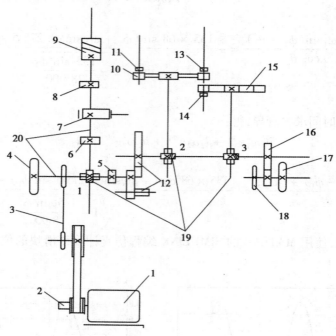

图6.74　粒状巧克力糖包装机传动系统

1—电动机;2—带式无级变速机构;3—链轮幅;4—盘车手轮;5—顶糖杆凸轮;6—剪纸导凸轮;
7—拨糖杆凸轮;8—抄纸板凸轮;9—接糖杆凸轮;10—钳糖机械手;11—拨糖杆;12—槽轮机构;
13—接糖杆;14—顶躺杆;15—送糖盘;16—齿轮;17—供纸部件链轮;
18—输送带链轮;19—螺旋齿轮;20—分配轴

(2)设计参数和基本要求

1)粒状巧克力糖

被加工对象是粒状巧克力糖,如图6.75所示,$H = 15$ mm,$\varphi_1 = 25$ mm,$\varphi_2 = 20$ mm。

2)机器的生产效率

生产任务为每班产量570 kg,约合自动机的正常生产率120 件/min。考虑自动机的工艺条件的变化,采用无级调速,使自动机的生产率为70~130 件/min。本设计采用86 件/min。

表 6.11　设计数据表

方案号	A	B	C	D	E	F	G	H
电动机转速/($r \cdot min^{-1}$)	1 440	1 440	1 440	960	960	820	820	780
每分钟包装糖果数目/(个 · min^{-1})	120	90	60	120	90	90	80	60

3)包装质量要求

要求巧克力糖包装后外形美观、挺括,铝箔纸无明显损伤、撕裂、褶皱,如图 6.76 所示。

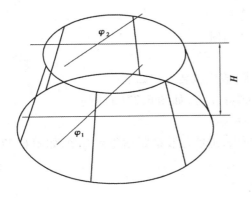

图 6.75　产品形状

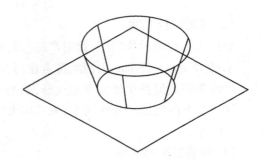

图 6.76　包装产品最后形状

4)具体设计要求

①要求设计糖果包装机的抄纸和拨糖机构,顶糖和接糖机构,铝箔纸锥面成形机构,褶纸机构以及巧克力糖果的送推料机构、包装机的传动系统。

②整台机器外形尺寸(宽×高)不超过 800 mm×1 000 mm。

③锥面成形机构不论采用平面连杆机构、凸轮机构或者其他常用机构,要求成形动作尽量等速,启动与停顿时冲击小。

④将自动机的进料系统直接与巧克力糖的浇注成型机的出口相衔接,以解决自动上料问题。

5)对自动机的基本要求

机械机构简单,工作可靠、稳定,操作方便、安全,维修容易,造价低,可大批量生产。

6.8.2　粒状巧克力糖包装机方案设计

(1)产品特征

粒装巧克力糖呈圆台形,轮廓清楚,但质地疏松,容易碰伤。因此,考虑机械动作时应适合它的特点,以保证产品的加工质量。产品夹紧力要适当,在进出料时避免碰撞而损伤产品;包装速度应适中,过快会引起冲击而可能损伤产品等。

食品包装材料应十分注重卫生。粒状巧克力糖包装纸采用厚度为 0.008 mm 的银色铝箔纸,它的特点是薄而脆,抗拉力较小,容易撕裂,也容易褶皱。因此,在设计供纸部件时,对速度应十分注意。一般包装的速度越高,纸张的拉力就越大。根据经验,送纸速度应小于500 mm/s。

选择供纸机结构时,主要依据下列两点:

①采用纸片供料或是采用卷筒纸供料。本机采用卷筒纸。

②纸张送出时的空间位置是垂直置放还是水平置放。将纸片水平置放对包装工艺有利,但本机采用卷筒纸水平输送,只能采用间歇式剪切供纸方法。

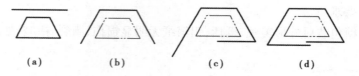

图 6.77　包装工序分解图

(2)拟定设计方案

根据人工包装动作顺序,针对产品包装质量要求,该机包装工艺如下:

①将 75 mm×75 mm 铝箔纸覆盖在巧克力糖小端正上方,如图 6.77(a)所示。

②使铝箔纸沿糖块锥面强迫成形,如图 6.77(b)所示。

③将余下的铝箔纸分成两半,先后向大端中央折去,迫使包装纸紧贴巧克力糖,如图 6.77(c)、(d)所示。

(3)包装工艺的试验

上述包装工艺还只是一种设想,还必须经过工艺试验加以验证。

图 6.78 为钳糖机械手及巧克力糖包装简图。

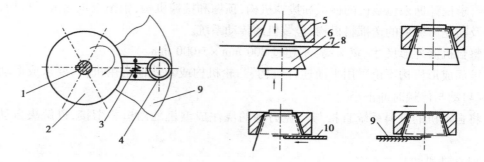

图 6.78　钳糖机械手及巧克力糖包装

1—转轴;2—转盘;3—弹簧;4—接糖杆;5—钳糖机械手(共6组);
6—糖块;7—顶糖杆;8—铝箔纸;9—环行托板;10—折边器

如图所示,机械手具有弹性的锥形模腔,这样能适应巧克力糖外形尺寸的变化,不存在拉破铝箔纸的现象。在机械手下面有圆环形托板,以防止糖块下落。

工艺实验的过程如下:

当钳糖机械手转至装糖位置时,接糖杆 4 向下运动,顶糖杆 7 向上推糖块 6 和包装纸 8,使糖块和铝箔纸夹在顶糖杆和接糖杆之间,然后它们同步上升,进入机械手 5,迫使铝箔纸成形,如图 6.77(b)所示。接着折边器 10 向左折边,成图 6.77(c)状,然后转盘 2 带机械手 5 作顺时针方向转动,途径环行托板 9,使铝箔纸全部覆盖在糖块的大端面上,完成全部包装工艺,如图 6.77(d)所示。

由于包装纸表面还不够光滑,有时还发生褶皱现象,需要进一步改进。经过实验,发现铝箔纸只要用柔软物轻轻一抹,就能很光滑平整地紧贴在糖块表面上,达到预期的外观包装质量要求。因此增设了一个带有锥形毛刷圈(软性尼龙丝),在定糖过程中先让糖块和铝箔纸通过毛刷圈,然后再进入机械手成形,使包装纸光滑、平整、美观,完全达到包装质量要求。

图 6.79 是经过改进后的巧克力糖包装成型机构简图。

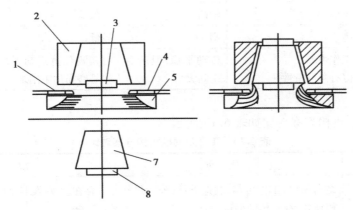

图 6.79　巧克力糖包装成型机构

1—左抄板纸;2—钳糖机械手;3—接糖杆;4—右抄板纸;
5—锥形尼龙丝圈;6—铝箔纸;7—糖块;8—顶糖杆

(4)执行机构的设计与选择

包装机可简单分为送推料机构、工序盘间歇机构和包装机构。

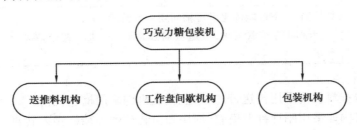

图 6.80　包装机机构分解

1)各部分机构的选择与比较

送推料机构各方案:曲柄滑块机构、齿轮齿条机构、凸轮机构、传送带。

工序盘用间歇机构方案:槽轮机构、棘轮机构、不完全齿轮机构、凸轮机构。

包装机构:刚性锥形模腔、钳糖机械手。

方案总数 $N = 4 \times 4 \times 2 = 32$。

2)方案对比

①送推料机构各方案对比如表 6.12 所示。

表 6.12　送推料机构方案对比

性能特点	曲柄滑块机构	齿轮齿条机构	凸轮机构	传送带
运动速度	高	高	较高	平稳、简单、速度可调节,由电机决定、效率高、承载能力高,较为常见
行程大小及可调程度	行程大小取决于曲柄尺寸,可调	可任意调整	行程不大,调节困难	
动力性能	平衡困难	好	取决于凸轮形状	
简单性	一般	简单	简单	
机械效率	一般	较高	一般	
承载能力	高	高	较低	
其他特征	工作可靠但有急回特性	传动平稳,但所需空间大	可实现任意运动规律,但易磨损加工困难	

②工序盘间歇机构方案对比如表 6.13 所示。

表 6.13　工序盘间歇机构方案对比

机构类型	优　点	缺　点
槽轮机构	结构简单,工作可靠,制造方便,外形尺寸小机械效率高,传动平稳。	存在少许柔性冲击,不易高速运转。
棘轮机构	结构简单,制造方便,运动可靠,转动角度可在较大范围内调节。	有较大的冲击和噪声,齿尖易磨损,运动精度较差,不易于高速。
不完全齿轮机构	结构简单,制造容易,工作可靠,设计时运动静止时间可在较大范围内变化。	有较大冲击,只能用于低速轻载场合。
凸轮机构	结构简单,不仅能传递平行轴间还可以传递交错轴间的间歇运动,可适应高速运转的要求。	加工复杂,安装要求比较严格

　　综上所述,送推料机构采用传送带,工序盘间歇机构采用槽轮机构。
　　理由:包装机构如采用刚性锥形模腔,糖块和包装纸由顶糖杆顶入转盘上的锥形模腔,迫使铝纸紧贴糖块,存在以下问题:
　　①由于巧克力糖在浇注成形时,外形尺寸误差较大,而刚性模腔不能完全适应这种情况;
　　②由于铝纸又薄又脆,在强迫成形时,铝纸有被拉破的现象,特别是当糖块与模腔之间的间隙太小时,易使铝箔纸没有足够的变形间隙而被撕破;
　　③可能会发生糖块贴牢模腔不能自由下落的情况;
　　④可能在顶糖时发生损伤糖块的现象。
　　对于推送机构,若选曲柄滑块,则结构简单,平衡困难,有急回性。若选凸轮机构,则行程小,不能达到设计要求,所以采用传送带不仅适用且经济性高。
　　对于工序盘间歇机构,若采用棘轮机构,生产中会产生较大的冲击和噪声。若采用不完全齿轮机构,则有较大冲击,只能用于低速轻载场合,不能适应巧克力糖包装机的相关要求,且凸轮机构加工复杂,安装要求比较严格,经济性不高。采用槽轮机构则能很好地解决存在的问题,而且也能满足性能要求。对于包装机构,将刚性模腔改成具有一定弹性的钳糖机械手,这样能适应巧克力外形尺寸的变化。故包装机构采用钳糖机械手。

6.8.3　粒状巧克力糖包装机的总体布局

(1) 机型选择

由于要满足大批量生产的要求,所以选择全自动机型。根据前述工艺过程,选择回转式工艺路线的多工位自动机型。根据工艺路线分析,实际上需要两个工位,一个是进料、成形、折边工位,另一个是出料工位。自动机采用六槽槽轮机构作工件步进传送。

(2) 自动机的执行机构

根据巧克力糖包装工艺,确定自动机由送糖机构、供纸机构、接糖和顶糖机构、抄纸机构、拨糖机构等执行机构组成。

下面是主要执行机构的结构和工作原理。

图6.81为钳糖机械手、进出糖机构结构图。送糖盘4与机械手作同步间歇回转,逐一将糖块送至包装工位Ⅰ。

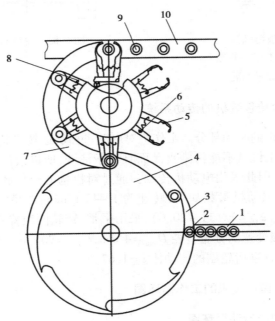

图6.81　钳糖机械手及进出糖块机构
1—输送带;2—糖块;3—托盘;4—钳糖机构;5—钳糖机械手;
6—弹簧;7—托板;8—机械手;9—机械手开合凸轮;10—输料带

机械手的开合动作由固定的凸轮8控制。凸轮8的廓线是由两个半径不同的圆弧组成,当从动滚子在大半径弧上,机械手就张开;当从动滚子在小半径弧上,机械手靠弹簧6闭合。

图6.82为接糖和顶糖机构示意图。接糖杆和顶糖杆的运动,不仅具有时间上的顺序关系,而且具有空间上的相互干涉关系,因此它们的运动循环必须遵循空间同步化的原则设计,并在结构上应予以重视。

接糖杆和顶糖杆夹住糖块和包装纸同步上升时,夹紧力不能太大,以免损伤糖块;同时应使夹紧力保持稳定,因此在接糖杆的头部采用如橡皮类的弹性件。

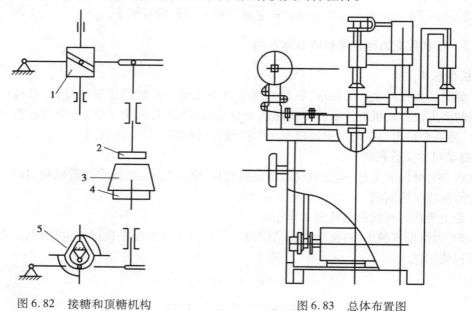

图 6.82 接糖和顶糖机构

1—圆柱凸轮;2—接糖杆;3—糖块;

4—顶糖杆;5—平面槽凸轮

图 6.83 总体布置图

6.8.4 粒状巧克力糖包装机的传动系统

原动件是机械系统中的驱动部分。工作机对启动、过载、运转平整性、调速和控制要求较高,且巧克力为食品,要求机械不能污染食品而且便于清洗,所以液压传动不符合条件,且气压和液压的成本都较高,因此采用电动机传动。通过对机构的分析和对电动机的相关功率、电源、频率等综合考虑,电动机参数如下:转速为 1 440 r/min,功率为 0.4 kW,分配转速为 70 ~ 130 r/min,总降速比 $u_总 = 1/(11-20.6)$,采用平带、链轮两级降速,其中 $u_带 = 1/(4.4 \sim 8)$,$u_链 = 1/2.67$。而无级变速的锥轮直径 $D_{min} = 4$ mm,$D_{max} = 70$ mm。螺旋齿轮副 1、2、3 的传动比,$i_1 = i_2 = i_3 = 1$ 直齿标准齿轮副的传动比 $i = 1.67$。

6.8.5 粒状巧克力糖包装机的工作循环图

(1)分析各执行机构的运动循环图

①确定各机构的运动循环 T_p。已知 $Q_T = 86$ 件/min,则分配轴的转速 $n = 86$ r/min,分配轴每转的时间就是该机的工作循环时间,即等于各个执行机构的运动循环时间之和,所以 $T_p = 60/n = 60/86 = 0.69$ s。

②确定各机构运动循环的组成区段。拨糖机、送料辊轮和机械手转位都是间歇运动机构,它们的运动循环由两个区段组成:

T_{k1}——拨糖机、送料辊轮和机械手转位等三个机构的转位运动时间;

T_{o1}——拨糖机、送料辊轮和机械手转位等三个机构的停歇时间。

因此,应有:

$$T_p = T_{k1} + T_{o1} \tag{6.42}$$

相应的分配轴转角为:

$$\phi_{p1} = \phi_{k1} + \phi_{o1} \tag{6.43}$$

剪刀机构 8 的运动循环可分为三个区段:

T_{k8}——剪刀机构的剪切工作行程时间;

T_{d8}——剪刀机构的返回行程时间;

T_{o8}——剪刀机构在初始位置的停留时间。

因此,应有:

$$T_{p8} = T_{k8} + T_{d8} + T_{o8} \tag{6.44}$$

相应的分配轴转角为:

$$\phi_{p8} = \phi_{k8} + \phi_{d8} + \phi_{o8} \tag{6.45}$$

顶糖杆机构 5 的运动循环的组成区段分为:

T_{k5}——顶糖杆机构的顶糖工作行程时间;

T_{s5}——顶糖杆机构在工作位置的停留时间;

T_{d5}——顶糖杆机构的返回行程时间;

T_{o5}——顶糖杆机构在初始位置的停留时间。

因此,应有:

$$T_{p5} = T_{k5} + T_{s5} + T_{d5} + T_{o5} \tag{6.46}$$

相应的分配轴转角为:

$$\phi_{p5} = \phi_{k5} + \phi_{s5} + \phi_{d5} + \phi_{o5} \tag{6.47}$$

活动折纸板机构 6 的运动循环也可以分为四个区段:

T_{k6}——活动折纸板机构的折纸工作行程时间;

T_{s6}——活动折纸板机构在工作位置的停留时间;

T_{d6}——活动折纸板机构的返回行程时间;

T_{o6}——活动折纸板机构在初始位置的停留时间。

因此,应有:

$$T_{p6} = T_{k6} + T_{s6} + T_{d6} + T_{o6} \tag{6.48}$$

相应的分配轴转角为:

$$\phi_{p6} = \phi_{k6} + \phi_{s6} + \phi_{d6} + \phi_{o6} \tag{6.49}$$

③确定各机构运动循环内各区段的时间及分配轴转角。由于粒状巧克力自动包装机的工作循环是从送料开始的,因此以送料辊轮机构的工作起点为基准进行同步化设计,拨糖盘和机械手转位两个机构与之相同。

a. 送料辊轮机构运动循环各区段的时间及分配轴转角。

根据工艺要求,试取送料时间 $T_{k1} = 0.2$ s,则停歇时间为 $T_{o1} = 0.4$ s,相应的分配轴转角为 $\phi_{k1} = 360° \times T_{k1}/T_p = 360° \times 0.2/0.69 = 104.34°$,$\phi_{o1} = 360° \times T_{o1}/T_p = 360° \times 0.4/0.69 = 208.69°$。

b. 剪刀机构 8 运动循环各区段的时间及分配轴转角。

根据工艺要求,试取剪切工作行程时间 $T_{k8} = 2/45$ s,则相应的分配轴转角分别为: $\phi_{k8} = 360° \times T_{k8}/T_p = 360°2/45/0.69 = 21.13°$。

初定 $T_{d8} = 4/54$ s,则 $T_{o8} = 13/27$ s,则相应的分配轴转角分别为:

$$\phi_{d8} = 360° \times T_{d8}/T_p = 360° \times 4/45/0.69 = 42.27°$$
$$\phi_{o8} = 360° \times T_{o8}/T_p = 360° \times 13/27/0.69 = 251.20°$$

c. 顶糖杆机构 5 运动循环各区段的时间及分配轴转角。

根据工艺要求,试取工作位置停留时间 $T_{s5} = 2/135$ s,则相应的分配轴转角为:
$$\phi_{s5} = 360° \times T_{s5}/T_p = 360° \times 2/135/0.69 = 7.72°$$

初定 $T_{k5} = 4/45$ s,$T_{d5} = 14/135$ s,则 $T_{o5} = 53/135$ s,相应的分配轴转角分别为:
$$\phi_{k5} = 360° \times T_{k5}/T_p = 360° \times 4/135/0.69 = 15.45°$$
$$\phi_{d5} = 360° \times T_{d5}/T_p = 360° \times 14/135/0.69 = 54.10°$$
$$\phi_{o5} = 360° \times T_{o5}/T_p = 360° \times 53/135/0.69 = 204.82°$$

d. 活动折纸板机构 6 运动循环各区段的时间及分配轴转角。

根据工艺要求,试取折纸工作行程时间 $T_{k6} = 4/65$ s,则相应的分配轴转角为:
$$\phi_{k6} = 360° \times T_{k6}/T_p = 360° \times 4/65/0.69 = 32.10°$$

初定 $T_{s6} = 2/65$ s,$T_{d6} = 31/195$ s,则 $T_{o6} = 68/195$ s,相应的分配轴转角分别为:
$$\phi_{s6} = 360° \times T_{s6}/T_p = 360° \times 2/65/0.69 = 16.05°$$
$$\phi_{d6} = 360° \times T_{d6}/T_p = 360° \times 31/195/0.69 = 82.94°$$
$$\phi_{o6} = 360° \times T_{o6}/T_p = 360° \times 68/195/0.69 = 181.93°$$

(2)各执行机构运动循环的时间同步化设计

①确定粒状巧克力自动包装机最短的工作循环 T_{pmin}。
$$\begin{aligned} T_{pmin} &= T_{k1} + T_{k2} + T_{k3} + T_{k4} + T_{s4} + T_{d4} \\ &= 1/5 + 2/45 + 4/45 + 4/64 + 2/65 + 31/195 \\ &= 38/65 \text{ s} \end{aligned} \tag{6.50}$$

②确定粒状巧克力自动包装机的工作循环 T_p。

令上述三对同步点的错移量分别为 Δt_1、Δt_2 和 Δt_3,若取
$$\Delta t_1 = \Delta t_2 = \Delta t_3 = 1/195 \text{ s}$$

则其在分配轴上相应的转角为:
$$\Delta\varphi_1 = \Delta\varphi_2 = \Delta\varphi_3 = \frac{\Delta t_1}{T_p} \times 360° = 3.1°$$

粒状巧克力自动包装机的工作循环应为:
$$\begin{aligned} T_p &= T_{pmin} + \Delta t_1 + \Delta t_2 + \Delta t_3 \\ &= 38/65 + 1/195 + 1/195 + 1/195 = 0.6 \text{ s} \end{aligned}$$

(3)绘制粒状巧克力自动包装机的工作循环

绘制出粒状巧克力自动包装机的工作循环图如图 6.84 所示。

(4)修正自动包装机的工作循环图

实际上,粒状巧克力自动包装机要求每转生产一个产品,这就要求应对工作循环图进行修正,即按比例或用其他分析方法,求出循环图截短后各动区段的分配轴转角。若将修正前各机构运动循环各区段对应的分配轴转角按比例放大,则有:
$$\varphi_x'' = \frac{T_p}{T_p'} \cdot \varphi_x'$$

式中 φ_x''——修正后各机构运动循环各区段对应的分配轴转角。

根据修正后的分配轴转角绘制的粒状巧克力自动包装机的工作循环图,如图 6.85 所示。

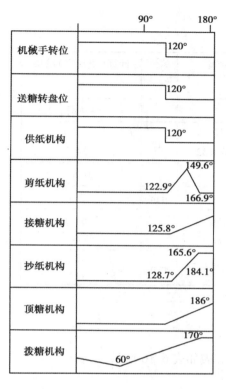

图 6.84

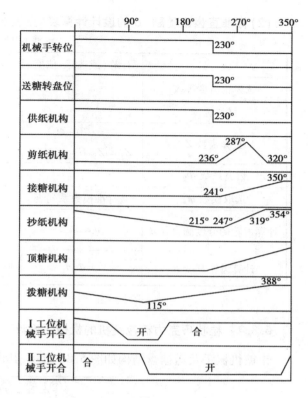

图 6.85

6.8.6　粒状巧克力糖包装机的齿轮设计

(1)斜齿轮副 1、2、3 的设计计算表(见表 6.14)

表 6.14

项　目	计算(或选择)依据	计算过程	单　位	计算结果
选齿轮精度等级				7
材料选择				45#钢
选择齿数 Z	$Z_1 = (20 \sim 40)$ $Z_2 = iZ_1, U = Z_2/Z_1$	$Z_1 = 28$ $Z_2 = 1 \times 28$	个	28 28
选取螺旋角 β	一般取 $8° \sim 20°$	12	(°)	12
齿宽系数 Φ_d				0.6
选取模数 m_n	查标准模数系列表		mm	2
计算齿轮的分度圆直径 d	$d = \dfrac{z m_n}{\cos \beta}$	$d_1 = \dfrac{z_1 m_n}{\cos \beta}$ $d_2 = \dfrac{z_2 m_n}{\cos \beta}$	mm	57.25 57.25
计算齿轮宽度 B	$b = \Phi_d d_1$	取 $B_1 = 35, B_2 = 35$	mm	35 35

（2）标准直齿齿轮副 16 的设计计算表（见表 6.15）

表 6.15

项　　目	计算（或选择）依据	计算过程	单位	计算（或确定）结果
选齿轮精度等级				7
材料选择				45#钢
选择齿数 Z	$Z_1 = (20 \sim 40)$	$Z_1 = 32$	个	32
	$Z_2 = iZ_1, U = Z_2/Z_1$	$Z_2 = 1.67 \times 32$		54
齿宽系数 Φ_d				0.5
选取模数 m_n	查标准模数系列表		mm	2
计算齿轮的分度圆直径 d	$d = zm_n$	$d_1 = z_1 m_n$	mm	64
		$d_2 = z_2 m_n$		108
计算齿轮宽度 B	$b = \Phi_d d_1$	取 $B_1 = 32, B_2 = 54$	mm	32
				54

6.8.7　粒状巧克力糖包装机的机械手设计

钳糖机械手及送糖盘结构如图 6.86 所示,其设计计算表如表 6.16 所示。

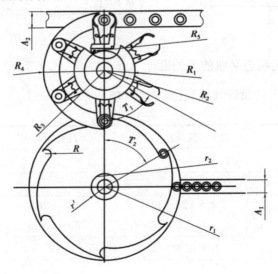

图 6.86　钳糖机械手及送糖盘结构

表 6.16　钳糖机械手及送糖盘的设计计算表

项　　目	计算（或选择）依据	计算结果	项　　目	计算依据	计算结果
A_1	$A_1 > \phi_1$	30	r'	$r' = (30 \sim 50)$	50
A_2	取 $A_2 = A_1$	30	R_1	$R_1 = (80 \sim 120)$	100
r_1	$r_1 = (100 \sim 200)$	150	R_2	$R_2 = R_1 - (10 \sim 30)$	80
r_2	取 $r_2 = r_1 - (30 \sim 50)$	110	R_3	$R_3 = R_4 - \phi_1'$	100

续表

项目	计算（或选择）依据	计算结果	项目	计算依据	计算结果
R_4	$R_4 = (100 \sim 200)$	130	ϕ_2'	$\phi_2' = \phi_2$	20
R_5	$R_5 = (R_1 - R_2)/2 = (5 \sim 15)$	10	ϕ_3	$\phi_3 = \phi_2' - (5 \sim 10)$	15
T_1	取 $T_1 = 60°$	60	ϕ_4	$\phi_4 = \phi_3$	15
T_2	$T_1 = T_2 = 60°$	60	R	取 $2R = \phi_1$	12.5
ϕ_1'	$\phi_1' = \phi_1$	25	H	$H = h + (4 \sim 10)$	20

6.8.8　粒状巧克力糖包装机的凸轮设计

(1) 顶糖杆槽凸轮 5

顶糖杆槽凸轮 5 如图 6.87 所示，其中：$R = 50$ mm，$H = 80$ mm，$h = 30$ mm。

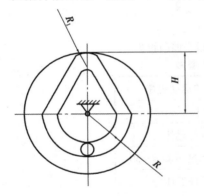

图 6.87　顶糖杆槽凸轮 5

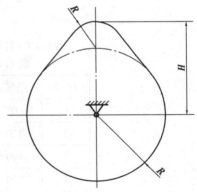

图 6.88　拨糖杆偏心凸轮 7

(2) 拨糠杆偏心凸轮 7

拨糖杆偏心凸轮 7 如图 6.88 所示，其中：$R = 50$ mm，$H = 87$ mm，$h = 37$ mm。

(3) 剪纸刀平面凸轮 6、抄纸板平面凸轮 8

剪纸刀平面凸轮 6 和抄纸板平面凸轮 8 如图 6.89 所示，参数分别如表 6.17 和表 6.18 所示。

表 6.17　剪纸刀平面凸轮 6 参数

序　号	凸轮运动角 δ	推杆的运动规律
1	$0° \sim 120°$	等速上升 $h = 60$
2	$120° \sim 180°$	推杆远休
3	$180° \sim 270°$	正弦加速度下降 $h = 60$
4	$270° \sim 360°$	推杆近休
偏心距 $e = 25$		基圆半径 $r_0 = 50$

169

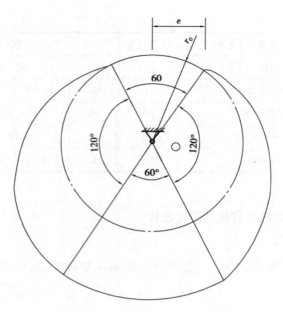

图 6.89　剪纸刀平面凸轮 6、抄纸板平面凸轮 8

表 6.18　抄纸板平面凸轮 8 参数

序号	凸轮运动角 δ	推杆的运动规律
1	$0° \sim 120°$	等速上升 $h = 50$
2	$120° \sim 180°$	推杆远休
3	$180° \sim 270°$	正弦加速度下降 $h = 50$
4	$270° \sim 360°$	推杆近休
偏心距 $e = 20$		基圆半径 $r_0 = 40$

（4）接糖杆圆柱凸轮 9

接糖杆圆柱凸轮 9 如图 6.90 所示,其中: $R = 60$ mm, $h = 100$ mm。

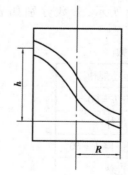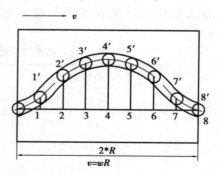

图 6.90　接糖杆圆柱凸轮 9

6.8.9　粒状巧克力糖包装机的槽轮设计

该槽轮如图 6.91 所示,参数如表 6.19 所示。

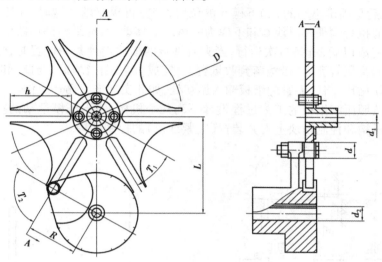

图 6.91　粒状巧克力糖包装机的槽轮

表 6.19　槽轮机构参数

项目	计算依据	计算结果	项目	计算依据	计算结果
T_1	取 $T_1 = 30$ 度	30°	d	$d = (15 \sim 30)$	20
T_2	取 $T_2 = 90$ 度	90°	d_1	$d_1 < 2L(1 - \sin T_1) - d - 2(3 \sim 6)$	20
L	$L = (100 \sim 200)$	150	h	$h = L(\sin T_1 + \cos T_1 - 1) + d/2 + (3 \sim 6)$	80
D	$D = 2L \cos T_1 = 259.8$	260	R	$R = L \sin(180/z)$	75
z	取 $z = 6$	6	d_2	$d_2 < 2(L - h)$	20

6.9　半自动平压模切机机构设计

6.9.1　设计任务

(1)工作原理

半自动平压模切机是印刷、包装行业压制纸盒、纸箱等纸制品的专用设备。该机可对各种规格的白纸板、厚度在 4 mm 以下的瓦楞纸板,以及各种高级精细的印刷品进行压痕、切线、压凹凸。经过压痕、切线的纸板,用手工或机械沿切线处去掉边料后,沿着压出的压痕可折叠成各种纸盒、纸箱,或制成凹凸的商标。

压制纸板的工艺过程分为"走纸"和"模切"两部分。如图 6.92 所示,走纸模块 3(共五个)两端分别固定在前后两根链条上,横块上装有若干个夹紧片。主动链轮由间歇机构带动,使双列链条作同步的间歇运动。每次停歇时,链上的一个走纸模块刚好运动到主动链轮下方的位置上。这时,工作台面下方的控制机构,其执行构件7作往复移动,推动横块上的夹紧装置,使夹紧片张开,操作者可将纸板8喂入,待夹紧后,主动链轮又开始转动,将纸板送到具有上模5(装调以后是固定不动的)和下模6的位置,链轮再次停歇。这时,在工作台面下部的主传动系统中的执行构件——滑块6和下模为一体向上移动,实现纸板的压痕、切线,称为模压或压切。压切完成以后,链条再次运行,当夹有纸板的模块走到某一位置时,受另一机构(图上未表示)作用,夹紧片张开,纸板落到收纸台上,完成一个工作循环。与此同时,后一个横块进入第二个工作循环,将已夹紧的纸板输入压切处,如此实现连续循环工作。

这里要求按照压制纸板的工艺过程设计下列几个机构:使下压模运动的执行机构,起减速作用的传动机构和控制横块上夹紧装置(夹紧纸板)的控制机构。

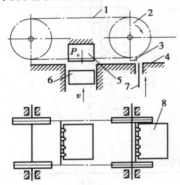 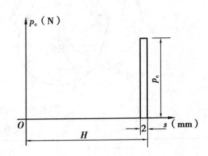

图 6.92　模切机工作原理图
1—双列链传动;2—主动链轮;3—走纸模块;
4—工作台面;5—上模;6—下模;7—执行构件;8—纸板

图 6.93　阻力曲线

(2)原始数据和设计要求

①每小时压制纸板 3 000 张。

②传动机构所用电动机转速 $n = 1\ 450$ r/min;滑块推动下模向上运动时所受生产阻力如图 6.93 所示,图中 $p_c = 2 \times 10^6$ N,回程时不受力,回程的平均速度为工作行程平均速度的 1.3 倍;下模移动的行程长度 $H = (50 \pm 0.5)$ mm,下模和滑块的质量约 120 kg。

③工作台离地面的距离约 1 200 mm。

④所设计机构的性能要良好,结构简单紧凑,节省动力,寿命长,便于制造。

6.9.2　方案设计

(1)半自动平压模切机工艺动作过程

其工艺动作主要有两个:一是将纸板走纸到位;二是进行冲压模切。具体工作动作顺序如图 6.94 所示。

图 6.94　平压模切机工艺动作过程

从机器的工艺动作可以看出,可以把整个机构运动的运动分成两个部分:一是辅助运动;它可以用于完成纸板的夹紧、走纸、松开等动作,对实现该运动的传动机构要求做间歇运动;二是主运动,完成对纸板的压切动作,要求装有模板的滑块做直线往复运动,其特点是行程短、受载大。本机构要求行程是 50 mm,最大载荷 $p_c=2\times10^6$N,工作速度是每小时压制 3 000 张。

（2）运动方案的评定和选择

由上述运动循环图及要求可知:半自动平压模切机主要分为动力传动机构、走纸机构、冲压模切机构三大部分。其中,动力传动机构又分为动力传递机构和变速转向机构。走纸机构分为纸板的输送机构、停歇机构和固定机构。冲压模切机构为急回机构。

表 6.20　备选机构方案

机构	供选机构类型		
纸板的输送	双列链轮传动	皮带轮传动	
纸板的停歇机构	凸轮机构	特殊齿轮组	
纸板的固定	刚性弹簧夹	普通夹子	
急回机构	直动推杆凸轮机构	平面六杆曲柄滑块机构	
动力传递机构	联轴器	V 形带	
变速转向机构	圆柱齿轮传动机构	单级蜗杆传动机构	锥-圆柱齿轮传动机构

由上述备选可得 32 种备选机械运动方案,从中选出 3 种典型可行方案如下:

①方案①:双列链轮传动—特殊齿轮组—刚性弹簧夹—平面六杆曲柄滑块机构—V 形带—圆柱齿轮传动机构。

②方案②:双列链轮传动—凸轮机构—刚性弹簧夹—直动推杆凸轮机构—联轴器—锥-圆柱齿轮传动机构。

③方案③:皮带轮传动—凸轮机构—普通夹子—直动杆凸轮机构—联轴器—单级蜗杆传动机构。

（3）典型可行方案评定

可行方案评定如表 6.21 所示,从机械功能的实现质量、机械运动分析、机械动力分析、机械结构合理性、机械经济性等各方面综合考虑,方案 1 各方面性能均优,故选择其为最优方案。

表 6.21　可行方案评定

方案号	机械功能的实现质量	机械的运动分析	机械动力分析	机械结构合理性	机械经济性
方案 1	由于 V 形带和齿轮的组合传动,功率损失小,机械效率高,可靠性高;平面六杆曲柄滑块机构能够承受很大的生产阻力,增力效果好,可以平稳完成模切任务;使用刚性弹簧夹自动实现纸板的夹紧与松开动作,并运用特殊齿轮组完成走纸的间歇运动和准确的定位,以实现与冲压模切的协调配合。	在同一传动机构带动下,特殊齿轮和双列链轮机构共同完成走纸的准确定位,运动精度高,并且能和冲压模切运动很好配合完成要求动作工艺。	平面六杆曲柄滑块机构有良好的力学性能,在飞轮的调节下,能大大降低因短时间承受很大生产阻力而带来的冲击震动;整个机构(特别是六杆机构和特殊齿轮组)具有很好的耐磨性能,可以长时间安全、稳定地工作。	该机构各构件结构简单紧凑,尺寸设计简单,机构质量适中。	平面六杆曲柄滑块机构设计的加工制造简单,使用寿命长,维修容易,经济成本低。虽然特殊齿轮组设计加工难度较大,成本偏高,但与其他等效备选机构相比,能更好地实现工作要求,带来更大的经济效益。

续表

方案号	机械功能的实现质量	机械的运动分析	机械动力分析	机械结构合理性	机械经济性
方案2	相较于方案1的V形带,联轴器的传递效率虽然高,但是减速效果差;采用直动推杆凸轮机构难以承受很大的生产阻力,不能很好地完成冲压模切功能;运用凸轮机构带动走纸机构间歇运动,由于长时间工作而磨损变形,会造成走纸机构无法准确定位。虽然能实现总体功能要求,但实现的质量较差。	凸轮的长期间歇运动导致微小误差积累,从而引起走纸定位的准确性下降,最终引起各执行机构间的配合运动失调。	直动推杆凸轮机构难以承受很大的生产阻力,不便于长期在重载条件下工作,不能很好地满足冲压模切的力学要求;该方案中的凸轮机构(包括机构中的两个凸轮机构)耐磨性差。	该机构结构简单紧凑,但由于凸轮机构的使用,造成整体机构的尺寸和质量都较大。	由于凸轮机构和锥圆柱齿轮的设计、加工制造较难,用料较大,维修不易,故生产和维修经济成本均较高。
方案3	相对于方案2,皮带传送难实现走纸的准确定位;普通夹子不便于纸板的自动化夹紧和松开,需要相应辅助手段较多;采用蜗杆减速器,结构紧凑,环境适应好,但传动效率低,不适宜于连续长期工作,总体上机械功能的实现质量很差。	皮带传送易磨损、打滑,走纸运动的精度低,很难实现准确定位,与冲压模切的协调性差。	直动推杆凸轮机构难以承受很大的生产阻力,不便于长期在重载条件下工作,不能很好地满足冲压模切的力学要求;该方案中的凸轮机构(包括机构中的两个凸轮机构)和平带耐磨性差。	该机构结构简单紧凑,但由于凸轮机构的使用,造成整体机构的尺寸和质量都较大。	由于普通夹子的使用,降低了生产成本,但由于其易磨损,维修成本大,又由于凸轮机构和蜗杆机构的存在,经济成本很高。

(4)机构运动简图

方案1的机构运动简图如图6.95所示。

6.9.3　机械传动设计

(1)电动机选择

1)功率

$$P_w = P_c \times \frac{s}{t} = P_c \times \frac{s}{t' \dfrac{k}{k+1}} = 2 \times 10^6 \times \frac{2 \times 10^{-3}}{\dfrac{3\ 600 \times 1.3}{3\ 000 \times (1.3+1)}} = 5.897 \ \text{kw}$$

式中　P_w——功率;

　　　P_c——生产阻力;

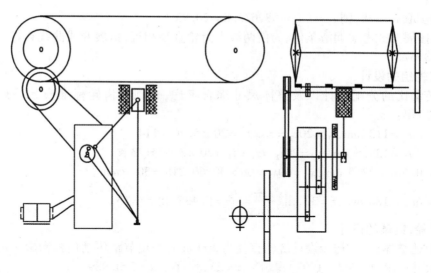

图 6.95　方案 1 机构运动简图

s——有效模切行程；

t'——周期；

k——行程速比系数。

$\eta = \eta_1 \eta_2^3 \eta_3^2 = 0.96 \times 0.98^3 \times 0.97^2 = 0.85 (\eta_1, \eta_2, \eta_3$ 分别为皮带、轴承和齿轮的效率$)$

故 $P_d = \dfrac{P_w}{\eta} = 6.938$ kw，$P_N = 11$ kw

2）转速

$$n_w = n_0 = 50 \text{ r/min}$$

$$i = i_1 \times i_2 = 16 \sim 160 (i_1 = 2 \sim 4, i_2 = 8 \sim 40, \text{分别为皮带和减速器的传动比})$$

则

$$n_d = n_0 \times i = 800 \sim 8\,000 \text{ r/min}$$

3）电动机方案选型

电动机方案选型参数如表 6.22 所示。

表 6.22　电动机方案

方案	型号	P_N/kw	转速 r/min		重量/N	参考价格/元	传动比		
			同步	满载			总传动比	V 带	减速器
1	Y160M1-1	11	3 000	2 930	1 170	1 350	58.6	2.8	20.93
2	Y160M-4	11	1 500	1 460	1 230	1 800	29.2	2.5	11.68
3	Y160L-6	11	1 000	970	1 470	1 600	19.4	2	9.7

综上所述，电动机最终选型为：Y160M1-1。

（2）传动比的分配

总传动比：$i = \dfrac{n_m}{n_w} = 58.6$。

分配传动比：$i = i_1 \times i_2 (i_1, i_2$ 分别为皮带和减速器传动比)，为使 V 形带传动外廓尺寸不至过大,初步取 $i=2.8$,则 $i_2=i/i_1=58.6/2.8=20.93$。

同理,按展开式考虑润滑条件,为使两级大齿轮直径相近,由展开式曲线查得 $i_3=5.7$,则 $i_4=i_2/i_3=3.67$。

(3) 齿轮组的设计

根据传动比的分配设计以及整体尺寸综合考虑,查圆柱齿轮标准模数系列表(GB/T 1357—1987)得:

① $m_1=2a_1=113$ mm,$z_1=20z_2=z_1\times i_3=20\times5.70=114$。

② $m_2=3a_2=139.5$ mm,$z_1=20z_2=z_1\cdot i_4=20\times3.67=73$。

③ $m_3=0.5a_3=27.5$ mm,$z_1=60z_2=60\times50/60.218=50$ r/min。

④ $m_4=6a_4=180$ mm,$z=30$,由 $\dfrac{z'm\pi}{zm\pi}=\dfrac{t_2}{t}=0.435$,得 $z'=13$。

(4) 链轮、链条的设计

依据上述整体尺寸,初步设计链轮直径为 300 mm,查短节距传动用精密滚子链的基本参数与主要尺寸(GB/T 1243—1997)得齿数 $z=25$,其直径 $d=303.989$ mm。

则链条的节数 $n'=\dfrac{\pi d+2s}{p}=77.55$,即链条为:24A-1-78GB/T 1243-1997,s 为链轮中心距,$s=1\,000$ mm;p 为节距,$p=38.1$ mm。

6.9.4 刚性弹簧夹及其配合凸轮的设计

刚性弹簧夹及其配合凸轮的尺寸如图 6.96 所示,按设计要求,配合凸轮只需完成在规定时间内将夹子顶开和松弛两个动作,故采用匀速运动规律即可满足运动要求。虽然受刚性冲击,但是作用力很小,运动要求简单,所以可以满足设计要求,故可得推杆的位移曲线图如图 6.97 所示。

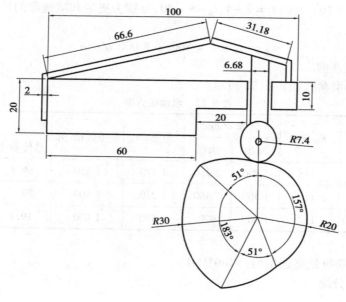

图 6.96

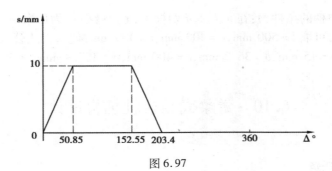

图 6.97

其中：$\dfrac{t_1}{t} \times 360° = \dfrac{0.678}{1.2} \times 360° = 203.4°$（为模块上升时间，$t$ 为周期）。

凸轮角速度 $\omega = \dfrac{2\pi}{t} = \dfrac{\pi}{0.6}$ rad/s，转速 $n = \dfrac{300\omega}{\pi} = 50$ r/min。

6.9.5　模切机构设计

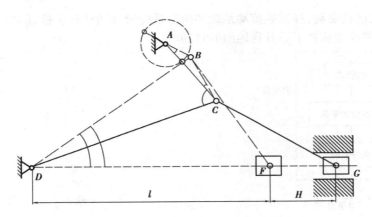

图 6.98　模切机构运动简图

$AB = b - a, BC = e, CD = c, AD = d, CG = f, AC = a + b$，由设计要求可得极位夹角 $\theta = \dfrac{K-1}{K+1} \times$

$180° = 23.478°$，$H = 50$ mm。

在 $\triangle ABC$ 和 $\triangle BCD$ 中，由余弦定理得：
$$c^2(1 - \cos \varphi) = a^2(1 + \cos \theta) + b^2(1 - \cos \theta)$$

同理，在 $\triangle BDF$ 和 $\triangle CDG$ 中分别有
$$\cos \varphi_1 = \frac{c^2 + l^2 - f}{2cl}, \quad \cos \varphi_2 = \frac{c^2 + (l+H)^2 - f}{2c(l+H)}$$

则 $\varphi = \varphi_1 - \varphi_2$。

在 $\triangle ABC$ 中，有：
$$\cos \alpha = \frac{e^2 + (a+b)^2 - (b-a)^2}{2e(a+b)},$$

又 $\beta = 90° - \dfrac{\varphi}{2} - \alpha$，故
$$d = \sqrt{(a+b)^2 + c^2 - 2(b+a) \cdot c \cdot \cos \beta}$$

另外,杆 a 为曲柄的条件为:在 a、b、c、d 四杆中,a 为最小,c 为最大;$a+c \leqslant b+d$。

根据以上分析,可取 $l=500$ mm,$c=400$ mm,$f=300$ mm,代入上述公式,考虑 a 为曲柄的条件,可得各杆长 $a=15$ mm,$b=36.2$ mm,$c=400$ mm,$d=387.9$ mm,$f=300$ mm,$l=500$ mm。

6.10 游梁式抽油机机构设计

6.10.1 设计任务

(1)工作原理

抽油机是将原油从井下举升到地面的主要采油设备之一。常用的有杆抽油设备主要由三部分组成:一是地面驱动设备,即抽油机;二是井下的抽油泵,它悬挂在油井油管的下端;三是抽油杆,它将地面设备的运动和动力传递给井下抽油泵。三部分之间的相互位置关系如图6.99 所示。

抽油机由电动机驱动,经减速传动系统和执行系统带动抽油杆及抽油泵柱塞作上下往复移动,从而实现将原油从井下举升到地面的目的。

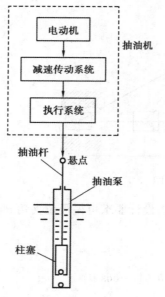

图 6.99 抽油机系统示意图

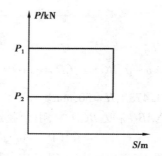

图 6.100 静力示功图

悬点载荷 P、抽油杆冲程 S 和冲次 n 是抽油机工作的三个重要参数。悬点指执行系统与抽油杆的联结点;悬点载荷 P(kN)指抽油机工作过程中作用于悬点的载荷;抽油杆冲程 S(m)指抽油杆上下往复运动的最大位移;冲次 n(次/min)指单位时间内柱塞往复运动的次数。

假设悬点载荷 P 的静力示功图如图 6.100 所示。在柱塞上冲过程中,由于举升原油,作用于悬点的载荷为 P_1,它等于原油、抽油杆和柱塞的总重;在柱塞下冲过程中,原油已释放,此时作用于悬点的载荷为 P_2,它等于抽油杆和柱塞的总重。

根据任务要求,进行抽油机机械系统总体方案设计,确定减速传动系统、执行系统的组成,绘制系统方案示意图;根据设计参数和设计要求,采用优化算法进行执行系统(执行机构)的运动尺寸设计,优化目标为抽油杆上冲程悬点加速度最小,并应使执行系统具有较好的传力性能;建立执行系统输入、输出(悬点)之间的位移、速度和加速度关系,并编程进行数值计算,绘制一个周期内悬点位移、速度和加速度线图(取抽油杆最低位置作为机构零位);选择电动机型号,分配减速传动系统中各级传动的传动比,并进行传动机构的工作能力设计计算。

(2)已知数据和参数

假设电动机做匀速转动,抽油杆(或执行系统)的运动周期为 T,油井工况如表 6.23 所示。

表 6.23　油井工况

上冲程时间	下冲程时间	冲程 S/m	冲次 n/(次·min^{-1})	悬点载荷 P/N
$8T/15$	$7T/15$	1.6	12	$P_1=40,P_2=15$

6.10.2　方案分析

(1)传动方案设计

该系统的功率大,且总传动比大。减速传动系统方案很多,以齿轮减速器减速最为常见且设计简单,有时可以综合带传动的平稳传动特点来设计减速系统。这里选用带传动加上齿轮二级减速。

执行系统方案设计:输入——连续单向转动;输出——往复移动;有急回。常见可行执行方案有很多种,这里选用四连杆式抽油机机构,如图 6.101 所示。

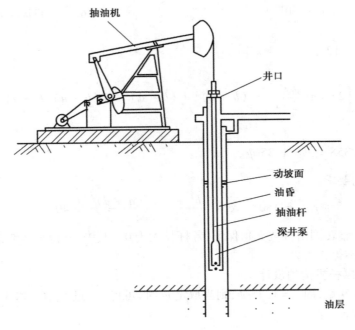

图 6.101　四连杆式抽油机

(2)设计目标

以上冲程悬点加速度为最小进行优化,即摇杆 CD 顺时针方向摆动过程中的 $\alpha_{\max}$ 最小,由

此确定 a、b、c、d。

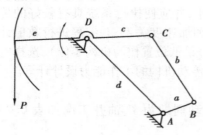

图 6.102　执行机构

6.10.3　设计分析

(1) 执行系统设计分析

设计要求抽油杆上冲程时间为 $8T/15$，下冲程时间为 $7T/15$，则可推得上冲程曲柄转角为 192°，下冲程曲柄转角为 168°。一周期内运动循环图如图 6.103 所示。

找出曲柄摇杆机构摇杆的两个极限位置：

CD 顺时针摆动——$C_1 \to C_2$，上冲程（正行程），悬点载荷为 P_1，$\varphi_1 = 192°$，慢行程，$B_1 \to B_2$；

CD 逆时针摆动——$C_2 \to C_1$，下冲程（反行程），悬点载荷为 P_2，$\varphi_2 = 168°$，快行程，$B_2 \to B_1$。

曲柄转向应为逆时针，Ⅱ型曲柄摇杆机构满足 $a^2 + d^2 > b^2 + c^2$。

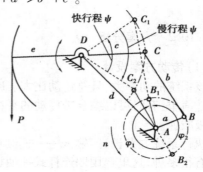

图 6.104　机构运动简图

上冲程	抽油	—
下冲程	—	回程
0°	192°	360°

图 6.103　运动循环图

(2) 设计约束

①极位夹角 $\theta = 12°$。

$$l_{c1c2}^2 = \left[2c \sin\left(\frac{\psi}{2}\right)\right]^2 = (b+a)^2 + (b-a)^2 - 2(b+a)(b-a)\cos\theta$$

②行程要求。

通常取 $\dfrac{e}{c} = 1.35$，$S = e\psi = 1.35c\psi$。

③最小传动角要求。

$$\gamma_{min} = 180° - \cos^{-1}\frac{b^2 + c^2 - (a+d)^2}{2bc} \geqslant 40°$$

④其他约束。整转副由极位夹角保证，各杆长大于 0。其中，极位夹角约束和行程约束为等式约束，其他为不等式约束。

(3) Ⅱ型曲柄摇杆机构的设计

若以 S 为设计变量，因 $S = 1.35c\psi$，则当取定 ψ 时，可得 c。过 C_1、C_2 和 A 作圆，记其半径为 r，可得以下方程：

$$r = \left[c \sin(\psi/2) \right]/\sin \theta$$

$$g = l_{oD} = \left[c \sin(\theta + \psi/2) \right]/\sin \theta$$

$$l_{AC1} = b - a = \frac{l_{c1c2}}{\sin \theta}\sin \beta = \left[2c \sin \beta \sin(\psi/2) \right]/\sin \theta$$

$$l_{AC2} = b + a = \frac{l_{c1c2}}{\sin \theta}\sin(\beta + \theta) = \left[2c \sin(\beta + \theta) \sin(\psi/2) \right]/\sin \theta$$

$$a = c \sin(\psi/2) \left[\sin(\beta + \theta) - \sin \phi \right]/\sin \theta$$

$$b = c \sin(\psi/2) \left[\sin(\beta + \theta) + \sin \phi \right]/\sin \theta$$

$$d = l_{AD} = \sqrt{r^2 + g^2 - 2rg \cos(2\beta + \theta)}$$

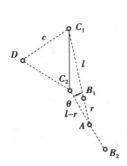

图 6.105　极位夹角示意图

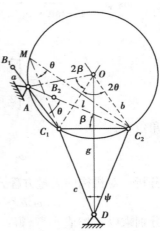

图 6.106　机构运动简图

各式表明四杆长度均为 ψ 和 β 的函数:

$$\beta_{\max} = 180° - \theta - \psi - (90° - \psi/2) = 90° - \theta - \psi/2$$

故取 ψ 和 β 为设计变量,根据工程需要:

$$\psi \in [\psi_{\min},\psi_{\max}] = [45°,55°],\beta \in [\beta_{\min},\beta_{\max}] = [5°,(90° - \theta - \psi/2 - 5°)]$$

(4) 优化计算

①在限定范围内取 ψ、β,计算 c、a、d、b,得曲柄摇杆机构各构件尺寸;

②判断最小传动角;

③取抽油杆最低位置作为机构零位:曲柄转角 $\beta = 0$,悬点位移 $S = 0$,求上冲程曲柄转过某一角度时摇杆摆角、角速度和角加速度 α(可按步长 0.5°循环计算);

④找出上冲程过程中的最大值 $\alpha_{\max}$。

对于Ⅱ型四杆机构,已知杆长为 a、b、c、d,原动件 a 的转角 φ_1 及等角速度 ω_1($\omega_1 = n\pi/30$,n 为执行机构的输入转速)。

a. 从动件位置分析(如图 6.106 所示)。

φ_4 为 AD 杆与 x 轴的夹角:

$$\varphi_4 = \arccos \frac{d^2 + (a + b)^2 - c^2}{2d(a + b)}$$

机构的封闭矢量方程式为:

$$ae^{i\varphi_1} + be^{i\varphi_2} + ce^{i\varphi_3} = de^{i\varphi_4} \qquad (6.49)$$

欧拉公式展开有:

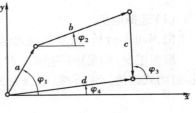

图 6.107

$$a(\cos\varphi_1 + i\sin\varphi_1) + b(\cos\varphi_2 + i\sin\varphi_2) + c(\cos\varphi_3 + i\sin\varphi_3) = d(\cos\varphi_4 + i\sin\varphi_4)$$

令方程实虚部相等

$$\left.\begin{array}{l} a\cos\varphi_1 + b\cos\varphi_2 + c\cos\varphi_3 = d\cos\varphi_4 \\ a\sin\varphi_1 + b\sin\varphi_2 + c\sin\varphi_3 = d\sin\varphi_4 \end{array}\right\} \qquad (6.50)$$

消去 φ_2,得:

$$A\cos\varphi_3 + B\sin\varphi_3 + D = 0 \qquad (6.51)$$

其中,$A = d\cos\varphi_4 - a\cos\varphi_1$,$B = d\sin\varphi_4 - a\sin\varphi_1$,$D = \dfrac{A^2 + B^2 + c^2 - b^2}{-2c}$,又因为:$\sin\varphi_3 = \dfrac{2\tan(\varphi_3/2)}{1 + \tan^2(\varphi_3/2)}$,$\cos\varphi_3 = \dfrac{1 - \tan^2(\varphi_3/2)}{1 + \tan^2(\varphi_3/2)}$,代入式(6.51)得关于 $\tan(\varphi_3/2)$ 的一元二次方程式,解得:

$$\varphi_3 = \begin{cases} 2\arctan\dfrac{B \pm \sqrt{A^2 + B^2 + C^2}}{A - D} \\ 2\arctan\dfrac{-A}{B} \end{cases} \qquad (6.52)$$

可求得构件角位移:

$$\varphi_2 = \arctan\frac{B - c\sin\varphi_3}{A - \cos\varphi_3} \qquad (6.53)$$

b. 速度分析。对机构的矢量方程式求导,得:

$$a\omega_1 i e^{i\varphi_1} + b\omega_2 i e^{i\varphi_2} + c\alpha_3 i e^{i\varphi_3} = 0 \qquad (6.54)$$

将上式两边分别乘以 $e^{-i\varphi_2}$ 或 $e^{-i\varphi_3}$,得:

$$\omega_3 = \omega_1 \frac{a\sin(\varphi_1 - \varphi_2)}{c\sin(\varphi_2 - \varphi_3)} \text{ 或 } \omega_2 = \omega_1 \frac{a\sin(\varphi_1 - \varphi_2)}{b\sin(\varphi_3 - \varphi_2)} \qquad (6.55)$$

c. 加速度分析。将式(6.54)对时间求导,得:

$$-a\omega_1^2 e^{i\varphi_1} + b\alpha_2 i e^{i\varphi_2} - b\omega_2^2 e^{i\varphi_3} + c\alpha_3 i e^{i\varphi_3} - c\omega_3^2 e^{i\varphi_3} = 0 \qquad (6.56)$$

对上式两边同乘 $e^{-i\varphi_2}$ 或 $e^{-i\varphi_3}$,得:

$$\alpha_3 = \frac{-b\omega_2^2 - a\omega_1^2\cos(\varphi_1 - \varphi_2) - c\omega_3^2\cos(\varphi_3 - \varphi_2)}{c\sin(\varphi_3 - \varphi_2)}$$

或

$$\alpha_2 = \frac{-c\omega_3^2 - a\omega_1^2\cos(\varphi_1 - \varphi_2) - b\omega_2^2\cos(\varphi_2 - \varphi_3)}{b\sin(\varphi_2 - \varphi_3)} \qquad (6.57)$$

应用 Matlab 编程计算可得(具体程序见附录):

$\psi = 0.7854$,$\beta = 0.1728$,$a = 0.5584$,$b = 1.5135$,$c = 1.5090$,$d = 2.2817$

则

$$e = s/\psi = 1.6/0.7854 = 2.0372$$

6.10.4 电机选择

(1)选择电机

由 Matlab 分析知,悬点最大速度在上冲程且 $\omega_{max} = 0.4872$ rad/s,则 $v_{max} = 0.9926$ m/s。

根据工况,初采用展开式二级圆柱齿轮减速,联合 V 形带传动减速,选用三相笼型异步电机,封闭式结构,Y 形连接,电压为 380 V。

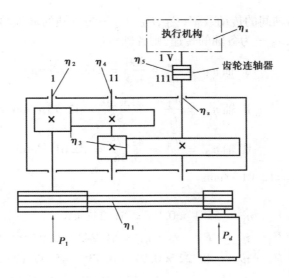

图 6.108

由电机至抽油杆的总传动效率为：

$$\eta = \eta_1 \cdot \eta_2 \cdot \eta_3 \cdot \eta_4 \cdot \eta_5$$

其中，$\eta_1, \eta_2, \eta_3, \eta_4, \eta_5$ 分别为带传动、轴承、齿轮传动、联轴器和四连杆执行机构的传动效率，取 $\eta_1 = 0.943$，$\eta_2 = 0.987$，$\eta_3 = 0.97$，$\eta_4 = 0.99$，$\eta_5 = 0.91$。预选滚子轴承，8 级斜齿圆柱齿轮，考虑到载荷较大且有一定冲击，两轴线同轴度对系统有一定影响，可考虑用齿轮联轴器。

则

$$\eta = 0.93 \times 0.97^3 \times 0.97^2 \times 0.99 \times 0.91 = 0.72$$

电动机所需工作功率为：

$$P_d = \frac{F_V}{1\,000\eta} = \frac{40 \times 1\,000 \times 0.992\,6}{1\,000 \times 0.72} = 5.1 \text{ kW}$$

根据手册推荐的传动比合理范围，取 V 形带传动的传动比为 $i_0 = 2 \sim 4$，二级圆柱齿轮减速器传动比 $i_2 = 8 \sim 40$，则总传动比的合理范围为 $i_a = 16 \sim 160$，故电机转速可选范围为：

$$N_d = i_a \times n = (16 \sim 160) \times 14 = 224 \sim 2\,240 \text{ r/min}$$

符合这一范围的同步转速有 750 r/min、1 000 r/min、1 500 r/min。

考虑速度太小的电机价格、体积、质量等因素，比较后综合考虑，选定 960 r/min 的电动机。

(2)确定传动装置的总传动比和分配传动比

$$i_a = \frac{n_m}{n} = \frac{960}{12} = 80$$

分配传动比，初选 V 形带 $i_0 = 4.5$，以致其外廓尺寸不致过大，则减速器传动比为：

$$i = \frac{80}{4.5} = 17.78$$

则展开式齿轮减速器，查手册，取高速级 $i_1 = 4.99$，有：

$$i_2 = i/i_1 = 17.78/4.99 = 3.56$$

(3)计算传动装置的运动和动力参数

将传动装置各轴由高速至低速依次定为 Ⅰ、Ⅱ、Ⅲ轴，$i_0, i_1, i_2 \cdots$为相邻两轴间的传动比，

η_{01}，η_{12}，η_{23}…为相邻两轴间的传动效率，P_{I}，P_{II}，P_{III}…为各轴的输入功率，T_{I}，T_{II}，T_{III}…为各轴的输入转矩，n_{I}，n_{II}，n_{III}…为各轴的转速，则各轴转速：

$$I \text{ 轴 } n_{I} = \frac{n_m}{i_0} = \frac{960}{4.5} = 213.3 \text{ r/min}$$

$$II \text{ 轴 } n_{II} = \frac{n_I}{i_1} = \frac{213.30}{4.99} = 42.75 \text{ r/min}$$

$$III \text{ 轴 } n_{III} = \frac{n_{II}}{i_2} = \frac{42.75}{3.56} = 12.01 \text{ r/min}$$

曲柄转轴 $n_{IV} = n_{III} = 12.01$ r/min

各轴输入功率：

$\qquad$ I 轴 $P_{I} = P_d \cdot \eta_1 = 55.1 \times 0.93 = 51.243$ kW

$\qquad$ II 轴 $P_{II} = P_{I} \cdot \eta_{12} = P_{I} \cdot \eta_2 \cdot \eta_3 = 51.243 \times 0.97 \times 0.97 = 48.22$ kW

$\qquad$ III 轴 $P_{III} = P_{II} \cdot \eta_{23} = 48.22 \times 0.97 \times 0.97 = 45.37$ kW

$\qquad$ 曲柄转轴 $P_{III} \cdot \eta_{34} = P_{III} \cdot \eta_4 = 45.37 \times 0.99 = 44.92$ kW

各轴输入转矩：

$$\text{电机输出转矩 } T_d = 9\,550 \frac{P_d}{n_m} = 9\,550 \times \frac{55.1}{960} = 548.13 \text{ N} \cdot \text{m}$$

$\qquad$ I 轴 $T_{I} = T_d \cdot i_0 \cdot \eta_{01} = 548.13 \times 4.5 \times 0.93 = 2\,293.92$ N $\cdot$ m

$\qquad$ II 轴 $T_{II} = T_{I} \cdot i_1 \cdot \eta_{12} = 2\,293.92 \times 0.97 \times 0.97 \times 4.99 = 10\,770.16$ N $\cdot$ m

$\qquad$ III 轴 $T_{III} = T_{II} \cdot i_2 \cdot \eta_{23} = 10\,770.16 \times 3.56 \times 0.97 \times 0.97 = 36\,075.77$ N $\cdot$ m

$\qquad$ 曲柄转轴 $T_{IV} = T_{III} \cdot \eta_{34} = 36\,075.77 \times 0.99 = 35\,717.01$ N $\cdot$ m

6.10.5　附录

(1)优化设计程序

程序如下：

```
% 找出最优的四杆杆长
symsQ1Q2P1；    % Q1 为 ψ，Q2 为 β，P1 为曲柄转角
P = 0:0.5 * pi/180:192 * pi/180；
Qu1 = 45 * pi/180:0.1 * pi/180:55 * pi/180；
xm = inf；
for i = 1:length(Qu1)；
Q1 = Qu1(i)；
Qu2 = 5 * pi/180:0.1 * pi/180:(pi/2 - pi/9 - Q1/2 - 5 * pi/180)；
for j = 1:length(Qu2)；
Q2 = Qu2(j)；
c = 1.6/1.35/Q1；
a = c * sin(Q1/2) * (sin(Q2 + pi/15) - sin(Q2))/sin(pi/15)；
b = c * sin(Q1/2) * (sin(Q2 + pi/15) + sin(Q2))/sin(pi/15)；
r = c * sin(Q1/2)/sin(pi/15)；
g = (c * sin(pi/15 + Q1/2))/sin(pi/15)；
```

```
d = sqrt(r^2 + g^2 - 2 * r * g * cos(2 * Q2 + pi/15));
m = pi - acos((b^2 + c^2 - (a + d)^2)/2/b/c);
if m > 40 * pi/180;    % 判断传动角条件
x = 0;
for k = 1:length(P);
P1 = P(k);
P4 = acos((d^2 + (a + b)^2 - c^2)/2/d/(a + b));
A = d * cos(P4) - a * cos(P1);
B = d * sin(P4) - a * sin(P1);
D = (A^2 + B^2 + c^2 - b^2)/(-2)/c;
P3 = 2 * atan((B + sqrt(A^2 + B^2 - D^2))/(A - D));
P2 = atan((b - c * sin(P3))/(A - c * cos(P3)));
w1 = 2 * 12 * pi/60;
w3 = w1 * a * sin(P1 - P2)/c/sin(P2 - P3);
w2 = w1 * a * sin(P1 - P3)/b/sin(P3 - P2);x3 = (-b * w2^2 - a * w1^2 * cos(P1 - P2) -
c * w3^2 * cos(P3 - P2))/c/sin(P3 - P2);
if abs(x3) > x;
x = abs(x3);    % 求出该种情况的最大角速度
end;
end;
if x < xm;    % 找出最优方案
xm = x;    % 最大加速度
n1 = Q1;    % ψ
n2 = Q2;    % β
end;
end;
end;
end;
% 运行结束后,输入 a,b,c,d 表达式即可求解
c = 1.6/1.35/n1
a = c * sin(n1/2) * (sin(n2 + pi/15) - sin(n2))/sin(pi/15)
b = c * sin(n1/2) * (sin(n2 + pi/15) + sin(n2))/sin(pi/15)
r = c * sin(n1/2)/sin(pi/15);
g = (c * sin(pi/15 + n1/2))/sin(pi/15);
d = sqrt(r^2 + g^2 - 2 * r * g * cos(2 * n2 + pi/15))
% 运行结果为
c = 1.5090a = 0.5584b = 1.5135d = 2.2817
```

(2)绘出位移、速度、加速度图

程序如下:

```
% 建立 fun. m 文件
functionPP3 = fun(P1);              % Mark
```

```
a = 0.5584;
b = 1.5135;
c = 1.5090;
d = 2.2817;
e = 2.0372;
P4 = acos((d^2 + (a + b)^2 - c^2)/2/d/(a + b));
A = d * cos(P4) - a * cos(P1);
B = d * sin(P4) - a * sin(P1);
D = (A^2 + B^2 + c^2 - b^2)/(-2)/c;
P3 = 2 * atan((B + sqrt(A^2 + B^2 - D^2))/(A - D));
PP3 = (pi - acos((c^2 + (b + a)^2 - d^2)/2/c/(b + a)) - P3) * e;
P2 = atan((b - c * sin(P3))/(A - c * cos(P3)));
w1 = 2 * 12 * pi/60;
w3 = w1 * a * sin(P1 - P2)/c/sin(P2 - P3);
ww3 = - w3 * e;
w2 = w1 * a * sin(P1 - P3)/b/sin(P3 - P2);
x3 = (-b * w2^2 - a * w1^2 * cos(P1 - P2) - c * w3^2 * cos(P3 - P2))/c/sin(P3 - P2);
xx3 = - x3 * e;
% 在主程序中运行
fplot(@fun, [0, 2 * pi])
```

得位移曲线如图 6.109 所示。

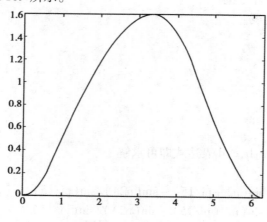

图 6.109　位移曲线

若将"Mark"行替换为"functionww3 = fun(P1)",则运行 fplot(@fun, [0, 2 * pi])后得速度曲线如图 6.110 所示。

若将"Mark"行替换为"functionxx3 = fun(P1)",则运行 fplot(@fun, [0, 2 * pi])后,得加速度曲线如图 6.111 所示。

（3）数值打印

程序如下：

```
P1 = 0:5 * pi/180:2 * pi;
s = P1; % 位移
```

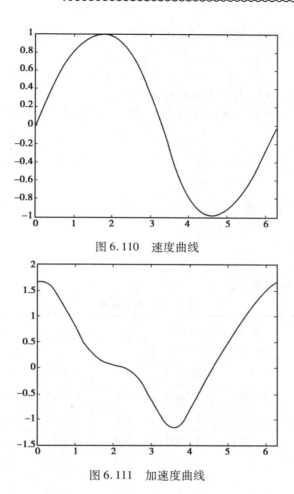

图 6.110　速度曲线

图 6.111　加速度曲线

v = P1;% 速度

x = P1;% 加速度

a = 0.5584;

b = 1.5135;

c = 1.5090;

d = 2.2817;

e = 2.0372;

fori = 1 : length(P1) ;

P4 = acos((d^2 + (a + b)^2 − c^2)/2/d/(a + b)) ;

A = d * cos(P4) − a * cos(P1(i)) ;

B = d * sin(P4) − a * sin(P1(i)) ;

D = (A^2 + B^2 + c^2 − b^2)/(−2)/c ;

P3 = 2 * atan((B + sqrt(A^2 + B^2 − D^2))/(A − D)) ;

PP3 = (pi − acos((c^2 + (b + a)^2 − d^2)/2/c/(b + a)) − P3) * e ;

s(i) = PP3 ;

P2 = atan(((b − c * sin(P3))/(A − c * cos(P3))) ;

w1 = 2 * 12 * pi/60 ;

w3 = w1 * a * sin(P1(i) − P2)/c/sin(P2 − P3);

ww3 = − w3 * e;

v(i) = ww3;

w2 = w1 * a * sin(P1(i) − P3)/b/sin(P3 − P2);

x3 = (− b * w2^2 − a * w1^2 * cos(P1(i) − P2) − c * w3^2 * cos(P3 − P2))/c/sin(P3 − P2);

xx3 = − x3 * e;

x(i) = xx3;

end;

% s 位移,v 速度,x 加速度

运行

j = 0:5:360;

[j;s;v;x]

即可得如表 6.24 所示数据。

表 6.24　输出结果

角度/(°)	位移/m	速度/(m·s⁻¹)	加速度/(m·s⁻²)	角度/(°)	位移/m	速度/(m·s⁻¹)	加速度/(m·s⁻²)
0	0.0000	− 0.0260	1.6549	185	1.5952	0.0888	− 0.9212
5	0.0041	0.0586	1.6663	190	1.5995	− 0.0186	− 1.0188
10	0.0163	0.1433	1.6583	195	1.5990	− 0.1278	− 1.0950
15	0.0366	0.2274	1.6301	200	1.5931	− 0.2369	− 1.1438
20	0.0649	0.3098	1.5812	205	1.5814	− 0.3440	− 1.1611
25	0.1007	0.3897	1.5125	210	1.5634	− 0.4472	− 1.1452
30	0.1437	0.4661	1.4255	215	1.5389	− 0.5444	− 1.0976
35	0.1930	0.5382	1.3230	220	1.5076	− 0.6337	− 1.0224
40	0.2479	0.6055	1.2084	225	1.4695	− 0.7137	− 0.9257
45	0.3075	0.6675	1.0856	230	1.4250	− 0.7833	− 0.8143
50	0.3708	0.7237	0.9587	235	1.3744	− 0.8420	− 0.6946
55	0.4368	0.7743	0.8320	240	1.3182	− 0.8899	− 0.5718
60	0.5046	0.8191	0.7091	245	1.2573	− 0.9271	− 0.4496
65	0.5732	0.8584	0.5933	250	1.1923	− 0.9545	− 0.3302
70	0.6418	0.8923	0.4870	255	1.1239	− 0.9726	− 0.2146
75	0.7098	0.9211	0.3921	260	1.0530	− 0.9822	− 0.1031
80	0.7766	0.9450	0.3097	265	0.9803	− 0.9840	0.0048
85	0.8416	0.9641	0.2400	270	0.9064	− 0.9786	0.1096
90	0.9047	0.9783	0.1830	275	0.5320	− 0.9667	0.2122

角度 /(°)	位移 /m	速度 /(m·s⁻¹)	加速度 /(m·s⁻²)	角度/(°)	位移/m	速度 /(m·s⁻¹)	加速度 /(m·s⁻²)
95	0.9653	0.9878	0.1378	280	0.7576	−0.9486	0.3131
100	1.0236	0.9923	0.1032	285	0.6839	−0.9249	0.4131
105	1.0792	0.9916	0.0775	290	0.6114	−0.8957	0.5126
110	0.1321	0.9854	0.0585	295	0.5405	−0.8613	0.6119
115	0.1823	0.9733	0.0438	300	0.4718	−0.8220	0.7113
120	1.2299	0.9552	0.0305	305	0.4059	−0.7779	0.8106
125	1.2748	0.9305	0.0156	310	0.3431	−0.7292	0.9097
130	1.3170	0.8991	−0.0038	315	0.2840	−0.6760	1.0080
135	1.3656	0.8606	−0.0308	320	0.2291	−0.6184	1.1048
140	1.3934	0.8149	−0.0680	325	0.1789	−0.5566	1.1991
145	1.4277	0.7618	−0.1176	330	0.1339	−0.4907	1.2897
150	1.4593	0.7013	−0.1812	335	0.0946	−0.4209	1.3751
155	1.4882	0.6334	−0.2594	340	0.0615	−0.3476	1.4535
160	1.5142	0.5583	−0.3517	345	0.0351	−0.2709	1.5229
165	1.5372	0.4763	−0.4565	350	0.0158	−0.1914	1.5811
170	1.5571	0.3876	−0.5709	355	0.0040	−0.1096	1.6258
175	1.5736	0.2930	−0.6903	360	0	−0.0260	1.6549
180	1.5864	0.1931	−0.8093				

第 **7** 章
课程设计题选

7.1 半自动冲床机构设计

7.1.1 机构简介

半自动冲床包括冲制薄板零件的冲压机构和相关的上下料机构,主要动作有:

①冲压运动:冲头自最高位置向下以较小的速度接近板料,并以低速均匀压入下模,然后继续下行将成品推出下模型腔,最后快速返回,一个周期内运动要求如图7.1(a)所示。

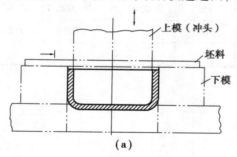
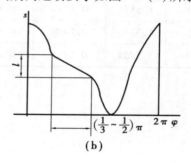

图7.1 薄壁零件冲压过程示意

②上下料运动:上料从冲床一侧将料板推至下模板上面冲头冲压位置定位;下料从下模板下面移至冲床另一侧摆放整齐。

7.1.2 原始数据及设计要求

①生产效率为4 000~4 500 件/h;

②在一个周期内,冲压工作阻力变化曲线如图7.1(b)所示。

③工作行程30~100 mm可调;

④冲压工作机器运转不均匀系数不超过0.05;

⑤送料距离为60~250 mm,卸料送料距离为60~250 mm;

⑥动力源为三相 380 V 交流电。

7.1.3　设计任务

①进行半自动冲床机构运动方案设计,并以 1 张 2 号图纸表述设计的机构简图、机构传动系统图及运动循环图。

②作半自动冲床机构的运动分析与力的分析(解析法),并提供如下结果:

冲头运动位移、速度、加速度曲线;原动件平衡力矩曲线,机架总反力曲线,等效驱动力矩和阻力矩曲线,等效转动惯量和飞轮转动惯量;电机型号(功率、额定同步转速)。

③编写设计计算说明书。

7.2　蜂窝煤成型机机构设计

7.2.1　工作原理

冲压式蜂窝煤成型机是我国城镇蜂窝煤(通常又称煤饼,在圆柱形饼状煤中冲出若干通孔)生产厂的主要生产设备。它将煤粉加入转盘上的模筒内,经冲头冲压成蜂窝煤。为了实现蜂窝煤冲压成型,冲压式蜂窝煤成型机必须完成以下几个动作:

①煤粉加料;

②冲头将蜂窝煤压制成型;

③清除冲头和出煤盘的积屑的扫屑运动;

④将在模筒内的冲压后的蜂窝煤脱模;

⑤将冲压成型的蜂窝煤输送装箱。

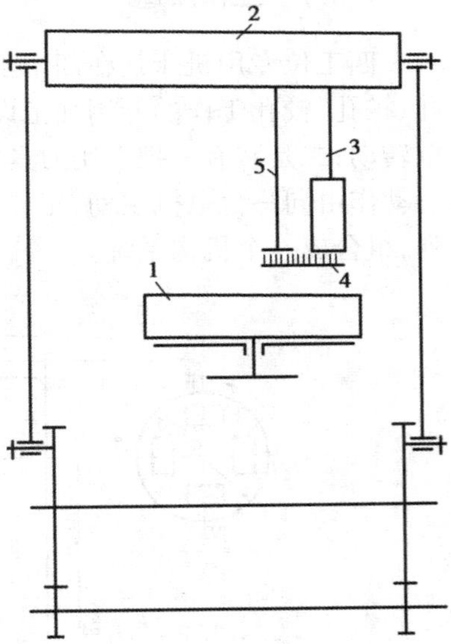

7.2.2　原始数据及设计要求

①蜂窝煤成型机的生产能力:30 次/min;

②驱动电机型号为 Y180L-8,功率 $N = 11$ kW,转速 $n = 730$ r/min,冲压成型时的生产阻力达到 50 000 N;

③为改善蜂窝煤成型机的质量,希望在冲压后有一短暂的保压时间;

④由于冲头要产生较大压力,希望冲压机构具有增力功能,以增大有效力作用,减小原动机的功率。

图 7.2　蜂窝煤成型机

7.2.3　设计任务

①按工艺动作要求拟定运动循环图;

②进行冲压脱模机构、扫屑刷机构、模筒转盘间歇运动机构的选型;

③机械运动方案的评定和选择;

④进行飞轮设计(选做);

⑤按选定的电动机和执行机构运动参数拟定机械传动方案;

⑥画出机械运动方案简图；

⑦对传动机构和执行机构进行运动尺寸计算；

⑧编写设计说明书(用 A4 纸张,封面用标准格式)。

7.2.4　设计提示

冲压式蜂窝煤成型机应考虑三个机构的选型和设计;冲压和脱模机构、扫屑机构和模筒转盘的间歇运动机构。

冲压和脱模机构可采用对心曲柄滑块机构、偏置曲柄滑块机构、六杆冲压机构;扫屑机构可采用附加滑块摇杆机构、固定移动凸轮—移动从动件机构;模筒转盘间歇运动机构可采用槽轮机构、不完全齿轮机构、凸轮式间歇运动机构。

为了减小机器的速度波动和选择较小功率的电机,可以附加飞轮。

7.3　四工位专用机床主要机构设计

7.3.1　工作原理

四工位专用机床是在四个工位Ⅰ、Ⅱ、Ⅲ、Ⅳ(如图 7.3 所示)上分别完成工件的装卸、钻孔、扩孔、铰孔工作的专用加工设备。机床有两个执行动作:一是装有工件的回转工作台的间歇转动;二是装有三把专用刀具的主轴箱的往复移动(刀具的转动由专用电机驱动)。两个执行动作由同一台电机驱动,工作台转位机构和主轴箱往复运动机构按动作时间顺序分支并列,组合成一个机构系统。

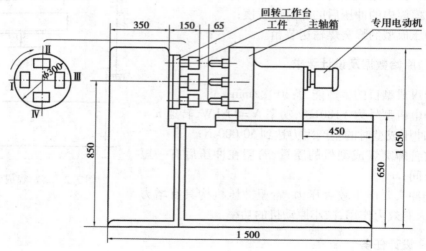

图 7.3　四工位专用机床

7.3.2　原始数据及设计要求

①刀具顶端离开工作表面 65 mm,快速移动送进 60 mm 后,再匀速送进 60 mm(包括 5 mm 刀具切入量、45 mm 工件孔深、10 mm 刀具切出量,如图 7.4 所示),然后快速返回。回程

和进程的平均速度之比 $K=2$。

②刀具匀速进给速度为 2 mm/s,工件装卸时间不超过 10 s。

③机床生产率为每小时约 60 件。

④执行机构及传动机构能装入机体内。

⑤传动系统电机为交流异步电动机,功率为 1.5 kW,转速为 960 r/min。

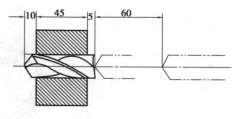

图 7.4　刀具进给

7.3.3　设计任务

①按工艺动作过程拟定运动循环图。

②进行回转台间歇转动机构、主轴箱刀具移动机构的选型,并进行机械运动方案的评价和选择。

③根据电机参数和执行机构运动参数进行传动方案的拟订。

④画出机械运动方案图(A1 纸张)。

⑤机械传动系统和执行机构的尺度计算。

⑥编写设计说明书(用 A4 纸张,封面用标准格式)。

7.3.4　设计提示

①回转台的间歇转动可采用槽轮机构、不完全齿轮机构、凸轮式间歇运动机构。

②主轴箱的往复移动可采用圆柱凸轮机构、移动从动件盘形凸轮机构、凸轮—连杆机构、平面连杆机构等。

③由生产率可求出一个运动循环所需时间 $T=60$ s,刀具匀速送进 60 mm 所需时间 $t_匀=30$ s,刀具其余移动(包括快速送进 60 mm、快速返回 120 mm)共需 30 s。回转工作台静止时间为 40 s,因此足够工件装卸所需时间。

7.4　平压印刷机机构设计

7.4.1　机构简介

平压印刷机是印刷行业广泛使用的一种脚踏、电动两用简易印刷机,适用于印刷各种 8 开以下的印刷品。图 7.5 是该类印刷机主要部件的工作情况示意图。它们实现的动作如下:

①印头 O_2B 往复运动,O_2B_1 是压印位置,即此时印头上的纸与固定的铅字版(阴影线部分)压紧基础,O_2B_2 是取走印好的纸和置放新纸的位置。

②油辊上下滚动。在印头自位置 O_2B_1 运动至位置 O_2B_2 的过程中,油辊从位置 E_1 经油盘和铅字版向位置 E_2 运动,并同时绕自身的轴线转动。油辊滚过油盘使油辊表面的油墨涂布均匀;滚过固定铅字版给铅字上油墨。压印头返回时,油辊从位置 E_2 回到 E_1。油辊摆杆 O_1E 是一个长度可伸缩的构件。

③油盘转动。为使油辊上的油墨均匀,不仅应将油辊在油盘面上滚过,而且应在油辊经

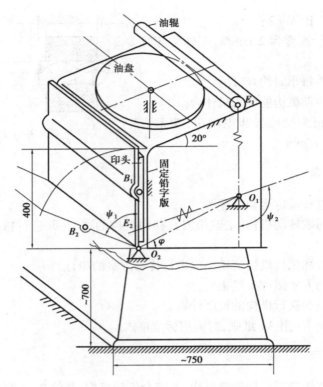

图7.5 平压印刷机有关部件示意图

过油盘往下运动时油盘作一次小于180°而大于60°的间歇转动,使油盘上存留的油墨也比较均匀。

上述三个运动和手工加纸、取纸动作应协调配合,完成一次印刷工作。

7.4.2 原始数据及设计要求

①实现印头、油辊、油盘运动的机构由一个电动机带动,通过传动系统使该机具有1 600 ~ 1 800 次/h 的印刷能力。

②电动机功率 $P = 0.8$ kW,转速 $n_\text{电} = 930$ r/min,可自行决定电动机放在机架的左侧或底部。

③根据印刷纸张幅面(280 mm × 406 mm),最大印刷幅面为 260 mm × 380 mm,设定 $l_{O_2B} = 250$ mm。

④印头摆角 $\psi_1 = 70°$,且要求印头返回行程(自位置 O_2B_1 至 O_2B_2)和工作行程(自位置 O_2B_2 至 O_2B_1)的平均速度之比(行程速度变化系数) $K = 1.12$。

⑤油辊自铅垂位置 O_1E_1 运动至 O_1E_2 的摆角 $\psi_2 = 110°$,油辊在位置 O_1E_1 时,恰与油盘的上边缘接触,油盘直径为 400 mm。

⑥要求机构传动性能良好,即印头和油辊在两极限位置处的传动角 γ 大于或等于许用传动角 $[\gamma]$。结构应紧凑,制造方便。

7.4.3 设计任务

①拟定运动系统方案并进行方案的分析比较,拟定运动循环图。

194

②进行机构设计。

a.图解法和解析法相结合,设计连杆机构。选一个机构用解析法设计其尺度参数,然后用图解法校核。另一个机构用图解法设计。

b.图解法和解析法相结合,设计间歇运动机构。

c.设计齿轮机构。

③正确绘制机构运动简图。

a.进行各传动机构的最终布置,画出机构运动循环图。

b.按比例绘制运动简图,每人完成 1 号或 2 号图纸一张(图纸内还包括图解法设计的机构图并保留作图辅助线,解析法设计的机构用图解法进行校核的校核图,凸轮廓线图等)。

④整理设计说明书。

7.4.4　设计提示

根据设计要求,三个主要动作必须协调,这是方案设计的出发点。由于只给出了一个动力源,因此实现这些动作的机构必须联动。三个动作中,印头运动需具有急回特性,油辊可看做实现两个位置的运动(油辊摆杆 O_1E 的伸缩运动也是由一机构控制的),而油盘是间歇运动。完成这些运动的机构以及将它们连成整机,均应力求结构简单、紧凑。

拟定运动方案时,应首先构思实现动作要求的执行机构,然后勾画描述各机构动作协调配合关系的运动循环图,最后再确定各机构前面的传动路线,以满足生产率的要求。

7.5　旋转型灌装机主要机构设计

7.5.1　工作原理

图 7.6 中,旋转型灌装机工作过程包括四个工位。工位 1:输入空瓶;工位 2:灌装;工位 3:封口;工位 4:输出包装好的容器。该机在转动工作台上对包装容器(如玻璃瓶)连续灌装流体(如饮料、酒、冷霜等)。转台有多工位停歇,以实现灌装、封口等工序。

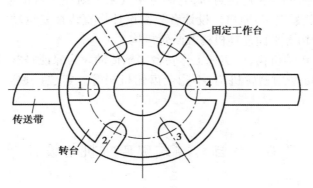

图 7.6　旋转型灌装机

7.5.2 原始数据及设计要求

①该机采用电动机驱动,传动方式为机械传动。技术参数见表7.1。

表7.1 旋转型灌装机技术参数

方案号	转台直径/mm	电动机转速/(r·min^{-1})	灌装速度/(r·min^{-1})
A	600	1 440	10
B	550	1 440	12
C	500	960	10

②为保证在这些工位上能够准确地灌装、封口,应有定位装置。

7.5.3 设计任务

①旋转型灌装机应包括连杆机构、凸轮机构、齿轮机构这三种常用机构。
②设计传动系统并确定其传动比分配。
③画出旋转型灌装机的运动方案简图,并用运动循环图分配各机构运动节拍。
④用电算法对连杆机构进行速度、加速度进行分析,绘出运动线图。用图解法或解析法设计平面连杆机构。
⑤凸轮机构的设计计算。按凸轮机构的工作要求选择从动件的运动规律,确定基圆半径,校核最大压力角与最小曲率半径。对盘状凸轮要用电算法计算出理论廓线、实际廓线值。画出从动件运动规律线图及凸轮廓线图。
⑥齿轮机构的设计计算。
⑦编写设计计算说明书。
⑧平面连杆机构(或灌装机)的计算机动态演示等。

7.5.4 设计提示

①该机采用灌瓶泵灌装流体,泵固定在某工位的上方。
②该机采用软木塞或金属冠盖封口,它们可由气泵吸附在压盖机构上,由压盖机构压入(或通过压盖模将瓶盖紧固在)瓶口。设计者只需设计作直线往复运动的压盖机构。压盖机构可采用移动导杆机构等平面连杆机构或凸轮机构。
③需要设计间歇传动机构,以实现工作转台间歇传动。为保证停歇可靠,还应有定位(锁紧)机构。间歇机构可采用槽轮机构、不完全齿轮机构等。定位(锁紧)机构可采用凸轮机构等。

7.6 半自动颚式破碎机机构设计

7.6.1 工作原理

半自动颚式破碎机是利用动颚板与定颚板之间的空间变化将碎石挤压破碎,采用人工上

料,自动卸料。破碎机机构的主要动作有:

①破碎运动。碎石从入口在自重作用下进入动颚板与定颚板之间,动颚板挤压碎石至极限位置使碎石脆性破碎,然后动颚板返回,碎石在自重的作用下从排矿口流出。在一个周期内,运动要求如图 7.7 所示,注意碎石在自重作用下从排矿口流出所需的时间。

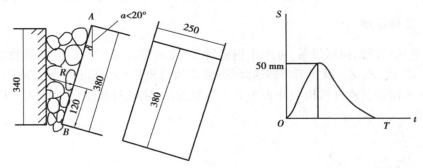

图 7.7　颚式破碎机

②卸料运动。矿石在自重作用下从排矿口流入矿车,当破碎运动约 500 次时可装满一车,重 500 kg。此时,卸料机构从颚式破碎机的一侧把装满矿石的矿车推至传送带(导轨)上,并将空矿车推至排矿口下方;空矿车由传送带(导轨)传送到破碎机的另一侧摆放整齐。

7.6.2　原始数据及设计要求

①生产效率为每小时 3 t,给矿口面积为 150 mm × 250 mm。

②破碎运动工作阻力变化曲线如图 7.7 所示,动颚板面积为 250 mm × 380 mm。

③破碎运动工作行程为 50 mm(动颚板下端 B 水平位移为 50 mm,排矿口面积为 30 mm × 250 mm;破碎运动工作行程可快进、慢回以保证工作性能及下料工作,行程速比系数 K = 1.2 mm。

④破碎运动工作行程机器运转不均匀系数不超过 0.05。

⑤破碎机排矿口至两侧空矿车和满矿车传送带(导轨)的距离均为 250 mm。

⑥动力为三相 380 伏交流电。

7.6.3　设计任务

①进行半自动颚式破碎机运动方案设计,并以 1 张 2 号图纸表述设计的机构简图、机构传动系统图及运动循环图。

②进行半自动颚式破碎机构的运动分析与力分析(解析法),提供如下结果:动颚板运动位移、(角)速度和(角)加速度曲线;原动件平衡力矩曲线、机架总反力曲线、等效驱动力矩曲线、等效转动惯量和飞轮转动惯量;电机型号(功率、额定同步转速)。

③编写设计说明书。

7.7 压床执行机构设计

7.7.1 工作原理

压床是应用广泛的锻压设备,可用于钢板矫直、压制零件等。电动机经联轴器带动三级齿轮(Z_1-Z_2,Z_3-Z_4,Z_5-Z_6)减速器将转速降低,带动执行机构(六杆机构 ABCDEF)的曲柄 AB 转动,如图 7.8 所示。六杆机构使冲头 5 上下往复运动,实现冲压工艺。图 7.9 所示为压床的运动示意图。

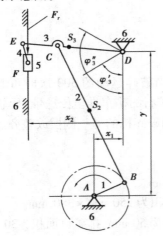

图 7.8 压床六杆机构

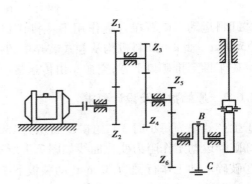

图 7.9 运动示意图

现要求完成六杆机构的尺寸综合并进行三级齿轮减速器的强度集计算和结构设计。

7.7.2 原始数据及设计要求

六杆机构的中心距 x_1、x_2、y,机构 3 的上下极限位置角 ψ_3'、ψ_3'',滑块 5 的行程 H,比值 CE/CD、EF/DE,曲柄转速 n_1 以及冲头所受的最大阻力 Q_{max} 等列于表 7.2。

表 7.2 六杆机构的设计数据

已知参数 分 组	x_1 /mm	x_2 /mm	y /mm	ψ_3' /(°)	ψ_3'' /(°)	H /mm	$\dfrac{CE}{CD}$	$\dfrac{EF}{DE}$	n_1 /(r·min^{-1})	Q_{max}/kN
1	50	140	220	60	120	150	0.5	0.25	100	6
2	60	170	260	60	120	180	0.5	0.25	120	5
3	70	200	310	60	120	210	0.5	0.25	90	9

7.7.3 设计任务

①依据设计要求和已知参数,确定各构件的运动尺寸,绘制机构运动简图,并分析组成该

机构的基本杆组。

②假设曲柄等速转动,画出滑块 5 的位移、速度和加速度的变化规律曲线。

③在压床工作过程中,冲头所受的阻力变化曲线如图 7.10 所示,在不考虑各处摩擦、构件重力和惯性力的条件下,分别求曲柄所需的驱动力矩。

④确定电动机的功率与转速。

⑤取曲柄轴为等效构件,要求其速度波动系数小于3%,在不考虑其他构件转动惯量的条件下,确定应加于曲柄轴上的飞轮转动惯量。

⑥编写课程设计说明书。

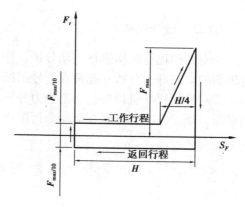

图 7.10　冲头所受的阻力变化曲线

7.8　汽车风窗刮水器机构设计

7.8.1　机构简介

汽车风窗刮水器是用于汽车刮水的驱动装置,如图 7.11(a)所示。风窗刮水器工作时,由电动机带动齿轮装置 1-2,传至曲柄摇杆装置 2′-3-4;电动机单向连续转动,刷片杆 4 作左右往复摆动,要求左右摆动的平均速度相同。其中,刮水刷的工作阻力矩如图 7.11(b)所示。

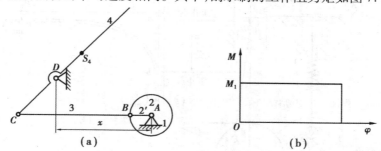

图 7.11　汽车风窗刮水器

7.8.2　原始数据

设计数据如表 7.3 所示。

表 7.3　设计数据

设计内容	曲柄摇杆机构的设计及运动分析						曲柄摇杆机构动态静力分析		
符号	N_1	k	φ	l_{AB}	x	l_{DS4}	G_4	J_{S4}	M_1
单位	r/min		(°)	mm	mm	mm	N	kg·m²	N·mm
数据	30	1	120	60	180	100	15	0.01	500

7.8.3 设计任务

①对曲柄摇杆机构进行运动分析。作机构 1~2 个位置的速度多边形和加速度多边形,与后面的动态静力分析一起画在 1 号图纸上,整理计算说明书。

②对曲柄摇杆机构进行动态静力分析,确定机构一个位置的运动副反力及应加于曲柄上的平衡力矩。作图部分画在运动分析图样上,整理计算说明书。

7.9 单缸四冲程柴油机机构设计

7.9.1 机构简介

柴油机是一种内燃机,它将燃料燃烧时所产生的热能转变为机械能。往复式内燃机的主体机构为曲柄滑块机构,以汽缸内的燃气压力推动活塞 3 经连杆 2 而使曲柄 1 旋转,如图 7.12(a)所示。

本设计是四冲程内燃机,即活塞在汽缸内往复移动四次(对应曲柄两转)完成一个工作循环。在一个工作循环中,汽缸内的压力变化可由示功图(用示功器从汽缸内测得如图 7.12(b)所示)表示,它反映了汽缸容积(与活塞位移 s 成正比)与压力的变化关系。现将四个冲程压力变化作一简单介绍。

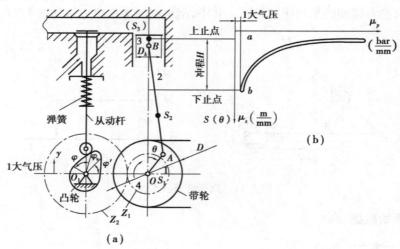

图 7.12 柴油机机构简图及示功图

①进气冲程:活塞下行,对应曲柄转角 $\theta = 0° \rightarrow 180°$。进气阀开,燃气开始进入汽缸,汽缸内指示压力略低于 1 大气压力,一般以 1 大气压力计算,如示功图上的 $a \rightarrow b$。

②压缩冲程:活塞上行,曲柄转角 $\theta = 180° \rightarrow 360°$。此时进气毕,进气阀关闭,已吸入的空气受到压缩,压力渐高,如示功图上的 $b \rightarrow c$。

③膨胀(作功)冲程:在压缩冲程终了时,被压缩的空气温度已超过柴油自燃的温度,因此,在高压下射入的柴油立刻爆炸燃烧,汽缸内压力突增至最高点,燃气压力推动活塞下行对外作功,曲柄转角 $\theta = 360° \rightarrow 540°$。随着燃气的膨胀,汽缸容积增加,压力逐渐降低,如图

上 $c \to b$。

④排气冲程：活塞上行，曲柄转角 $\theta = 540° \to 720°$。排气阀开，废气被驱出，汽缸内压力略高于1大气压力，一般亦以1大气压力计算，如图上的 $b \to a$。

进排气阀的启闭是由凸轮机构控制的，图7.12(a)中 y—y 剖面有进、排气阀各一只(图中只画了进气凸轮)。凸轮机构是通过曲柄轴 O 上的齿轮 z_1 和凸轮轴 O_1 上的齿轮 z_2 来传动的。由于在一个工作循环中，曲柄轴转两转而进、排气阀各启闭一次，所以齿轮的传动比为：

$$i_{12} = \frac{n_1}{n_2} = \frac{z_2}{z_1} = 2$$

由上可知，在组成一个工作循环的四个冲程中，活塞只有一个冲程对外作功，其余的三个冲程则需依靠机械的惯性带动。因此，曲柄所受的驱动力是不均匀的，所以其速度波动也较大。为了减少速度波动，曲柄轴上装有飞轮(图上未画)。

7.9.2 设计数据

设计数据如表7.4、表7.5所示。

表7.4 原始数据表

内容	曲柄滑块机构的运动分析			曲柄滑块机构的动态静力分析及飞轮转动惯量的确定								
符号	H	λ	l_{As2}	n_1	D_k	D	G_1	G_2	G_3	Js_1	Js_2	Js_3	δ
单位	mm		mm	r/min	mm		N			Kgm^2			
数据	120	4	80	1 500	100	200	210	20	10	0.1	0.05	0.2	1/100
	齿轮机构的设计				凸轮机构的设计					
	z_1	z_2	m	α	h	Φ	Φ_s	Φ'	$[\alpha]$	$[\alpha]'$
			mm	(°)	mm	(°)				
	22	44	5	20	20	50	10	50	30	75

表7.5 学生分组数据表

位置编号	1	2	3	4	5	6	7	8	9	10	11	12
曲柄位置 $\theta°$	30°	60°	90°	120°	150°	180°	210°	240°	270°	300°	330°	360°
汽缸指示压力 bar(10^5 N/m^2)	1	1	1	1	1	1	1	1	1	6.5	19.5	35
工作过程				进气					压缩			
12	13	14	15	16	17	18	19	20	21	22	23	24
375°	390°	420°	450°	480°	510°	540°	570°	600°	630°	660°	690°	720°
60	25.5	9.5	3	3	2.5	2	1.5	1	1	1	1	1
	膨胀					排气					

7.9.3 设计任务

(1) 曲柄滑块机构的运动分析

已知:活塞冲程 H,连杆与曲柄长度之比 λ,曲柄每分钟转数 n_1。

要求:设计曲柄滑块机构,绘制机构运动简图,作机构滑块的位移、速度和加速度运动线图。

曲柄位置图的作法如图 7.13 所示,以滑块在上止点时所对应的曲柄位置为起始位置(即 $\theta = 0°$),将曲柄圆周按转向分成 12 等份得 12 个位置 $1\to12$,$12'(\theta = 375°)$ 为汽缸指示压力达最大值时所对应的曲柄位置,$13\to24$ 为曲柄第二转时对应各位置。

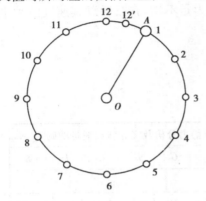

图 7.13 曲柄位置图

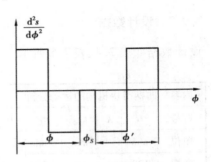

图 7.14 从动件运动规律图

(2) 曲柄滑块机构的动态静力分析

已知:机构各构件的重量 G,绕重心轴的转动惯量 J_s,活塞直径 D_h,示功图数据(见表 7.5)以及运动分析所得的各运动参数。

要求:确定机构一个位置(同运动分析)的各运动副反力及曲柄上的平衡力矩 M_y,以上内容作在运动分析的同一张图纸上。

(3) 飞轮设计

已知:机器的速度不均匀系数 δ,曲柄轴的转动惯量 J_{S1},凸轮轴的转动惯量 J_{O1},连杆 2 绕其重心轴的转动惯量 J_{S2},动态静力分析求得的平衡力矩 M_y,阻力矩 M_c 为常数。

要求:用惯性力法确定安装在曲柄轴上的飞轮转动惯量 J_F。

以上内容作在 2 号图纸上。

(4) 齿轮机构设计

已知:齿轮齿数 z_1、z_2,模数 m,分度圆压力角 α,齿轮为正常齿制,在闭式的润滑油池中工作。

要求:选择两轮变位系数,计算齿轮各部分尺寸,用 2 号图纸绘制齿轮传动的啮合图。

(5) 凸轮机构设计

已知:从动件冲程 h,推程和回程的许用压力角 $[\alpha]$、$[\alpha']$,推程运动角 δ,远休止角 δ,回程运动角 δ,从动件的运动规律如图 7.14 所示。

要求:按照许用压力角确定凸轮机构的基本尺寸,选取滚子半径,画出凸轮实际廓线。以上内容作在 2 号图纸上。

7.10　半自动钻床机构设计

7.10.1　机构简介

设计加工如图 7.15 所示工件 $\phi 12$ mm 孔的半自动钻床。进刀机构负责动力头的升降,送料机构将被加工工件推入加工位置,定位机构使被加工工件可靠固定。

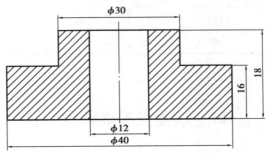

图 7.15　加工工件尺寸

7.10.2　原始数据

半自动钻床设计原始数据参看表 7.6。

表 7.6　半自动钻床凸轮设计数据

方案号	进料机构工作行程/mm	定位机构工作行程/mm	动力头工作行程/mm	电动机转速/($r \cdot mm^{-1}$)	工作节拍(生产率)/(件·min^{-1})
A	40	30	15	1 450	1
B	35	25	20	1 400	2
C	30	20	10	960	1

7.10.3　设计任务

①半自动钻床至少包括凸轮机构、齿轮机构在内的三种机构。

②设计传动系统并确定其传动比分配。

③画出半自动钻床的机构运动方案简图和运动循环图。

④设计计算凸轮机构。按各凸轮机构的工作要求,自选从动件的运动规律,确定基圆半径,校核最大压力角与最小曲率半径。对盘状凸轮要用电算法计算出理论廓线、实际廓线值,画出从动件运动规律线图及凸轮廓线图。

⑤设计计算其他机构。

⑥编写设计计算说明书。

⑦学生可进一步完成:凸轮的数控加工、半自动钻床的计算机演示验证等。

7.10.4　设计提示

①钻头由动力头驱动,设计者只需考虑动力头的进刀(升降)运动。

②除动力头升降机构外,还需要设计送料机构、定位机构。各机构运动循环要求见表7.7。

③可采用凸轮轴的方法分配协调各机构运动。

表7.7　机构运动循环要求

凸轮轴转角	10°	20°	30°	45°	60°	75°	90°	105°~270°	300°	360°
送料	快进			休止		快退		休止		
定位	休止	快进		休止		快退		休止		
进刀	休止					快进		快进	快退	休止

7.11　压片成形机机构设计

7.11.1　机构简介

设计自动压片成形机能将具有一定湿度的粉状原料(如陶瓷干粉、药粉)定量送入压形位置,压制成形后使其脱离该位置。机器的整个工作过程(送料、压形、脱离)均自动完成。该机器可以压制陶瓷圆形片坯、药剂(片)等。

如图7.16所示,压片成形机的工艺动作是:

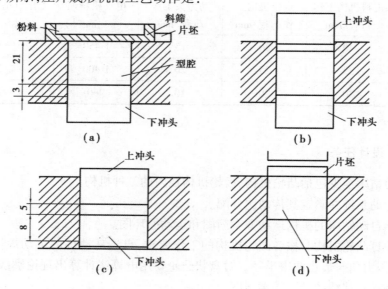

图7.16　压片成形机工艺动作

①干粉料均匀筛入圆筒形型腔,如图7.16(a)所示。

②下冲头下沉3 mm,预防上冲头进入型腔时粉料扑出,如图7.16(b)所示。

③上、下冲头同时加压,如图 7.18(c)所示,并保持一段时间。

④上冲头退出,下冲头随后顶出压好的片坯,如图 7.18(d)所示。

⑤料筛推出片坯。

7.11.2　原始数据及设计要求

(1)原始数据如表 7.8 所示

表 7.8　压片成形机设计数据

方案号	电动机转速 /(r·min⁻¹)	生产率片 /min	成品尺寸 (Φ×d)/mm	冲头压力 /kg	δ	m/kg	m/kg
A	1 450	10	100 ×60	15 000	0.10	12	5
B	970	15	60 ×35	10 000	0.08	10	4
C	970	20	40 ×20	10 000	0.05	9	3

(2)上冲头、下冲头、送料筛的设计要求

①上冲头完成往复直移运动(铅锤上下),下移至终点后有短时间的停歇,可起保压作用,保压时间为 0.4 s 左右。因冲头上升后要留有料筛进入的空间,故冲头行程为 90 ~ 100 mm。因冲头压力较大,因此加压机构应有增力功能,如图 7.17(a)所示。

②下冲头先下沉 3 mm,然后上升 8 mm,加压后停歇保压,继而上升 16 mm,将成型片坯顶到与台面平齐后停歇,待料筛将片坯推离冲头后,再下移 21 mm 到待料位置,如图 7.17(b)所示。

③料筛在模具型腔上方往复振动筛料,然后向左退回。待批料成型并被推出型腔后,料筛在台面上右移约 45 ~ 50 mm,推卸片坯,如图 7.17(c)所示。

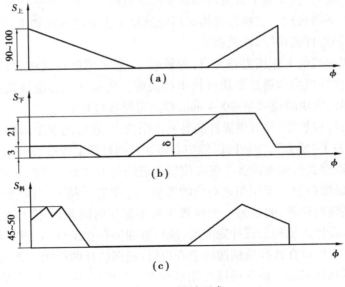

图 7.17　设计要求

④上冲头、下冲头与送料筛的动作关系如表7.9所示。

表7.9　动作关系

上冲头	进		退	
送料筛	退	近休	进	远休
下冲头	退	近休	进	远休

7.1.3　设计任务

①压片成形机一般至少包括连杆机构、凸轮机构、齿轮机构三种机构。

②画出机器的运动方案简图与运动循环图。拟定运动循环图时,可执行构件的动作起止位置可根据具体情况重叠安排,但必须满足工艺上各个动作的配合要求,在时间和空间上不能出现"干涉"。

③设计凸轮机构,自行确定运动规律,选择基圆半径,校核最大压力角与最小曲率半径,计算凸轮廓线。

④设计计算齿轮机构。

⑤对连杆机构进行运动设计并进行连杆机构的运动分析,绘出运动线图。如果是采用连杆机构作为下冲压机构,还应进行连杆机构的动态静力分析,计算飞轮转动惯量。

⑥编写设计计算说明书。

⑦学生可进一步完成:机器的计算机演示验证、凸轮的数控加工等。

7.1.4　设计提示

①各执行机构应包括:实现上冲头运动的主加压机构、实现下冲头运动的辅助加压机构、实现料筛运动的上下料机构。各执行机构必须能满足工艺上的运动要求,可以有多种不同形式的机构供选用,如连杆机构、凸轮机构等。

②由于压片成形机的工作压力较大,行程较短,一般采用肘杆式增力冲压机构作为主体机构,它是由曲柄摇杆机构和摇杆滑块机构串接而成。先设计摇杆滑块机构,要求摇杆在铅垂位置的±2°范围内滑块的位移量≤0.4 mm,据此可得摇杆长度。

根据上冲头的行程长度,即可得摇杆的另一极限位置,摇杆的摆角以小于60°为宜。设计曲柄摇杆机构时,为了"增力",曲柄的回转中心可在过摇杆活动铰链、垂直于摇杆铅垂位置的直线上适当选取,以改善机构在冲头下极限位置附近的传力性能。根据摇杆的三个极限位置(±2°位置和另一极限位置),设定与之对应的曲柄三个位置。其中,对应于摇杆的两个位置,曲柄应在与连杆共线的位置,曲柄另一个位置可根据保压时间来设定,因此可根据两连架杆的三组对应位置来设计此机构。设计完成后,应检查曲柄存在条件,若不满足要求,应重新选择曲柄回转中心。也可以在选择曲柄回转中心以后,根据摇杆两极限位置时曲柄和连杆共线的条件,确定连杆和曲柄长度,检查摇杆在铅垂位置±2°时曲柄对应转角是否满足保压时间要求。曲柄回转中心距摇杆铅垂位置愈远,机构行程速比系数愈小,冲头在下极限位置附近的位移变化愈小,但机构尺寸愈大。

③辅助加压机构可采用凸轮机构,推杆运动线图可根据运动循环图确定,要正确确定凸轮基圆半径。为了便于传动,可将筛料机构置于主体机构曲柄同侧。整个机构系统采用一个电动机集中驱动。要注意主体机构曲柄和凸轮机构起始位置间的相位关系,否则机器将不能正常工作。

④可通过对主体机构进行的运动分析以及冲头相对于曲柄转角的运动线图,检查保压时间是否近似满足要求。进行机构动态静力分析时,要考虑各杆(曲柄除外)的惯性力和惯性力偶,以及冲头的惯性力。冲头质量 m、各杆质量 m(各杆质心位于杆长中点)以及机器运转不均匀系数 δ 均见表 7.8,则各杆对质心轴的转动惯量可求。上下冲头同时加压和保压时,生产阻力可以为常数。飞轮的安装位置由设计者自行确定,计算飞轮转动惯量时可不考虑其他构件的转动惯量。确定电动机所需功率时还应考虑下冲头运动和料筛运动所需功率。

7.12 压床机构设计

7.12.1 机构简介

图 7.18 所示为压床机构简图。其中,六杆机构 $ABCDEF$ 为其主体机构,电动机经联轴器带动减速器的三对齿轮 $z_1\text{-}z_2$、$z_3\text{-}z_4$、$z_5\text{-}z_6$ 将转速降低,然后带动曲柄 1 转动,六杆机构使滑块 5 克服阻力 F_r 而运动。为了减小主轴的速度波动,曲轴 A 上装有飞轮,在曲柄轴的另一端装有供滑块连杆机构各运动副用的油泵凸轮。

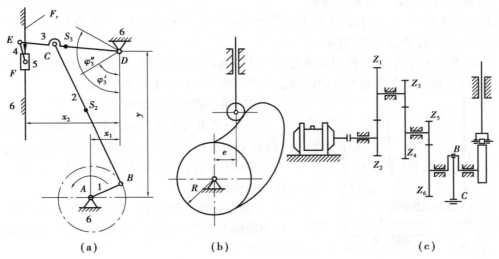

图 7.18 压床机构简图

7.12.2 原始数据

设计原始数据见表 7.10。

表7.10 设计数据

内容	连杆机构的设计及运动分析											齿轮机构的设计			
符号	x_1	x_2	y	φ_3'	φ_3''	H	$\dfrac{CE}{CD}$	$\dfrac{CE}{CD}$	n_1	$\dfrac{BS_2}{BC}$	$\dfrac{DS_3}{DE}$	z_5	z_6	α	m
单位	mm			(°)		mm			r/min					(°)	mm
方案 I	50	140	220	60	120	150	1/2	1/4	100	1/2	1/2	11	38	20	5
方案 II	60	170	260	60	120	180	1/2	1/4	90	1/2	1/2	10	35	20	6
方案 III	70	200	310	60	120	210	1/2	1/4	90	1/2	1/2	11	32	20	6
设计内容	凸轮机构的设计					连杆机构的动态静力分析与飞轮转动惯量的确定						
符号	h	$[\alpha]$	δ_0	δ_{01}	δ_0'	从动杆运动规律	G_2	G_3	G_5	J_{S2}	J_{S3}	F_{rmax}	δ
单位	mm	(°)					N			kg·m²		N	
方案 I	17	30	55	25	85	余弦	660	440	300	0.28	0.085	4 000	1/30
方案 II	18	30	60	30	80	等加速	1 060	720	550	0.64	0.2	7 000	1/30
方案 III	19	30	65	35	75	正弦	1 600	1 040	840	1.35	0.39	11 000	1/30

7.12.3 设计任务

（1）连杆机构的设计及运动分析

已知：中心距 x_1、x_2、y，构件 3 的上下极限角 ψ_3''、ψ_3'，滑块的冲程 H，比值 CE/CD、EF/DE，各构件质心 S 的位置，曲柄转速 n_1。

要求：设计连杆机构，作机构运动简图、机构 1~2 个位置的速度多边形和加速度多边形、滑块的运动线图。以上内容与后面的动态静力分析一起画在 1 号图纸上。

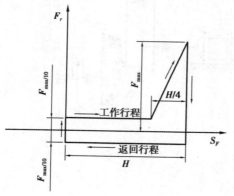

图 7.19 阻力线图

飞轮安装在曲柄轴 A 上。

（2）连杆机构的动态静力分析

已知：各机构的重力 G 及对质心轴的转动惯量 J_s（曲柄 1 和连杆 4 的重力和转动惯量略去不计），阻力线图（见图 7.19）以及连杆机构设计和运动分析中所得的结果。

要求：确定机构一个位置各运动副中的作用力及加于曲柄上的平衡力矩。作图部分亦画在运动分析的图样上。

（3）飞轮设计

已知：机器运转的速度不均匀系数 δ，由动态静力分析中所得的平衡力矩 M_b；驱动力矩为常数 M_d，

要求：确定飞轮转动惯量 J_F。以上内容作在 2 号图纸上。

（4）凸轮机构设计

已知：从动件冲程 H，许用压力角 $[\alpha]$，推程角 δ_0，远休止角 δ_{01}，回程角 δ_0'，从动件的运动规律见表 7.10，凸轮与曲柄共轴。

要求：按 $[\alpha]$ 确定凸轮机构的基本尺寸，求出理论廓线外凸曲线的最小曲率半径 $\rho_{\min}$，选取滚子半径 r_r，绘制凸轮实际廓线。以上内容作在 2 号图纸上。

（5）齿轮机构设计

已知：齿数 z_5、z_6，模数 m，分度圆压力角 α；齿轮为正常齿制，工作情况为开式传动，齿轮 z_6 与曲柄共轴。

要求：选择两轮变位系数 x_1 和 x_2，计算该齿轮传动的各部分尺寸，以 2 号图纸绘制齿轮传动的啮合图。

7.13　轧辊机机构设计

7.13.1　机构简介

图 7.20 所示轧机是由送料辊送进铸坯，由工作辊将铸坯制成一定尺寸的方形、矩形或圆形截面坯料的初轧机。它在水平面内和铅垂面内各布置一对轧辊（图中只画出了铅垂面内的一对轧辊）。两对轧辊交替轧制。轧机中工作辊中心 M 应沿轨迹 mm 运动，以适应轧制工作的需要。坯料的截面形状由轧辊的形状来保证。金属变形区模的末段应是与轧制中心线平行的直线段。在此直线段内，轧辊对轧件进行平整，以消除轧件表面因周期间歇轧制引起的波纹。因此，希望该平整段 L 尽可能长些。轧制是在铅垂面和水平面内交替进行的，当一面内的一对轧辊在轧制时，另一面轧辊正处于空回程中。从实际结构考虑，轧辊的轴向尺寸总大于轧制品截面宽度，所以要防止两对轧辊交错而过时发生碰撞。为此，轧辊中心轨迹曲线 mm 除要有适应的形状外，还应有足够的开口度 h，使轧辊在空行程中能让出足够的空间，保证与轧制行程中的轧辊不发生"拦路"相撞的情况。在轧制过程中，轧件要受到向后的推力，为使推力尽量小些，以减轻送料辊的载荷，故要求轧辊与轧件接触时咬入角 γ 尽量小些。

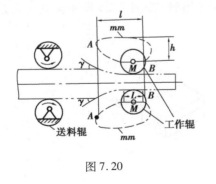

图 7.20

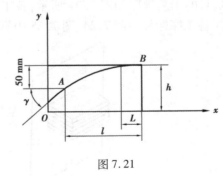

图 7.21

7.13.2　原始数据及设计要求

根据轧制工艺，并考虑减轻设备的载荷，对轧辊中心点 M 的轨迹可提出如下基本要求：

①轧辊中心点 M 的轨迹在 AB 段要求满足图7.21的曲线，开口度 h 大于140 mm，咬入角 γ 约为25°，坯料的单边最大压下量约为50 mm，从咬入到平整段结束的长度 l 约270 mm，平整阶段长度 L 约为100 mm。

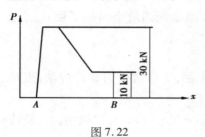

图7.22

②轧制过程中所受的生产阻力如图7.22所示，工作辊重15 kg。

③实现轧制钢 1 500 mm/min 的生产效率。

④为调整制造误差引起的轨迹变化或更换轧辊后要求开口度有稍许变化，所选机构应便于调节轧辊中心的轨迹。

⑤要求在一个轧制周期中，轧辊的轧制时间尽可能长些，行程速度比系数 $K=1.2$，机器运动不均匀系数不超过0.05；动力源为三相380伏交流电，电机转速 $n=1\,450\sim1\,500$ rpm。

7.13.3　设计任务

①进行轧辊机构运动方案设计，并以1张2号图纸表述设计的机构简图、机构传动系统图及运动循环图。

②进行轧辊机构的运动分析与力的分析（解析法），并提供如下结果：

轧辊中心 M 运动位移、速度和加速度曲线；原动件平衡力矩曲线，机架总反力曲线，等效驱动力矩和阻力矩曲线，等效转动惯量和飞轮转动惯量；电机型号（功率、额定同步转速）。

③编写设计说明书。

7.14　书本打包机主要机构设计

7.14.1　机构简介

书本打包机的用途是把一摞书（如五本一包）用牛皮纸包成一包并在两端贴好封签，如图7.23所示。

包、封的工艺顺序如图7.24所示，各工位的布置（俯视）如图7.25所示。其工艺过程如下所述（各工序标号与图7.24、图7.25中标号一致）。

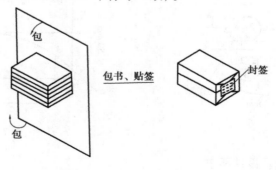

图7.23　书本打包机的功用

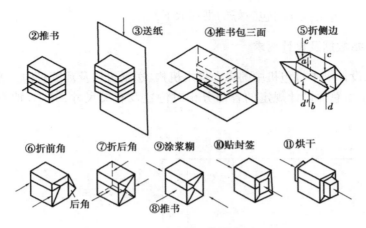

图 7.24　包、封工艺顺序图

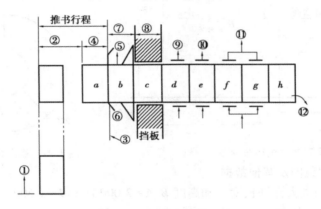

图 7.25　打包过程各工位布置

①横向送书(送一摞书)。

②纵向推书前进(推一摞书)到工位 a,使它与工位 $b\sim g$ 上的六摞书贴紧。

③书推到工位 a 前,包装纸已先送到位。包装纸原为整卷筒纸,由上向下送够长度后进行裁切。

④继续推书前进一摞书的位置到工位 b,由于在工位 b 的书摞上下方设置有挡板,以挡住书摞上下方的包装纸,所以书摞推到 b 时实现包三面,这个工序中推书机构共推动 $a\sim g$ 的七摞书。

⑤推书机构回程时,折纸机构动作,先折侧边(将纸卷包成筒状),再折两端上、下边。

⑥继续折前角。

⑦上步动作完成后,推书机构已进到下一循环的工序④,此时将工位 b 上的书推到工位 c。在此过程中,利用工位 c 两端设置的挡板实现折后角。

⑧推书机构又一次循环到工序④时,将工位 c 的书摞推至工位 d,此位置是两端涂糨糊的位置。

⑨涂糨糊。

⑩在工位 e 贴封签。

⑪在工位 f、g 用电热器把糨糊烘干。

⑫在工位 h 时,人工操作将包封好的书摞取下。

7.14.2 原始数据及设计要求

本设计要求设计书本打包机中的纵向推书机构、送纸机构及裁纸机构三种机构。

图 7.26 表示由总体设计规定的各部分相对位置及有关尺寸,其中,轴 O 为机器主轴的位置。

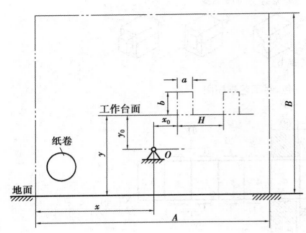

图 7.26　机构布置图

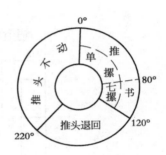

图 7.27　纵向推书机构循环图

(1)机构的尺寸范围及其他数据

①机器中机构的最大允许长度 A 和高度 B:$A \approx 2\ 000$ mm,$B \approx 1\ 600$ mm。

②工作台面高度:距地面 $y \approx 700$ mm,距主轴 $y_0 \approx 400$ mm。

③主轴水平位置:$x \approx 100 \sim 1\ 100$ mm。

为了保证工作安全、台面整洁,推书机构最好放在台面以下。

(2)工艺要求的数据

①书摞尺寸:$a = 130 \sim 140$ mm,$b = 180 \sim 220$ mm。

②推书起始位置:$x_0 = 200$ mm。

③推书行程:$H = 400$ mm。

④推书次数(主轴转速):$n = 10 \pm 0.1$ r/min。

⑤主轴转速不均匀系数:$\delta \leqslant 0.25$。

(3)纵向推书运动要求

①整个机器的运动循环以主轴回转一周为一个周期。因此,可以用主轴的转角表示推书机构从动件的运动时间。

②推书动作占 1/3 周期,相当于主轴转 120°;快速退回动作时间小于 1/3 周期,相当于主轴转角小于 100°;停止不动时间大于 1/3 周期,相当于主轴转角大于 140°。

③纵向推书机构从动件的工艺动作与主轴转角的关系见表 7.11。

表 7.11

主轴转角	纵向推书机构从动件(推头)的工艺动作
0°～(80°)	推单摞书
(80°)～120°	推七摞书(同时完成折后角的动作)
120°～220°	从动件退回
220°～360°	从动件静止不动

为了清楚而形象地表示出该机构的上述运动循环关系,可以画成运动循环图的形式,如图 7.27 所示。

(4)其他机构的运动关系(见表 7.12)。

表 7.12

工艺动作	主轴转角
横向送书	150°→340°
折侧边,折两端上下边	180°→340°
折前角、涂糨糊、贴封签、烘干	180°→340°
送纸	200°→360°→70°
裁纸	70°→80°

(5)各工作阻力的数据

①每摞书的质量为 4.6 kg。

②横向送书机构的阻力可假设为常数,相当于主轴上有阻力矩:$M_{c4} = 4\ 000$ N·m。

③送纸、裁纸机构的阻力也可认为是常数,相当于主轴上有阻力矩:$M_{c5} = 6$ N·m。

④折后角机构的阻力相当于四摞书的摩擦阻力。

⑤折边、折前角机构的阻力总和相当于主轴上受到阻力矩 M_{c6},其大小可用机器在纵向推书行程中(即主轴转角 0°～120°范围中)主轴所受纵向推书阻力矩的平均值 M_{cm8} 表示:

$$M_{c6} = 6M_{cm8}$$

M_{cm3} 可由下式算出:

$$M_{cm3} = \frac{\sum_{i=1}^{n} M_{c3i}}{n} \qquad (7.1)$$

式中　M_{c3i}——推程中各分点上主轴所受的阻力矩;

　　　n——推程中的分点数。

涂浆糊、贴封签和烘干机构的阻力总和,相当于主轴上受到阻力矩 M_{c7},其大小可用 M_{cm3} 表示:

$$M_{c7} = 8M_{cm3}$$

7.14.3　设计任务

①根据给定的原始数据和工艺要求,构思并选定机构方案,内容包括纵向推书机构和送

纸、裁纸机构以及从电动机到主轴之间的传动机构。

②设计纵向推书机构。根据选定的方案,利用优化方法设计纵向推书机构的运动简图;确定传动机构及送纸、裁纸机构中与整机运动协调配合有关的主要尺寸。

③根据上面求得的尺寸,按比例画出全部机构的运动简图(2 号图纸一张),并标注出主要尺寸,画出包封全过程中机构的运动循环图(全部工艺动作与主轴转角的关系图)。

④根据上面求得的尺寸,按比例画出一个主要机构的运动设计图(2 号或 3 号图纸一张),图中保留作图辅助线,并标注必要的尺寸。

⑤对机构进行力分析,求出主轴上的阻力矩在主轴旋转一周中的一系列数值。即

$$M_{cj} = M_c(\varphi_j) \tag{7.2}$$

式中 φ_j——主轴的转角;

j——主轴回转一周中的各分点序号。

力分析时,除考虑工作阻力和移动构件的重力、惯性力和移动副中的摩擦阻力矩外,对于其他运动构件,可借助于各运动副的效率值作近似估算。为简便起见,计算时可近似地利用等效力矩的计算方法。

⑥计算机打印阻力矩曲线 $M_{cj} = M_c(\varphi_j)$,并计算出阻力矩的平均值 M_{cm},需添画出坐标轴,并标出必要的字符和数值。

⑦根据上面求出的平均阻力矩(计入传动机构效率),算出所需电动机功率的理论值 N_{if},再乘以安全系数(一般取 1.2 ~ 1.4),得出电动机功率 $N_电$,据此选取电动机的额定功率 $N \geq N_电$。

⑧根据力矩曲线和给定的不均匀系数 δ 值,用近似方法(不计各构件的质量和转动惯量)计算出飞轮的等效转动惯量。

⑨只考虑纵向推书机构和传动机构中的移动构件和回转构件的质量,近似计算机构的等效转动惯量在主轴旋转一周中的一系列数值。将上面求出的飞轮等效转动惯量减去机构等效转动惯量的最小值,可得出实际需要的飞轮的等效转动惯量的大小。注意:飞轮装在哪一根轴上,要认真考虑。

⑩编写设计说明书,包括全部计算程序、计算结果和绘制的力矩曲线图,并将它们和前面两张图纸一起装订成册。

7.15 巧克力糖包装机机构设计

7.15.1 工作原理

该巧克力糖自动包装机的包装对象为圆台状巧克力糖,如图 7.28 所示,包装材料为厚 0.008 mm 的金色铝箔纸。包装后外形应美观挺拔,铝箔纸无明显损伤、撕裂和褶皱,如图7.29 所示。包装工艺方案为:纸坯形式采用卷筒纸,纸片水平放置,间歇剪切式供纸,如图 7.30 所示。包装工艺动作为:

①将 64 mm × 64 mm 铝箔纸覆盖在巧克力糖 $\phi17$ mm 小端正上方;

②使铝箔纸沿糖块锥面强迫成形;

③将余下的铝箔纸分半,先后向 $\phi24$ mm 大端面上褶去,迫使包装纸紧贴巧克力糖。

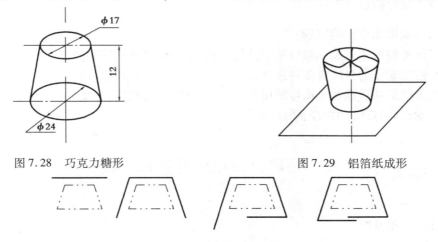

图 7.28　巧克力糖形　　　　　　　图 7.29　铝箔纸成形

图 7.30　间歇剪切式供纸

7.15.2　原始数据

设计原始数据如表 7.13 所示。

表 7.13　设计数据表

方案号	A	B	C	D	E	F	G	H
电动机转速/$(r \cdot min^{-1})$	1 440	1 440	1 440	960	960	820	820	780
每分钟包装糖果数目/$(个 \cdot min^{-1})$	120	90	60	120	90	90	80	60

具体设计要求如下:

①要求设计糖果包装机的间歇剪切供纸机构、铝箔纸锥面成形机构、褶纸机构以及巧克力糖果的送推料机构。

②整台机器外形尺寸(宽×高)不超过 800 mm×1 000 mm。

③锥面成形机构不论采用平面连杆机构、凸轮机构或者其他常用机构,要求成形动作尽量等速,启动与停顿时冲击小。

7.15.3　设计任务

①巧克力糖包装机一般应包括凸轮机构、平面连杆机构、齿轮机构等。

②设计传动系统并确定其传动比分配。

③画出机器的机构运动方案简图和运动循环图。

④设计平面连杆机构并对平面连杆机构进行运动分析,绘制运动线图。

⑤设计凸轮机构,确定运动规律,选择基圆半径,计算凸轮廓线值,校核最大压力角与最小曲率半径。绘制凸轮机构设计图。

⑥设计计算齿轮机构。

⑦编写设计计算说明书。

⑧学生可进一步完成凸轮的数控加工。

7.15.4 设计提示

①剪纸与供纸动作连续完成。
②铝箔纸锥面成形机构一般可采用凸轮机构、平面连杆机构等。
③实现褶纸动作的机构有多种选择,包括凸轮机构、摩擦滚轮机构等。
④巧克力糖果的送推料机构可采用平面连杆机构、凸轮机构。
⑤各个动作应有严格的时间顺序关系。

7.16 垫圈内径检测装置机构设计

7.16.1 工作原理

垫圈内径检测装置的用途是检测钢制垫圈内径是否在公差允许范围内。被检测的工件由推料机构送入后沿一条倾斜的进给滑道连续进给,直到最前边的工件被止动机构控制的止动销挡住而停止。然后,升降机构使装有微动开关的压杆探头下落,检测探头进入工件的内孔。此时,止动销离开进给滑道,以便让工件浮动。

检测工作过程如图7.31所示。当所测工件的内径尺寸符合公差要求时,如图7.31(a)所示,微动开关的触头进入压杆的环形槽,微动开关断开,发出信号给控制系统(图中未给出),在压杆离开工件后,把工件送入合格品槽。当工件内径尺寸小于合格的最小直径时,如图7.31(b)所示,压杆的探头进入内孔深度不够,微动开关闭合,发出信号给控制系统,使工件进入废品槽。当工件内径尺寸大于允许的最大直径时,如图7.31(c)所示,微动开关仍闭合,控制系统将工件送入另一废品槽。

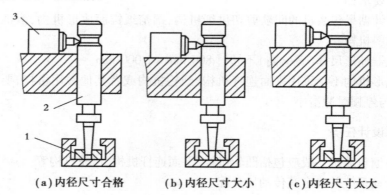

(a)内径尺寸合格　　**(b)内径尺寸大小**　　**(c)内径尺寸太大**

图 7.31　垫圈内径检测过程
1—工件;2—带探头的压杆;3—微动开关

7.16.2 原始数据及设计要求

表 7.14 平垫圈内径检测装置设计数据

方案号	被测钢制平垫圈尺寸				电动机转速 /(r·min⁻¹)	每次检测时间/s
	公称尺寸/mm	内径/mm	外径/mm	厚度/mm		
A	10	10.5	20	2	1 440	5
B	12	13	24	2.5	1 440	6
C	20	21	37	3	1 440	8
D	30	31	56	4	960	8
E	36	37	66	5	960	10

7.16.3 设计任务

①要求设计该检测装置的推料机构、控制止动销的止动机构、压杆升降机构，一般应包括凸轮机构、平面连杆机构以及齿轮机构等常用机构。对于该装置的微动开关以及控制部分的设计，本题不作要求。

②设计垫圈内径检测装置的传动系统并确定其传动比分配。

③画出机器的机构运动方案简图和运动循环图。

④设计平面连杆机构并对平面连杆机构进行运动分析，绘制运动线图。

⑤设计凸轮机构，确定运动规律，选择基圆半径，计算凸轮廓线值，校核最大压力角与最小曲率半径，绘制凸轮机构设计图。

⑥设计计算齿轮机构。

⑦编写设计计算说明书。

⑧学生可进一步完成检测装置的计算机动态仿真演示。

7.16.4 设计提示

①由于止动销的动作与压杆升降动作有严格的时间匹配与顺序关系，建议考虑使用凸轮轴解决这个问题。

②推料动作与上述两个动作的时间匹配不特别严格，可以采用平面连杆机构，也可以采用间歇机构。

7.17 块状物品推送机机构设计

7.17.1 工作原理

在自动包裹机的包装作业过程中，经常需要将物品从前一工序推送到下一工序。现要求设计一种用于糖果、香皂等块状物品包裹机中的物品推送机，将块状物品从一位置向上推送到所需的另一位置,如图 7.32 所示。

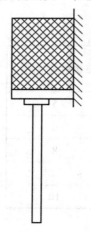

图 7.32　工作要求

7.17.2　**原始数据与设计要求**

①向上推送距离量 = 120 mm,生产率为每分钟推送物品 120 件。

②报送机的原动机为同步转速为 3 000 r/min 的三相交流电动机,通过减速装置带动执行机构主动件等速转动。

③由物品处于最低位置时开始,当执行机构主动件转过 150°时,推杆从最低位置运动到最高位置;当主动件再转过 120°时,推杆从最高位置又回到最低位置;最后当主动件再转过 90°时,推杆在最低位置停留不动。

④设推杆在上升运动过程中所受的物品重力和摩擦力为常数,其值为 500 N;设推杆在下降运动过程中所受的摩擦力为常数,其值为 100 N。

⑤在满足行程的条件下,要求推送机的效率高(推程最大压力角小于 35°),结构紧凑、振动噪声小。

7.17.3　**设计任务**

①至少提出三种运动方案,然后进行方案分析评比,选出一种运动方案进行机构综合。

②确定电动机的功率与满载转速。

③设计传动系统中各机构的运动尺寸,绘制推送机的机构运动简图。

④在假设电动机等速运动的条件下,绘制推杆在一个运动周期中位移、速度和加速度变化曲线。

⑤如果希望执行机构主动件的速度波动系数小于 3%,确定应在执行机构主动件轴上加多大转动惯量的飞轮(其他构件转动惯量忽略不计)。

⑥编写课程设计说明书。

7.17.4　**设计提示**

实现推送机推送要求的执行机构方案很多,下面给出几种供设计时参考:

①凸轮机构:如图 7.33 所示的凸轮机构可使推杆实现任意的运动规律,但行程较小。

②凸轮—齿轮组合机构:如图 7.34 所示的凸轮—齿轮组合机构可以将摆动从动件的摆动转化为齿轮齿条机构的齿条直线往复运动。当扇形齿轮的分度圆半径大于摆杆长度时,可以加大齿条的位移量。

③凸轮—连杆组合机构:如图 7.35 所示的凸轮—连杆组合机构也可以实现行程放大功能,但效率较低。

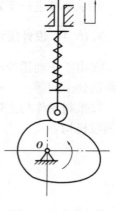

图 7.33　凸轮机构

④连杆机构:如图 7.36 所示的连杆机构由曲柄摇杆机构 *ABCD* 与曲柄滑块机构 *GHK* 通过连杆 *EF* 相联组合而成。连杆 *BC* 上 *E* 点的轨迹,在 $e_1 e_2$ 部分近似呈以 *F* 点为圆心的圆弧形,因此,杆 *FG* 在图示位置有一段时间实现近似停歇。

⑤固定凸轮—连杆组合机构:如图 7.37 所示的固定凸轮—连杆组合机构,可视为连杆长

度 BD 可变的曲柄滑块机构。改变固定凸轮的轮廓形状,滑块可实现预期的运动规律。

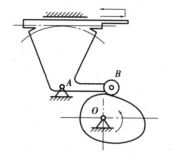

图 7.34　凸轮—齿轮组合机构

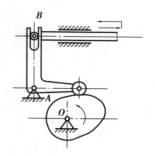

图 7.35　凸轮—连杆组合机构

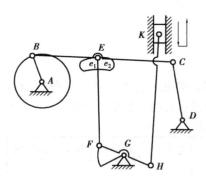

图 7.36　连杆机构

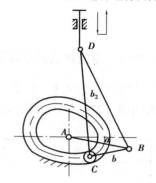

图 7.37　固定凸轮—连杆组合机构

7.18　汽车前轮转向机构设计

7.18.1　工作原理

汽车前轮转向是通过等腰梯形机构 $ABCD$ 驱使前轮转动来实现的,其中,两前轮分别与两摇杆 AB、CD 相连,如图 7.38 所示。当汽车沿直线行驶时(转弯半径 $R = \infty$),左右两轮轴线与机架 AD 成一条直线;当汽车转弯时,要求左右两轮(或摇杆 AB 和 CD)转过不同的角度。理论上希望前轮两轴延长线的交点 P 始终能落在后轮轴的延长线上。这样,整个车身就能绕 P 点转动,使四个轮子都能与地面形成纯滚动,以减少轮胎的磨损。因此,根据不同的转弯半径 R(汽车转向行驶时,各车轮运行轨迹中最外侧车轮滚出的圆周半径),要求左右两轮轴线(AB、CD)分别转过不同的角度 α 和 β。

如图 7.38 所示为汽车右拐时,有:
$$\tan \alpha = L/(R - d - B) \qquad \tan \beta = L/(R - d)$$
所以 α 和 β 的函数关系为:

$$\cot \beta - \cot \alpha = B/L \qquad\qquad (7.3)$$

同理,当汽车左拐时,由于对称性,有 $\cot \alpha - \cot \beta = B/L$,故转向机构 $ABCD$ 的设计应尽量满足以上转角要求。

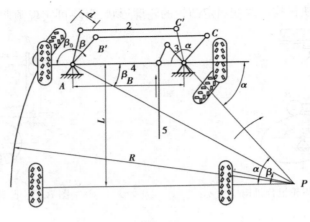

图 7.38

7.18.2 原始数据及设计要求

设计数据见表 7.15,要求汽车沿直线行驶时,铰链四杆机构左右对称,以保证左右转弯时具有相同的特性。该转向机构为等腰梯形双摇杆机构,设计此铰链四杆机构。

表 7.15 设计数据

参数	轴距	轮距	最小转弯半径	销轴到车轮中心的距离
符号	L	B	R_{min}	d
单位	mm	mm	mm	mm
型号 途乐 GRX	2 900	1 605	6 100	400
途乐	2 900	1 555	6 100	400
尼桑公爵	2 800	1 500	5 500	500

7.18.3 设计任务

①根据转弯半径 R_{min} 和 $R_{max} = \infty$（直线行驶）,求出理论上要求的转角 α 和 β 的对应值,要求最少 2 组对应值。

②按给定两联架杆对应位移且尽可能满足直线行驶时机构左右对称的附加要求,用图解法设计铰链四杆机构 $ABCD$。

③机构初始位置一般通过经验或实验来决定,一般可在下列数值范围内选取:$\alpha_0 = 96° \sim 103°$,$\beta_0 = 77° \sim 84°$。建议 α_0 取 $102°$,β_0 取 $78°$。

④用图解法检验机构在常用转角范围 $\alpha \leqslant 20°$ 时的最小转动角 γ_{min}。

7.19　纽扣锁扣眼机机构设计

7.19.1　机构简介

工业缝纫机中有一种专门锁纽扣扣眼的机器——锁扣眼机,它分为三种运动:

①动作 1 表示机针带线刺进和退出的上下往复运动;

②动作 2 表示针杆导轨的左右往复摆动;

③动作 3 表示送布运动,即布料在水平面移动,针在布料上的轨迹(线迹)实现锁眼,如图 7.39 所示。

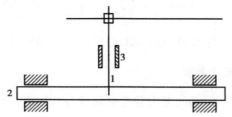

图 7.39　缝纫机动作示意图

1—缝纫机针;2—送布机构;3—针杆导轨

7.19.2　原始数据及设计要求

为了使锁眼线迹均匀,要求送布运动在水平方向以 $V = 0.005$ m/s 匀速运动。由于服装类型不同,所配纽扣大小不同,因此要求扣眼不同,即在锁扣眼时送布运动行程大小在 9 ~ 42 mm 范围内任意可调;机针带线刺进和退出的上下往复运动 8 次·m/s;针杆导轨的左右往复摆动 4 次·m/s。为降低机器成本,选用三相异步电动机驱动,转速为 1 450 rpm。

7.19.3　设计任务

进行机构运动方案设计,并以机构运动简图、机械传动系统图及运动循环图表述设计方案;进行机构的运动分析与力的分析,完成设计说明书。

7.20　健身球检验分类机机构设计

7.20.1　工作原理

健身球自动检验分类机是将不同直径尺寸的健身球(石料)按直径分类的机器。它将健身球检测后送入各自指定位置,整个工作过程(包括进球、送球、检测、接球)自动完成,工作流程图如图 7.40 所示。

221

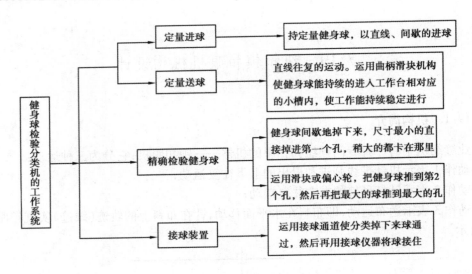

图 7.40　健身球检验分类机工作流程图

7.20.2　原始数据及设计要求

健身球直径范围为 40 ~ 46 mm,要求分类机将健身球按直径的大小分为三类。

①第一类:$40 < \phi \leq 42$;

②第二类:$42 < \phi \leq 44$;

③第三类:$44 < \phi \leq 46$。

其他技术要求见表 7.16。

表 7.16　健身球分类机设计数据

方案号	电机转速/$(r \cdot min^{-1})$	生产率(检球速度)/$(个 \cdot min^{-1})$
A	1 440	20
B	960	10
C	720	15

7.20.3　设计任务

①一般至少包括凸轮机构、齿轮机构在内的三种机构。

②设计传动系统并确定其传动比分配。

③画出机构运动方案简图和运动循环图。

④画出凸轮机构设计图(包括位移曲线、凸轮廓线和从动件的初始位置)。要求确定运动规律,选择基圆半径,校核最大压力角与最小曲率半径,确定凸轮廓线。盘状凸轮用电算法设计,圆柱凸轮用图解法设计。

⑤设计计算其中一对齿轮机构。

⑥编写设计计算说明书。

⑦学生可进一步完成凸轮的数控加工、健身球检验分类机的计算机演示验证等。

学生编号	1	2	3	4	5	6	7	8	9
电动机转速	A	B	C	A	B	C	A	B	C
生产率	A	B	C	B	C	A	C	A	B

7.20.4　设计提示

健身球自动检验分类机是创造性较强的一个题目,可以有多种运动方案实现。一般的思路可为:

①球的尺寸控制可以靠三个不同直径的接料口实现。例如:第一个接料口直径为 42 mm,中间接料口直径为 44 mm,而第三个接料口直径稍大于 46 mm。这样就使直径小于(等于)42 mm 的球直接落入第一个接料口,直径大于 42 mm 的球先卡在第一个接料口,然后由送料机构将其推出滚向中间接料口,以此类推。

②球的尺寸控制还可由凸轮机构实现。

③此外,需要设计送料机构、接料机构、间歇机构等,可由曲柄滑块机构、槽轮机构等实现。

7.21　洗瓶机机构设计

7.21.1　工作原理

如图 7.41 所示,待洗的瓶子放在两个同向转动的导辊上,导辊带动瓶子旋转。当推头 M 把瓶子推向前进时,转动着的刷子就把瓶子外面洗净。当前一个瓶子将洗刷完毕时,后一个待洗的瓶子已送入导辊待推。

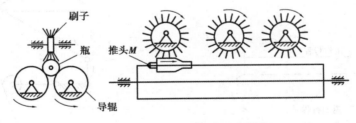

图 7.41　洗瓶机工作过程示意图

7.21.2　原始数据及设计要求

洗瓶机的技术要求如表 7.18 所示。

表 7.18　洗瓶机的技术要求

方案号	瓶子尺寸(长×直径)/mm	工作行程/mm	生产率/(个·s⁻¹)	急回系数 k	电动机转速/(r·min⁻¹)
A	$\phi100 \times 200$	600	15	3	1 440
B	$\phi80 \times 180$	500	16	3.2	1 440
C	$\phi60 \times 150$	420	18	3.5	960

7.21.3　设计任务

①洗瓶机应包括齿轮、平面连杆机构等常用机构或组合机构。

②设计传动系统并确定其传动比分配。

③画出机器的机构运动方案简图和运动循环图。

④设计组合机构实现运动要求并对从动杆进行运动分析。也可以设计平面连杆机构以实现运动轨迹,并对平面连杆机构进行运动分析。绘出运动线图。

⑤其他机构的设计计算。

⑥编写设计计算说明书。

⑦学生可进一步完成洗瓶机推瓶机构的计算机动态演示等。

7.21.4　设计提示

分析设计要求可知洗瓶机主要由推瓶机构、导辊机构、转刷机构组成。设计的推瓶机构应使推头 M 以接近均匀的速度推瓶,平稳地接触和脱离瓶子,然后快速返回原位,准备第二个工作循环。

根据设计要求,推头 M 可走如图 7.42 所示轨迹,且工作行程中应作匀速直线运动,在工作段前后可有变速运动,回程时有急回。

对这种运动要求,若用单一的常用机构是不容易实现的,通常要把若干个基本机构组合起来设计组合机构。

在设计组合机构时,一般可首先考虑选择满足轨迹要求的机构(基础机构),而沿轨迹运动时的速度要求则通过改变基础机构主动件的运动速度来满足,也就是让它与一个输出变速度的附加机构组合。

实现本题要求的机构方案有很多,可用多种机构组合来实现。如:

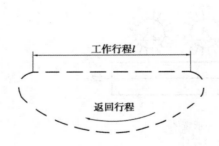

图 7.42　推头 M 运动轨迹

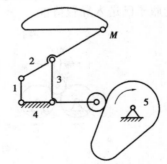

图 7.43　凸轮—铰链四杆机构的方案

(1)凸轮—铰链四杆机构方案

如图 7.43 所示,铰链四杆机构的连杆 2 上点 M 走近似于所要求的轨迹,M 点的速度由等速转动的凸轮通过构件 3 的变速转动来控制。由于此方案的曲柄 1 是从动件,所以要注意度过死点的措施。

(2)五杆组合机构方案

确定一条平面曲线需要两个独立变量,因此具有两自由度的连杆机构都具有精确再现给定平面轨迹的特征。点 M 的速度和机构的急回特征可通过控制该机构的两个输入构件间的运动关系来得到,如用凸轮机构、齿轮或四连杆机构来控制等。

如图 7.44 所示为两个自由度五杆低副机构,1、4 为它们的两个输入构件。这两构件之间的运动关系用凸轮、齿轮或四连杆机构来实现,从而将原来两自由度机构系统封闭成单自由度系统。

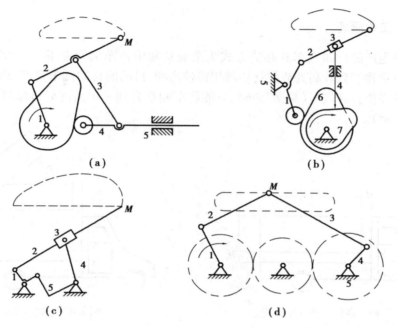

图 7.44　五杆组合机构的方案

(3) 凸轮—全移动副四杆机构

如图 7.45 所示全移动副四杆机构是两自由度机构,构件 2 上的 M 点可精确再现给定的轨迹,构件 2 的运动速度和急回特征由凸轮控制。这个机构方案的缺点是因水平方向轨迹太长,凸轮机构从动件的行程过大,而使相应凸轮尺寸过大。

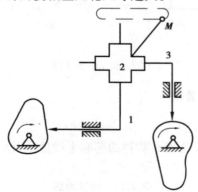

图 7.45　凸轮—全移动副四连杆机构的方案

7.22 高位自卸汽车自卸装置机构设计

7.22.1 工作原理

目前国内生产的自卸汽车其卸货方式为散装货物沿汽车大梁卸下,卸货高度都是固定的。若需要将货物卸到较高处或使货物堆积得较高些,目前的自卸汽车就难以满足要求。为此需设计一种高位自卸汽车(见图7.46),它能将车厢举升到一定高度后再倾斜车厢卸货(见图7.47、图7.48)。

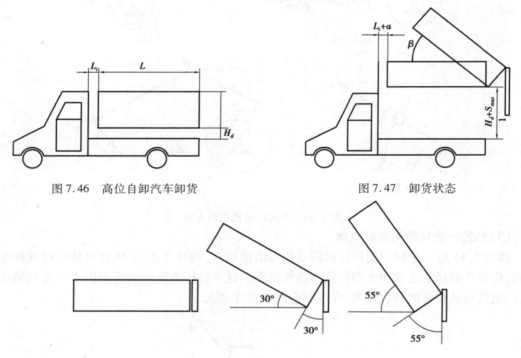

图7.46 高位自卸汽车卸货　　　　图7.47 卸货状态

图7.48 卸货过程

7.22.2 原始数据及设计要求

①具有一般自卸汽车的功能。

②在比较水平的状态下,能将满载货物的车厢平稳地举升到一定的高度,最大升程 S_{max} 如表7.19所示。

表7.19 设计数据

方案号	车厢尺寸($L \times W \times H$)/mm	S_{max}/mm	a/mm	W/kg	L_t/m	H_d/m
A	4 000×2 000×640	1 800	380	5 000	300	500
B	3 900×2 000×640	1 850	350	4 800	300	500

226

方案号	车厢尺寸($L \times W \times H$)/mm	S_{max}/mm	a/mm	W/kg	L_t/m	H_d/m
C	3 900 × 1 800 × 630	1 900	320	4 500	280	470
D	3 800 × 1 800 × 630	1 950	300	4 200	280	470
E	3 700 × 1 800 × 620	2 000	280	4 000	250	450
F	3 600 × 1 800 × 610	2 050	250	3 900	250	450

③举升过程中可在任意高度停留卸货。

④在车厢倾斜卸货时,后厢门随之联动打开;卸货完毕,车厢恢复水平状态,后厢门也随之可靠关闭。

⑤举升和翻转机构的安装空间不超过车厢底部与大梁间的空间,后厢门打开机构的安装面不超过车厢侧面。

⑥结构尽量紧凑、简单、可靠,具有良好的动力传递性能。

7.22.3　设计任务

①高位自卸汽车自卸装置应包括起升机构、翻转机构和后厢门打开机构。

②提出 2～3 个方案,主要考虑满足运动要求、动力性能、制造与维护方便、结构紧凑等方面的因素,对方案进行论证,确定最优方案。

③画出最优方案的机构运动方案简图和运动循环图。

④对高位自卸汽车的起升机构、翻转机构和后厢门打开机构进行尺度综合及运动分析,求出各机构输出件位移、速度、加速度,画出机构运动线图。

⑤编写设计计算说明书。

⑥完成高位自卸汽车的模型实验验证。

7.22.4　设计提示

高位自卸汽车中的起升机构、翻转机构和后厢门打开机构都具有行程较大、往复运动及承受较大载荷的共同特点。齿轮机构比较适合连续的回转运动,凸轮机构适合行程和受力都不太大的场合,所以齿轮机构与凸轮机构都不太合适用在此场合。连杆机构比较适合在这里的应用。

7.23　钢板翻转机机构设计

7.23.1　工作原理

该机具有将钢板翻转 180°的功能。如图 7.49 所示,钢板翻转机的工作过程如下:当钢板 T 由辊道送至左翻板 W_1 后,W_1 开始顺时针方向转动,转至铅垂位置偏左 10°左右时,与逆时针方向转动的右翻板 W_2 会合。接着,W_1 与 W_2 一同转至铅垂位置偏右 10°左右,W_1 折回到水

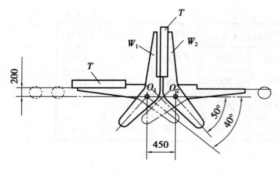

图 7.49 钢板翻转机构工作原理图

平位置,与此同时,W_2 顺时针方向转动到水平位置,从而完成钢板翻转任务。

7.23.2 原始数据及设计要求

①原动件由旋转式电机驱动。
②每分钟翻钢板 10 次。
③其他尺寸如图 7.49 所示。
④许用传动角 $[\gamma]=50°$。

7.23.3 设计任务

①用图解法或解析法完成机构系统的运动方案设计,并用机构创新模型加以实现。

②绘制出机构系统运动简图并对所设计的机构系统进行简要的说明。

7.24 织机开口机构设计

7.24.1 工作原理

织物由经纱和纬纱紧密交织而成。最简单的织物是平纹组织,其经纬纱的交织情况如图 7.50(b)所示。它是将经纱按照单双数分成 A、B 两组,分别穿在综绕 A 和 B 的综丝眼 a 和 b 中,如图 7.50(a)所示。当两个综绕一个在上、一个在下时,两组经纱上下分开,形成梭口。综绕在行程末端作较长时间的停歇,此时,梭子带着纬纱穿过梭口,然后综绕上下交替,梭子带着纬纱又从梭口穿回。综绕上下交替、梭子来回穿梭,实现经纬交织,形成织物。

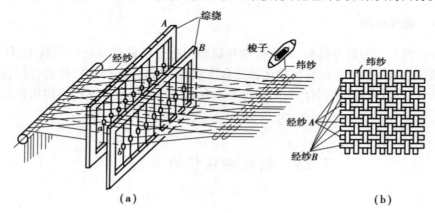

图 7.50 平纹织物和经纬交织原理

两个综绕各由一个开口机构带动作铅垂上下运动(行程末端有较长时间的停歇)。两个开口机构的结构相同,仅安装相位不同,它们根据织物的经纬纱交织规律使两个综绕交替作铅垂升降。

7.24.2　原始数据及设计要求

①综绕(图 7.51 中双点划线所示)上 KK' 的距离 $L_{KK'} = 1\ 150$ mm;综绕的升降行程 $H = 100$ mm;综绕的位移规律 s_K—φ_1 如图 7.52(a)所示,升程和回程对应输入轴 O_1 的转角各为____时间对应输入轴的转角均为 60°。

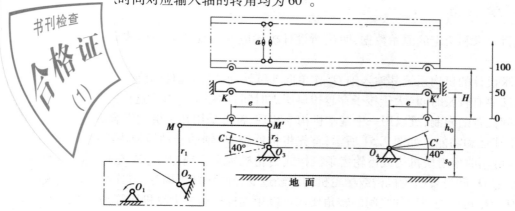

图 7.51　开口机构的已定尺寸

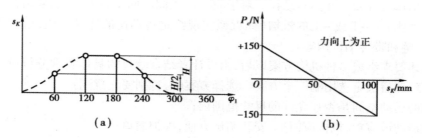

图 7.52　综绕的位移规律和阻力变化曲线

综绕半行程(即到行程的中点处,也称平综位置)对应输入轴 O_1 的转角为 60°。

综绕升降行程对立轴 O_3 的摆角 φ_3 约为 40°。

②为避免综绕歪斜而使其楔住,要求机构在综绕两侧的 K 和 K' 处同时推动其升降,以减少侧向推力并尽可能使 K 和 K' 处的位移 s_K 和 $s_{K'}$ 接近相等,其最大差值

$$\Delta s_{\max} = (s_K - s_{K'})\max < 0.1 \text{ mm}$$

③轴 O_3 和轴 O_4 间距离 $L_{O_3O_4} = 850$ mm;轴 O_3 和轴 O_4 离地面高度 $s_0 = 120$ mm;综绕上铰链点 K 和 K' 离 O_3 和 O_4 的偏距 $e = 150$ mm。

综绕行程中点离 O_3 的距离 $h_0 = 250$ mm;输入轴 O_1 的轴径 $d = 40$ mm;传动箱输入轴 O_1 和输出轴 O_2 间中心距 $L_{O_1O_2} = 120$ mm;输入轴 O_1 作逆时针转动,转速 $n = 160$ r/min;综绕升降过程中的最大阻力 $P_0 = 150$ N,阻力的变化曲线如图 7.54(b)所示;综绕(开口机构的滑块)构件总质量 $m = 3$ kg,共余构件的质量和运动副中摩擦力不计;要求综绕运动平稳,机构的传力性能良好。

7.24.3　设计任务

本题应完成 2 号图纸两张,其内容为:机构运动简图;凸轮机构或连杆机构用图解法设计

时的作图(保留作图辅助线);图解法作运动分析和力分析,若用计算机辅助设计计算,则用图解法校核机构一个位置的位置图、传动角、运动分析和力分析的结果;编写说明书一份,包括设计题目,原始数据及设计要求,方案讨论和选择,设计计算过程,数据的选取,设计结果及评价。用计算机辅助设计计算时,应列出计算程序框图、标识符说明表、打印程序和计算结果。

7.24.4 设计提示

根据题目要求和给定的原始数据,明确所设计机构应能实现的运动形式和要求,构思机构方案。

本题要求设计的机构系统其输入轴 O_1 作单向连续转动,输出构件综绕作往复移动,综绕在行程的两端要有较长时间(大于梭子穿越梭口所需时间)的停歇。对于这样的运动要求,由于还受到空间位置的限制,难以用一个基本机构来实现,常常是用几个机构组合起来"分工合作"来实现上述运动功能。如图7.51所示,首先将构件绕 O_3 轴的转动转换为综绕上 K 点的直线移动,这可用曲柄滑块机构或齿轮齿条机构或凸轮机构来实现;其次,K 在行程两端的停歇可在轴 O_1 与 O_2 间设置凸轮机构或槽轮机构或经过变异的导杆机构等,将连续转动变成间歇运动;绕 O_2、O_3 转动的两构件之间的转角要求可以用连杆机构或齿轮机构等来实现。

由于推动综绕时,要求在 K 和 K' 两处着力并消除综绕受到的侧向力的影响,所以可用两个相同的机构作对称布置并同步动作。对于 O_3、O_4 轴间的同步运动,应该采用在有限转角内能实现定传动比 $i = +1$ 或 -1 的机构(如近似实现给定传动比的连杆机构,精确实现给定传动比的齿轮、链和带传动机构等)。

根据上述要求组成多种机构方案以后,由设计者结合题目的具体要求分析所用机构的可行性、优缺点,然后决定选用哪一个方案。选择方案时,特别要注意到:

①机构的运动空间是否在允许的尺寸范围内;
②机构运动链应短,机构应简单,安装调试方便,维护简单;
③机构运转平稳,噪声小,寿命长。

本题可用下述机构组成其中的一个方案:用盘形凸轮机构控制综绕在行程两端停歇(凸轮为输入轴);通过曲柄滑块机构实现综绕的往复行程;曲柄摆角的大小由凸轮机构从动件通过铰链四杆机构传送。而推动综绕的两个对称安装的曲柄滑块机构之间则用 $i = -1$ 的铰链四杆机构将两个曲柄连接起来,作近似同步运动。

7.25 平台印刷机主传动机构设计

7.25.1 工作原理

平台印刷机的工作原理是复印原理,即将铅版上凸出的痕迹借助于油墨压印到纸张上。平台印刷机一般由输纸、着墨(即将油墨均匀涂抹在嵌于版台的铅版上)、压印、收纸等四部分组成。如图7.53所示,平台印刷机的压印动作是在卷有纸张的滚筒与嵌有铅版的版台之间进行。整部机器中各机构的运动均由同一电机驱动。运动由电机经过减速装置Ⅰ后分成两路,一路经传动机构Ⅰ带动版台作往复直线运动,另一路经传动机构Ⅱ带动滚筒作回转运动。

当版台与滚筒接触时,在纸上压印出字迹或图形。

版台工作行程中有三个区段,如图 7.54 所示。在第一区中,送纸、着墨机构相继完成输纸、着墨作业;在第二区段,滚筒和版台完成压印动作;在第三区段中,收纸机构进行收纸作业。

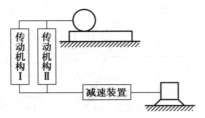

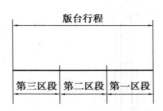

图 7.53　平台印刷机工作原理　　　　图 7.54　版台工作行程三区段

本题目所要设计的主传动机构就是指版台的传动机构Ⅰ和滚筒的传动机构Ⅱ。

7.25.2　原始数据及设计要求

①印刷生产率为 180 张/小时;
②版台行程长度为 500 mm;
③压印区段长度为 300 mm;
④滚筒直径为 116 mm;
⑤电机转速为 6 r/min。

7.25.3　设计任务

①设计能实现平台印刷机的主运动(版台作往复直线运动,滚筒作连续或间歇转动)的机构运动方案,要求在压印过程中,滚筒与版台之间无相对滑动,即在压印区段,滚筒表面点的线速度相等;为保证整个印刷幅面上印痕浓淡一致,要求版台在压印区内的速度变化限制在一定的范围内(应尽可能小),并用机构创新模型加以实现。

②绘制出机构系统的运动简图并对所设计的机构系统进行简要的说明。

7.26　荧光灯灯丝装架机上料机械手及芯柱传送机构设计

7.26.1　工作原理

灯丝装架机是荧光灯生产线中的关键设备之一。它是一台多工位的专用设备,要完成导丝整形、打扁、打弯、上灯丝、夹紧灯丝、涂电子粉、冷吹、热烘等工序动作。为提高整条生产线的自动化程度,现要求借助于芯柱传送机构及上料机械手将灯丝装架机与前一设备芯柱机连接起来,从而将芯柱机完成的芯柱自动传送并上至灯丝装架机工作转盘的上料工位上。芯柱形状如图 7.55 所示,芯柱机、灯丝装架机与芯柱传送机构及上料机械手的相对配置关系如图 7.56 所示。

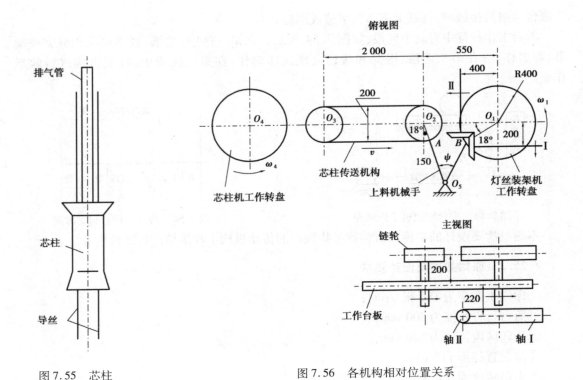

图 7.55　芯柱　　　　　　　　　图 7.56　各机构相对位置关系

7.26.2　原始数据及设计要求

灯丝装架机的分配轴 I、II(外径 $\phi40$ mm)通过电动机和减速传动装置带动作匀速转动,转速为 $n=20$ r/min,转动方向如图 7.56 所示,传递功率为 $P=0.6$ kW。两轴间通过一对传动比为 1 的圆锥齿轮连接。轴 I 每转一周为一个运动周期,工作转盘由轴 I 带动通过蜗形凸轮机构作间歇转位运动(转向如图),转位过程对应于轴 I 转过 72°,停歇过程对应于轴 I 转过 288°。灯丝装架机工作转盘与芯柱传送链及上料机械手之间的相对运动关系如图 7.57 所示。

7.26.3　设计任务

①选择驱使链轮 O_2 作单向间歇转动的机构,要求机构原动件与分配轴 I 或 II 固定作匀速转动,确定机构运动尺寸。

②计算确定 O_5 点位置及摆角。选择使上料机械手作间歇上下移动的机构,要求机构原动件与分配轴 I 或 II 固定作匀速转动,确定机构运动尺寸。

③选择使上料机械手作间歇往复摆动的机构,要求机构原动件与分配轴 I 或 II 固定作匀速转动,确定机构运动尺寸。

④编程计算所设计上述机构中执行构件的位移与分配轴 I 转角的对应关系,绘制位移规律图,并与图 7.59 所给位移规律进行比较。

⑤编写设计说明书一份,应包括设计任务、设计参数、设计计算过程等。

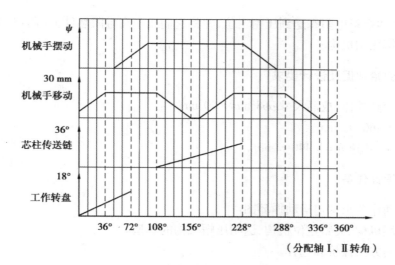

图 7.57　运动循环图

7.26.4　设计提示

①芯柱传送机构:采用链传动,在链节上固定芯柱托架,作间歇送进运动,运动方向如图 7.56 所示;送进一次链轮 O_2 转过 36°,对应于轴 I 转过 120°,停歇过程对应于轴 I 转过 240°。

②上料机械手共有三个运动:夹钳开合运动(实现夹住芯柱和松开芯柱)、上下移动(行程 30 mm)(实现提起芯柱和放下芯柱)及往复摆动(摆角)(实现芯柱由 A 位置到 B 位置的搬运及返回)。上下移动过程及对应的轴 I 转角为:下(48°),停(12°),上(48°),停(72°)(一个运动周期作两次上下移动)。往复摆动过程及对应的轴 I 转角为:顺摆(48°),停(132°),逆摆(48°),停(132°)。夹钳开合运动在本设计任务中不考虑。

7.27　电阻压帽机机构设计

7.27.1　工作原理

(1)工艺简介

如图 7.58 所示,(a)所示电阻由(b)所示的电阻坯 1 和左、右两个电阻帽 2 压合而成。要求电阻坯从料斗落下后自动夹紧定位,并将从电阻帽料斗落下的两个电阻帽分左右自动压上。生产按固定周期单工位连续进行。

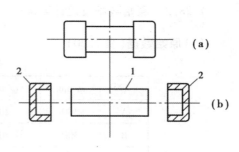

图 7.58　自动压帽机

(2)功能分解

为完成电阻压帽工艺过程,其运动功能可分解为三种工艺动作:

①送坯:将电阻坯件送到压帽工位,为此需要设计进坯机构。

②夹紧:把电阻坯件夹紧定位,为此需要设计夹紧定位机构。

③压帽:从两端将电阻帽送到压帽工位,并将它们压牢在电阻坯件上(两端同时进行),为此需要设计送帽压帽机构。

7.27.2 原始数据及设计要求

①电阻坯为圆柱体,成品尺寸:$\phi 8 \text{ mm} \times 20 \text{ mm}$;
②生产能力:60 次/min。
③驱动电机:转速 $n = 1\ 440$ r/min。

7.27.3 设计任务

①按工艺动作要求拟定运动循环图。
②进行进坯机构、夹紧定位机构、送帽压帽机构的选型。
③机械运动方案评价和选择。
④按选定的电动机和执行机构的运动参数拟定机械传动方案。
⑤画出机械运动方案简图。
⑥对传动机构和执行机构进行运动尺寸计算。

7.28 步进送料机机构设计

7.28.1 工作原理

如图 7.59 所示,加工过程要求若干个相同的被输送的工件间隔相等的距离 a,在导轨上向左依次间歇移动,即每个零件耗时 t_1,移动距离 a 后间歇时间为 t_2。考虑到动停时间之比 $K = t_1 / t_2$ 之值较特殊,以及耐用性、成本、维修方便等因素,不宜采用槽轮、凸轮等高副机构,而应设计平面连杆机构。

7.28.2 原始数据及设计要求

(1)原始数据(表 7.20)

表 7.20 设计数据

方案号	a/mm	c/mm	b/mm	t_1/s	t_2/s
A	300	20	50	1	2
B	300	20	55	1	2
C	350	20	50	1	3
D	350	20	55	1	3
E	400	20	50	2	4
F	400	20	55	2	4

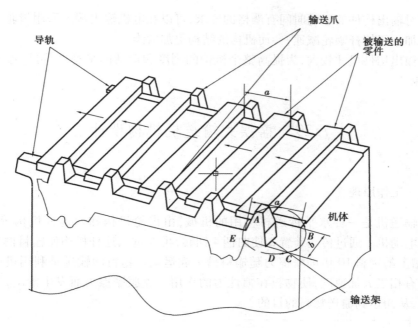

图7.59 步进送料机

(2)设计要求

①电机驱动,即必须有曲柄。

②输送架平动,其上任一点的运动轨迹近似为虚线所示闭合曲线(以下将该曲线简称为轨迹曲线)。

③轨迹曲线的 AB 段为近似的水平直线段,其长度为 a,允差 $\pm c$(这段对应于工件的移动);轨迹曲线的 CDE 段的最高点低于直线段 AB 的距离至少为 b,以免零件停歇时受到输送架的不应有的回碰。有关数据见表7.20。

④在设计图中绘出机构的四个位置,AB 段和 CDE 段各绘出两个位。需注明机构的全部几何尺寸。

7.28.3 设计任务

①步进送料机一般至少包括连杆机构和齿轮机构两种常用机构。

②设计传动系统并确定其传动比分配。

③画出步进送料机的机构运动方案简图和运动循环图。

④对平面连杆机构进行尺度综合并进行运动分析;验证输出构件的轨迹是否满足设计要求;求出机构中输出件的速度、加速度;画出机构运动线图。

⑤编写设计计算说明书。

⑥完成步进送料机的模型实验验证。

7.28.4 设计提示

①由于设计要求构件实现轨迹复杂并且封闭的曲线,所以输出构件采用连杆机构中的连杆比较合适。

②由于对输出构件的运动时间有严格的要求,可以在电机输出端先采用齿轮机构进行减速。如果再加一级蜗杆蜗轮减速,会使机构的结构更加紧凑。

③由于输出构件尺寸较大,为提高整个机构的刚度和运动的平稳性,可以考虑采用对称结构(虚约束)。

7.29 摇摆式输送机机构设计

7.29.1 工作原理

摇摆式输送机是一种水平传送材料用的机械,由齿轮机构和六连杆机构等组成,如图7.60所示。电动机 1 通过传动装置 2 使曲柄 4 回转,再经过六连杆机构使输料槽 9 作往复移动,放置在槽上的物料 10 借助摩擦力随输料槽一起运动。物料的输送是利用机构在某些位置如输料槽有相当大加速度,使物料在惯性力的作用下克服摩擦力而发生滑动,滑动的方向恒自左往右,从而达到输送物料的目的。

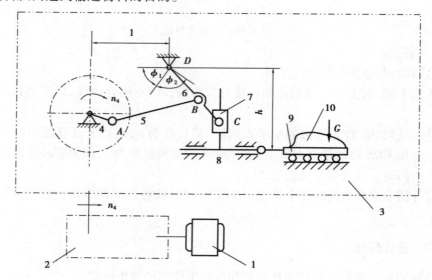

图 7.60 摇摆式输送机示意图
1—电机;2—传动装置;3—执行机构

7.29.2 原始数据及设计要求

(1)原始数据

表 7.21 设计数据

题 号	4-1	4-2	4-3	4-4	4-5	4-6	4-7	4-8
物料的重量 G/N	3 000	3 120	2 800	2 900	2 750	2 875	3 100	3 200
曲柄转速 $n_4/(\text{r} \cdot \text{min}^{-1})$	110	114	118	126	122	124	120	116

续表

题　号	4-1	4-2	4-3	4-4	4-5	4-6	4-7	4-8
行程速比系数 K	1.12	1.2	1.12	1.2	1.25	1.15	1.2	1.17
位置角 $\phi_1/(°)$	60	60	60	60	60	60	60	60
摇杆摆角 $\phi_2/(°)$	70	60	73	73	70	70	60	60
l/mm	280	220	220	200	190	240	210	225
h/mm	360	360	310	280	340	340	330	330
l_{c0}/mm	270	270	220	210	250	240	250	230

（2）设计要求

该布置要求电机轴与曲柄轴垂直,使用寿命为 5 年,每日二班制工作。输送机在工作过程中的载荷变化较大,允许曲柄转速偏差为 ±5%。六连杆执行机构的最小传动角不得小于 40°。执行机构的传动效率按 0.95 计算,按小批量生产规模设计。

7.29.3　设计任务

①根据摇摆式输送机的工作原理,拟订 2～3 个其他形式的机构,画出机械系统传动简图,并对这些机构进行对比分析。

②根据设计数据确定六杆机构的运动尺寸,取 $l_{DB}=0.6l_{DC}$。要求用图解法设计,并将设计结果和步骤写在设计说明书中。

③连杆机构的运动分析:将连杆机构放在直角坐标系下,编制程序分析出滑块 8 的位移、速度、加速度及摇杆 6 的角速度和角加速度,作运动曲线,并打印上述各曲线图。

④机构的动态静力分析:物料对输料槽的摩擦系数 $f=0.35$,设摩擦力的方向与速度的方向相反,编制程序求出外加力大小,作出曲线并打印外加力的曲线,并求出曲柄最大平衡力矩和功率。

⑤编写设计说明书一份,应包括设计任务、设计参数、设计计算过程等。

7.30　专用精压机机构设计

7.30.1　工作原理

（1）功能

专用精压机是用于薄壁铝合金制件的精压深冲工艺机构,它将薄壁铝板一次冲压成为深筒形,冲压工艺如图 7.61 所示。

（2）工艺动作分解

①将新坯料送至待加工位置。

②下模固定、上模冲压拉延成形并将成品推出模腔。

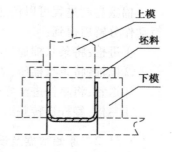

图 7.61　冲压工艺示意图

7.30.2　原始数据及设计要求

①冲压执行构件具有快速接近工件、等速下行拉延和快速返回的运动特征。

②生产率约每分钟 60 件。

③上模移动总行程为 280 m,其拉延行程置于总行程的中部,约 100 mm。

④行程速比系数 $K \geqslant 1.3$。

⑤坯料输送最大距离为 200 mm。

⑥上模块总质量为 40 kg,最大生产阻力为 5 kN,且假定在拉延区内生产阻力均衡。

⑦设最大摆动构件的质量为 40 kg/m,绕质心转动惯量为 2 kg·m²/mm,质心简化到杆长的中点。其他构件的质量和转动惯量均忽略不计。

⑧传动装置的等效转动惯量(以曲柄为等效构件,其转动惯量设为 30 kg·m²,机器运转不均匀系数 $[\delta] = 0.05$)。

⑨工作送料传输平面标高在 1 000 mm 左右。

7.30.3　设计任务

①按照给定的机械总功能,要求对冲压机构、送料机构进行选型和组合。

②按工艺动作要求拟定运动循环图。

③选定电动机和执行机构运动参数,拟定机械传动方案。

④对机械运动方案进行评价和修正,确定最终运动方案。

⑤进行飞轮设计(自选)。

⑥画出冲压机构和送料机构(方案)的运动简图。

⑦对传动机构和执行机构进行运动尺寸计算。

⑧编写设计说明书,应包括功能分解,原始数据及计算,简述方案设计思路及讨论、改进,执行机构设计步骤或分析计算过程,对所设计的结果分析讨论等内容。

7.31　医用棉签卷棉机机构设计

7.31.1　工作原理

医院用棉签日耗量很大,为了提高工效,采用卷棉机代替手工卷制棉签。

棉签卷制过程可以仿照手工方式进行动作分解,亦可另行构想动作过程。按手工方式进行动作分解后得到:

①进棉:将条状棉通过机构定时适量送入。

②揪棉:将条状棉压(卷)紧并揪棉,使之揪下定长的条棉。

③送签:将签杆进至导棉槽上方,与定长条棉接触。

④卷棉:签杆自转并沿导棉槽移动完成卷棉动作。

7.31.2　原始数据及设计要求

①棉花:条状脱脂棉,宽 25～30 mm,自然厚 4～5 mm。

②签杆:医院通用签杆,直径约 3 mm,杆长约 70 mm,卷棉部分为 20~25 mm。

③生产率:每分钟卷 60 支,每支卷取棉块长 20~25 mm。

④卷棉签机体积要小,质量轻,工作可靠,外形美观,成本低,卷出的棉签松紧适度。

7.31.3　设计任务

①根据工艺动作要求拟定运动循环图。

②进行送棉、揪棉、送签、卷棉 4 个机构的选型,实现上述 4 个动作的配合。

③机械运动方案的评定和选择。

④根据选定的电动机和执行机构的运动参数拟定机械传动方案。

⑤画出机械运动方案简图(机械运动示意图)。

⑥对机械传动系统和执行机构进行尺寸计算。

7.31.4　设计提示

①送棉可采用两滚轮压紧棉条、对滚送进,送进方式可采用间歇运动,以实现定时定量送棉。

②揪棉时应采用压棉和揪棉两个动作。压棉可采用凸轮机构推动推杆压紧棉条,为自动调整压紧力,中间可加一弹簧。揪棉可采用对滚爪轮在转动中揪断棉条。

③送签可采用漏斗口均匀进出签杆,为避免签杆卡在漏斗口,可将漏斗作一定振动。

④卷棉可将签杆送至导棉槽,并使签杆产生自转并移动而产生卷棉,如采用带槽的塑料带通过挠性传动来实现。

7.32　热镦机送料机械手机构设计

7.32.1　工作原理

二自由度关节式热镦机送料机械手机构由电动机驱动,夹送圆柱形镦料往 40 吨镦头机送料。以方案 A 为例,它的动作顺序是:手指夹料,手臂上摆 15°,手臂水平回转 120°,手臂下摆 15°,手指张开放料;手臂再上摆,水平反转,下摆,同时手指张开,准备夹料。主要要求完成手臂上下摆动以及水平回转的机械运动设计。图 7.62 为机械手的外观图,技术参数见表 7.22。

7.32.2　原始数据及设计要求

表 7.22　热镦机送料机械手技术参数

方案号	最大抓重/kg	手指夹持工件最大直径/mm	手臂回转角度/(°)	手臂回转半径/mm	手臂上下摆动角度/(°)	送料频率/(次·min^{-1})	电动机转速/(r·min^{-1})
A	2	25	120	685	15	15	1 450
B	3	30	100	700	20	10	960
C	1	15	110	500	15	20	1 440

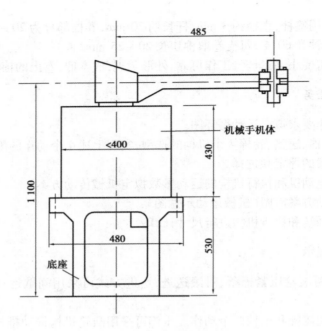

图 7.62　机械手的外观图

7.32.3　设计任务

①机械手一般包括连杆机构、凸轮机构和齿轮机构。

②设计传动系统并确定其传动比分配。

③设计平面连杆机构。对所设计的连杆机构进行速度、加速度分析,绘制运动线图。

④设计凸轮机构。按各凸轮机构的工作要求选择从动件的运动规律,确定基圆半径,校核最大压力角与最小曲率半径。对盘状凸轮要用电算法计算出理论廓线、实际廓线值。画出从动件运动规律线图及凸轮廓线图。

⑤设计计算齿轮机构。

⑥编写设计计算证明书。

⑦学生可进一步完成凸轮的数控加工、机械手的计算机动态演示验证等。

7.32.4　设计提示

①机械手主要由手臂上下摆动机构、手臂回转机构组成。工件水平或垂直放置。设计时可以不考虑手指夹料的工艺动作。

②此机械手为空间机构,确定设计方案后应计算空间自由度。

③此机械手可按闭环传动链设计。

7.33　搅拌机搅拌机构设计

7.33.1　工作原理

搅拌机常应用于化学工业和食品工业中对拌料进行搅拌工作。如图 7.63(a)所示,电动机经过齿轮减速,通过联轴节(电动机与联轴节图中未画)带动曲柄 2 顺时针转动,驱使曲柄摇杆机构按 1—2—3—4 运动,同时通过蜗轮蜗杆带动容器绕垂直轴缓慢转动。当连杆 3 运动时,固联在其上的拌勺 E 即沿图中虚线所示轨迹运动将容器中的拌料均匀拨动。

工作时,假定拌料对拌勺的压力与深度成正比,即产生的阻力按直线变化,如图 7.63(b)所示。

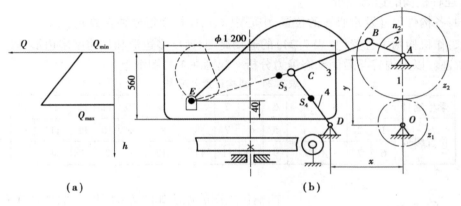

图 7.63　搅拌机构简图及阻力线图

7.33.2　原始数据及技术要求

设计数据见表 7.23。

表 7.23　设计数据

方案号	内容	连杆机构的运动分析								n_2
	符号	x	y	l_{AB}	l_{BC}	l_{CD}	l_{BE}	S_3	S_4	
	单位	mm								r/min
I		525	400	240	575	405	1 360	位于 BE 中点	位于 CD 中点	70
II		530	405	24	580	410	1 380			65
III		535	420	245	590	420	1 390			60
IV		545	425	245	600	430	1 400			60

方案号	内容	连杆机构的动态静力分析及飞轮转动惯量						
	符号	G_S	G_4	JS_3	JS_4	Q_{max}	Q_{min}	δ
	单位	N		kg·m²		N		
I		1 200	400	18.5	0.6	2 000	500	0.05
II		1 250	420	19	0.35	2 200	550	0.05
III		1 300	450	19.5	0.7	2 400	600	0.04
IV		1 350	480	20	0.75	2 600	650	0.04

7.33.3 设计任务

(1)连杆机构的运动分析

已知:各构件尺寸及重心 S 的位置,中心距 x、y,曲柄 2 每分钟转数 n_2。

要求:作机构两个位置(见表 7.24)的运动简图、速度多边形和加速度多边形,以及拌勺 E 的运动轨迹。以上内容与后面动态静力分析一起画在 1 号图纸上。

表 7.24　机构位置分配表

学生编号	1	2	3	4	5	6	7	8	9	10	11	12	13	14
位置编号	1	2	3	4	5	6	7	8	8′	9	10	11	11′	12
	6	7	8	8′	9	10	11	11′	12	1	2	3	4	5

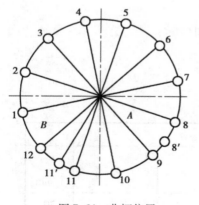

图 7.64　曲柄位置

曲柄位置图的作法如图 7.64 所示:取摇杆在左极限位置时所对应的曲柄作为起始位置 1,按转向将曲柄圆周作 12 等分,得 12 个位置。找出连杆上拌勺 E 的各对应点 E_1,E_2,…,E_{12},绘出正点轨迹。按拌勺及运动轨迹的最低点向下量 40 mm 定出容器底面位置,再根据容器高度定出容器顶面位置,并求出拌勺 E 离开及进入容器所对应两个曲柄位置 8′和 11′。

(2)连杆机构的动态静力分析

已知:各构件的重量 G 及对重心轴的转动惯量 J_S(构件 2 的重量和转动惯量略去不计),阻力线图(拌勺 E 所受阻力的方向与 E 点的速度方向相反),运动分析中所得结果。

要求:确定机构两个位置(同运动分析)的各运动副反力及加于曲柄上的平衡力矩。以上内容作在运动分析的同一张图纸上。

(3)飞轮设计

已知:机器运转的速度不均匀系数 δ,由动态静力分析所得的平衡力矩 M_Y;驱动力矩为常数。

要求:用惯性力法确定安装在齿轮 2 轴上的飞轮转动惯量 J_F。以上内容作在 2 号图纸上。

参考文献

［1］孙恒,陈作模,葛文杰.机械原理［M］.7 版.北京:高等教育出版社,2006.

［2］师忠秀.机械原理课程设计［M］.北京:机械工业出版社,2009.

［3］陆凤仪.机械原理课程设计［M］.北京:机械工业出版社,2002.

［4］李瑞琴.机械原理课程设计［M］.北京:电子工业出版社,2010.

［5］刘毅.机械原理课程设计［M］.武汉:华中科技大学出版社,2008.

［6］王淑仁.机械原理课程设计［M］.北京:科学出版社,2006.

［7］邹慧君.机械原理课程设计手册［M］.北京:高等教育出版社,1998.

［8］张晓玲.机械原理课程设计指导［M］.北京:北京航空航天大学出版社,2008.

［9］王洪欣.机械原理课程上机与设计［M］.南京:东南大学出版社,2005.

［10］黄纯颖.机械创新设计［M］.北京:高等教育出版社,2000.

［11］张美麟,等.机械创新设计［M］.北京:化学工业出版社,2010.

［12］朱龙根.机械系统设计［M］.2 版.北京:机械工业出版社,2006.

［13］李增刚.ADAMS 入门详解与实例(附光盘)［M］.北京:国防工业出版社,2006.

［14］美国 MSC 公司.MSC.ADAMS/view 高级培训教程［M］.刑俊文,译.北京:清华大学出版社,2004.

［15］杨忠宝.VB 语言程序设计教程［M］.北京:人民邮电出版社,2010.

［16］杨克玉.VB6.0 程序设计实训教程［M］.北京:机械工业出版社,2005.

［17］齐从谦,王士兰,等.PRO/E 野火 5.0 产品造型设计与机构运动仿真［M］.北京:中国电力出版社,2010.

［18］葛玿浩,杨芙莲.Pro/E 机构设计与运动仿真实例教程(附光盘)［M］.北京:化学工业出版社,2007.

［19］管爱红,等.MATLAB 基础及其应用教程［M］.北京:电子工业出版社,2009.

［20］张德丰,等.MATLAB/Simulink 建模与仿真实例精讲［M］.北京:机械工业出版社,2010.